Kontinuum, Analysis, Informales – Beiträge zur Mathematik und Philosophie von Leibniz

Herbert Breger

Kontinuum, Analysis, Informales – Beiträge zur Mathematik und Philosophie von Leibniz

Herausgegeben von W. Li

Autor
apl. Prof. Dr. Herbert Breger
Gottfried Wilhelm Leibniz Universität Hannover
Institut für Philosophie
Hannover, Deutschland

Herausgeber
Prof. Dr. Wenchao Li
Gottfried Wilhelm Leibniz Universität Hannover
Leibniz-Stiftungsprofessur
Hannover, Deutschland

ISBN 978-3-662-50398-0 ISBN 978-3-662-50399-7 (eBook)
DOI 10.1007/978-3-662-50399-7

Die Deutsche Nationalbibliothek verzeichnet diese Publikation in der Deutschen Nationalbibliografie; detaillierte bibliografische Daten sind im Internet über http://dnb.d-nb.de abrufbar.

Springer Spektrum

Planung: Dr. Annika Denkert

Gedruckt auf säurefreiem und chlorfrei gebleichtem Papier

Springer Spektrum ist Teil von Springer Nature
Die eingetragene Gesellschaft ist Springer-Verlag GmbH Berlin Heidelberg

Vorwort

Der vorliegende Band führt 16 Aufsätze von Herbert Breger zusammen, die um Gottfried Wilhelm Leibniz' Arbeiten zur Mathematik und Physik und ihre philosophischen Voraussetzungen bei Leibniz kreisen; zwei davon sind Erstpublikationen, die übrigen sind bisher verstreut erschienen. Wegen der guten Zugänglichkeit sind entsprechende Beiträge, etwa in den *Studia Leibnitiana*, deren Supplementa und Sonderheften, nicht aufgenommen. Die Texte sind unter Verwendung neuer Rechtschreibung vom Autor durchgelesen und gelegentlich verändert. Die Hinweise auf Belegstellen wurden aktualisiert.

Nach einem Mathematik-Studium in Heidelberg kam Herbert Breger 1977 zur Leibniz-Edition und ihrem mathematischen, naturwissenschaftlichen und technischen Briefwechsel (Reihe III der Akademie-Ausgabe) nach Hannover ins Leibniz-Archiv der Niedersächsischen Landesbibliothek und ließ sich später mit einer philosophischen und wissenschaftshistorischen Arbeit zur Entstehung des Energiebegriffs in der Physik zwischen 1840 und 1850 promovieren. Von 1993 bis zum Eintritt in den Ruhestand im Jahr 2011 war Breger Leiter des Leibniz-Archivs und hat in dieser Leitungsfunktion zwanzig Jahre lang das Geschick der Leibniz-Edition maßgeblich gestaltet und sich um die historisch-kritische Erschließung des schriftlichen Nachlasses von Leibniz verdient gemacht. Edition heißt vor allem Quellenarbeit – und das kann (wie bereits Leibniz in A, I, 6 N. 21 gegenüber Herzog Ernst August von Braunschweig-Lüneburg geklagt hat) mit sehr viel mehr Aufwand verbunden sein als bei „Materien, die auff raisonnemens ankommen". Breger hatte sich auf die handwerklich genaue Aufarbeitung großer Materialmengen in einem vorgegebenen formalen (und zeitlichen) wissenschaftspolitischen Rahmen eingelassen, aber bei aller Detailtreue und profunden Quellenkenntnis die geistigen Zusammenhänge, insbesondere die philosophischen und wissenschaftshistorischen Fragen, nicht aus den Augen verloren und dabei stets gar etwas "Spielerisches" gepflegt, wie etwa in der Behandlung der mathematisch-physikalischen Schönheit bei Leibniz. So sind die vorliegenden Aufsätze, wie alle anderen Publikationen des Autors, zum einen der Editions- und Leitungstätigkeit abgerungen worden. Geradezu kennzeichnend ist zum anderen die Verbindung von Quellenorientierung und einer übergeordneten Perspektive, die sich philosophisch und wissenschaftsgeschichtlich einordnen lässt.

Wie der Titel des Buches bereits auszudrücken versucht, stehen in den hier gesammelten Aufsätzen vor allem drei interessante und ungewöhnliche Aspekte von Leibniz' Arbeiten zu Mathematik und Physik im Vordergrund. Dazu zählt zunächst, dass Leibniz eine andere Theorie des Kontinuums vertritt als heute in der Mathematik üblich. Mit einigen Modifikationen, etwa der Zuweisung des Kontinuums – statt in die Physik – in die Mathematik, folgt Leibniz der aristotelischen Tradition, nach der das Kontinuum, anders als in der heute in der Mathematik weitgehend vertretenen Theorie von Cantor und Dedekind, nicht aus Punkten bestehe, sondern ein fließendes Ganzes sei, in dem einzelne Punkte markiert werden können. Für das Verständnis der Mathematik von Leibniz erweist sich dieses Verständnis des Kontinuums als relevant. Auf Cantors Einführung transfiniter Kardinalzahlen, welche eine Änderung in den Voraussetzungen der Mathematik von Leibniz bedeutete und einen Paradigma-Wandel in der Mathematik einleitete, geht Breger ebenfalls ein.

Das europäische 17. Jahrhundert ist in der Mathematik ein Jahrhundert des stürmischen Vorwärtsdrängens gewesen. Das neue, vom Zeitgeist geprägte mechanistische Denken führte zu einer Umgestaltung der Mathematik und letztlich zu einer beträchtlichen Vergrößerung des Gebiets der Mathematik. Die Kriterien Euklids für mathematische Strenge wurden als zu eng empfunden. Eine Reihe von Mathematikern zeigte in ihren Veröffentlichungen ihre Methoden des Findens und verzichtete nicht selten darauf, Beweise mitzuliefern. Man war anscheinend der Meinung, dass der kompetente Leser den Beweis selber finden könne, wenn er die Behauptung und den Weg des Findens der Behauptung kenne. Diese Methode des Findens wurde Analysis genannt, die das zweite Grundthema des Buches bildet. Während heute die Mathematiker damit die Theorie von Grenzwerten und Grenzprozessen meinen, unter anderem also die Differential- und Integralrechnung, ist bei Leibniz (und vor ihm bei den Griechen) mit der Analysis, wie gesagt, eine Methode des Findens gemeint. Für Leibniz waren die unendlichkleinen Größen daher Hilfsmittel des Findens; der Beweis sollte traditionell (ohne unendlichkleine Größen) erfolgen. Die bis heute in der Forschung immer noch zu vernehmende Rede von den angeblich unsicheren Grundlagen der Infinitesimalrechnung bei Leibniz lässt sich vor diesem historischen Hintergrund auf die Unkenntnis dieses Bedeutungswandels des Analysis-Begriffs zurückführen und beruht so auf einem Missverständnis. Was die Infinitesimalrechnung betrifft: Schon lange vor Leibniz wurden zwar unendlichkleine Größen von bedeutenden Mathematikern wie Pascal und Huygens verwendet. Das Neue an Leibniz' Erfindung war aber der höhere Abstraktionsgrad und die Tatsache, dass Infinitesimalien zu Objekten eines Kalküls wurden. Auf die von Jakob Bernoulli 1691 in einem Zeitschriftenaufsatz hingewiesene Ähnlichkeit zwischen Leibniz' Infinitesimalrechnung und Barrows *Lectiones Geometricae* – Leibniz verstand dies als einen indirekten Plagiatsvorwurf – geht Breger ein, indem er ausführt, dass die von Barrow bewiesenen Sätze nur implizit Regeln eines Kalküls enthielten, während sich bei Leibniz die explizite Formulierung eines Kalküls findet. Besondere Aufmerksamkeit findet drittens das Informale in Leibniz' Mathematik und Physik. Leibniz scheint kein explizit formuliertes Symmetrieprinzip (im Sinne der heutigen gruppentheoretischen Bedeutung) gehabt zu haben; Breger zeigt, an Hand verschiedener Beispiele, dass Leibniz aber mehrfach so argumentiert, als ob er ein Symmetrieprinzip vor Augen gehabt hätte. Ähnlich verhält es sich nach Breger mit der Frage der Schönheit bei Leibniz. Die Erkenntnis schöner Wahrheiten zählt zu den mächtigsten Triebkräften in Leibniz' Denken. Die Schönheit mathematisch-physikalischer Aussagen spielt für Leibniz ohne Zweifel eine wichtige Rolle, obwohl er keine formale Definition von Schönheit aufgestellt hat. Die Schönheit wird sozusagen empfunden, auch wenn sich nicht angeben lässt, worin sie bestehe. Die schönsten Erfindungen haben nach Leibniz geradezu die Eigenschaft, nachträglich leicht und fast selbstverständlich auszusehen. In manchen Aspekten ist hier die Frage nach dem Verhältnis zwischen der mathematischen Rationalität und der Kunst gestellt sowie die nach ihrem Verhältnis zur Metaphysik: denn die mathematische und physikalische Schönheit stehen in enger Beziehung zur Theorie der besten aller möglichen Welten.

So sind die Arbeiten zur Mathematik und Physik nicht weniger Arbeiten zur Philosophie und insbesondere zur Metaphysik. In der Tat sind die Beziehungen zwischen Mathematik und Metaphysik bei Leibniz bekanntlich so eng, dass man seine Mathematik durchaus als den Unterbau seines philosophischen Denkens ansehen kann und muss. – Nichtsdestoweniger betonte Leibniz etwa in den Diskussionen um die Grundlagen der Infinitesimalrechnung immer wieder, dass der Begriff der Infinitesimalie unabhängig sei von metaphysischen Meinungsverschiedenheiten über das Unendliche. – Bei verschiedenen Gelegenheiten erklärt Leibniz selbst, dass seine Philosophie mathematisch sei oder es zumindest werden könne. Das bis zum hohen Alter verfolgte Projekt einer Characteristica Universalis, die Theorie des Kontinuums und die Lehre über die menschlichen Freiheit sind nur einige dieser Verbindungsglieder zwischen Mathematik und Metaphysik bei Leibniz. In Bezug auf die Schöpfungstheologie – die Welt werde von einem allwissenden und allmächtigen Wesen regiert, das wir Gott nennen (A VI, 4, Teil C, 2806) – drückt sich diese enge Beziehung im Vergleich des Schöpfers mit dem vollkommenen Mathematiker (das schließt für Leibniz keineswegs aus, dass Gott sehr wohl ethische Maßstäbe hat, im Gegenteil) aus. Demnach berechnet Gott die Welt als die beste aller möglichen Welten. Das aus Einheit und Nichts (nullum) bestehende binäre System möchte Leibniz bekanntlich als ein Symbol der Schöpfung aus dem Nichts betrachten. In enger Verbindung mit der Metaphysik steht ihrerseits die Leibniz'sche Naturphilosophie, die sich nur zum kleineren Teil aus den naturwissenschaftlichen Beiträgen erschließen lässt. Auch auf diesem Gebiet versucht Leibniz, Gedanken der aristotelischen Tradition mit der kausalanalytischen und mechanistischen Denkweise des 17. Jahrhunderts in einer Synthese zu vereinigen. Breger weist nach, dass die Leibniz'sche Naturphilosophie mit ihrem auf Synthesen zielenden Denken noch ins 18. Jahrhundert hinein deutlich gewirkt hat; und man stimmt ihm gern zu, wenn er die Frage stellt, ob Leibniz' doppelter Interpretationsrahmen (Maschine und Seele) nicht auch zu unseren gegenwärtigen Problemen etwas zu sagen hätte und ob gegenüber der Alternative von Vitalismus und Reduktionismus der Leibniz'sche Rekurs auf das potentiell Unendliche nicht doch bedenkenswert sein könnte.

Unerwartet aktuell ist indessen der Streit um Samuel König geworden, der im Jahr 1752 einen Leibnizbrief vom 16. Oktober 1707 veröffentlicht und dadurch bei Mathematikern wie Naturhistorikern für Aufsehen gesorgt hatte. In dem genannten Brief schien Leibniz Maupertuis' Prinzip der kleinsten Wirkung vorwegzunehmen. Außerdem wurde die Entdeckung von Lebewesen zwischen Pflanze und Tier vorhergesagt, die durch Abraham Trembleys 1744 veröffentlichte Untersuchung zu den Eigenschaften von Süßwasserpolypen verwirklicht wurde. Auch König Friedrich II. von Preußen und Voltaire waren in die folgende Debatte verwickelt. Während Leonhard Euler und Pierre Louis Moreau de Maupertuis den Brief in einem Verfahren der Berliner Akademie der Wissenschaften als Fälschung verurteilen ließen, hat die Akademie den Brief im 19. Jahrhundert de facto als echt anerkannt. Breger führt in seiner Untersuchung eine Reihe von Argumenten auf, die insgesamt zeigen, dass der Brief tatsächlich eine Fälschung war.

Der Herausgeber dankt Herbert Breger für die Überlassung und Bearbeitung der Beiträge für die Publikation; für die freundliche Erteilung der Druckgenehmigung sei gedankt: Dr. A. Lamarra (Roma), Prof. M. Meyer (Bruxelles), Berliner Wissenschaftsverlag, Verlag C. H. Beck, Elsevier, Walter de Gruyter, J. B. Metzler, Casa Editrice Leo S. Olschki, Franz Steiner und der Herzog August Bibliothek Wolfenbüttel. Für die Besorgung und Eingabe einiger Texte sei Julian Ingelmann (Hannover/Göttingen) gedankt.

Für die Übersetzung der englischen Texte, mit Ausnahme von „Symmetry in Leibnizean Physics", ist Dr. Catherine Atkinson, für andauernde Unterstützung in EDV-Fragen ist Prof. Manfred Breger zu danken.

Es ist dem Autor wie dem Herausgeber ein Bedürfnis, Dr. Annika Denkert und Bianca Alton von Springer Spektrum für die gute und vertrauensvolle Zusammenarbeit zu danken.

Hannover/Berlin, März 2016 *Wenchao Li*

Inhaltsverzeichnis

Abkürzungen

A	Leibniz: *Sämtliche Schriften und Briefe*, Hrsg:. Göttinger und Berliner Akademie der Wissenschaften, Reihen I bis VIII, Darmstadt (später Berlin), Reichl (später Akademie-Verlag, de Gruyter) 1923 ff. [A I, 13, 212 bedeutet: Reihe I, Band 13, S. 212]
C	Leibniz: *Opuscules et fragments inédits*, Hrsg.: Couturat, Paris, Alcan 1903; Reprint Hildesheim, Olms 1966
GM	Leibniz: *Mathematische Schriften*, Hrsg.: Gerhardt, 7 Bände, Berlin, Halle, Schmidt 1849–1863; Reprint Hildesheim, New York, Olms 1971
GP	Leibniz: *Philosophische Schriften*, Hrsg.: Gerhardt, 7 Bände, Berlin, Weidmann 1875–1890; Reprint Hildesheim, New York, Olms 1978
LBr	Gottfried-Wilhelm-Leibniz-Bibliothek Niedersächsische Landesbibliothek Hannover, Leibniz-Briefwechsel
LH	Gottfried-Wilhelm-Leibniz-Bibliothek Niedersächsische Landesbibliothek Hannover, Leibniz-Handschriften
NLB	Niedersächsische Landesbibliothek Hannover Gottfried-Wilhelm-Leibniz-Bibliothek

1 Leibniz' Naturphilosophie

Nach[1] Aristoteles, Descartes und Pascal ist Gottfried Wilhelm Leibniz der letzte bedeutende Philosoph, der zu den führenden Mathematikern und Naturwissenschaftlern seiner Zeit gezählt werden kann. Seine Naturphilosophie ist jedoch in enger Beziehung zur Metaphysik entworfen und ließe sich nur zum kleineren Teil aus den naturwissenschaftlichen Beiträgen im engeren Sinn erschließen. Als Philosoph, der immer wieder Gegensätze in harmonischer Synthese zu vereinigen suchte, hat Leibniz Gedanken sowohl der aristotelisch-scholastischen Tradition als auch der kausalanalytischen und mechanistischen Denkweise des 17. Jahrhunderts aufgenommen. Gerade diese Verbindung ist es, die der Leibnizschen Naturphilosophie ihr eigentümliches Gepräge gibt; Leibniz steht sowohl im Strom der sich entwickelnden modernen Naturwissenschaft als auch in gewisser Hinsicht in Opposition zu ihr.

1.1 Leben

Leibniz wurde am 21. Juni 1646 als Sohn eines Professors der Moral in Leipzig geboren. 1661 bezog er die Universität Leipzig.

> Ich erinnere mich, dass ich als Fünfzehnjähriger in einem Wäldchen bei Leipzig, genannt Rosenthal, einsam spazierenging, um zu überlegen, ob ich die substanziellen Formen (der Scholastiker) beibehalten sollte. Endlich siegte die mechanistische Theorie und führte mich zum Studium der Mathematik. (GP III, 606)

Er studierte ein Semester in Jena bei dem pythagoräisch beeinflussten Mathematiker Erhard Weigel und promovierte 1667 an der Universität Altdorf zum Doktor der Jurisprudenz. Nach einem kurzen Zwischenspiel als Sekretär einer alchimistischen Gesellschaft in Nürnberg trat er als Rechtsberater in die Dienste des Mainzer Kurfürsten. Eine diplomatische Mission führte ihn 1672 nach Paris, wo er vier prägende Jahre verbrachte. Erst hier konnte Leibniz im Kontakt mit Huygens u. a. die Grenzen der zeitgenössischen deutschen Universitätsausbildung überschreiten. 1673 stellte er der Royal Society in London ein Modell seiner Rechenmaschine vor. In den folgenden Jahren entwickelte er in Paris die Differential- und Integralrechnung. 1676 wurde er Hofrat und Bibliothekar des hannoverschen Herzogs Johann Friedrich. Der Kontakt mit der gelehrten Welt wurde durch eine ungewöhnlich umfangreiche Korrespondenz aufrechterhalten; so entwickelte er z. B. im Briefwechsel mit Mariotte die Leibniz-Mariottesche Theorie der Bruchfestigkeit, die sich von der Galileischen durch die Berücksichtigung der Elastizität unterscheidet. Der Entdecker des Phosphors, Brand, wurde von Leibniz zum Experimentieren an den hannoverschen Hof geholt. Das Vertrauensverhältnis zu dem für wissenschaftliche und philosophische Fragen aufgeschlossenen Herzog wurde jedoch 1679 durch dessen Tod beendet; obwohl sich ein ähnliches Vertrauensverhältnis zu den auf politische Machterweiterung zielenden Nachfolgern nicht aufbauen ließ, verblieb Leibniz bis an sein Lebensende in den Diensten des hannoverschen Hofes. In den Jahren 1680 bis 1685 versuchte er durch Windmühlen die Harzer Bergwerke zu entwässern und damit die für das Herzogtum wesentliche Silberförderung zu stabilisieren. Er reiste rund dreißigmal in den Harz und hielt sich dort insgesamt rund drei Jahre auf, scheiterte aber schließlich doch an technischen Problemen sowie dem Widerstand der Bergleute. Ab 1685 arbeitete er in fürstlichem Auftrag an einer Geschichte des Welfenhauses. Auf einer Forschungsreise durch die Archive Süddeutschlands, Österreichs und Italiens von 1687 bis 1690 führte er den urkundlichen Nachweis, dass die Welfen genealogisch mit dem alten Geschlecht der Este verbunden sind – ein Argument, das die Verleihung der Kurwürde an das Haus Hannover 1692 fördern half. Als Vorspann zur Welfengeschichte verfasste Leibniz die Protogaea, eine Naturgeschichte der Erde unter besonderer Berücksichtigung von geologischen Funden aus den Harzbergwerken. Doch die Welfengeschichte wurde nie vollendet und blieb bis zu Leibniz' Tod eine Quelle ständigen Verdrusses mit dem Fürsten.

Gleichzeitig hatte zu Beginn der Hannoveraner Jahre eine weitgehende Klärung seiner wissenschaftlichen und philosophischen Grundanschauungen stattgefunden. Die mechanistische Naturauffassung wurde zwar nicht aufgegeben, aber ins Zentrum seiner Philosophie stellte Leibniz nun doch den Begriff der einfachen Substanz (die er ab 1695 Monade nannte). 1686 verfasste er den (erst posthum veröffentlichten) Discours de Métaphysique, die erste systematische Zusammenfassung seiner reifen Philosophie. Ebenfalls 1686 kritisierte er in einem Zeitschriftenartikel Descartes' Lehre von der Erhaltung der Bewegungsmenge und entwickelte dagegen seine auf die Erhaltung der Kraft gegründete Dynamik. Seine 1684 erstmals veröffentlichte Differentialrechnung trat zu Anfang der neunziger Jahre ihren europäischen Siegeszug an; besonders die Gebrüder Bernoulli trugen dazu bei, an verschiedenen öffentlich gestellten Problemen (Kettenlinie, Brachystochrone u. a.) die Überlegenheit der neuen Rechnungsart zu zeigen. Im Jahre 1700 wurde Leibniz der erste Präsident der auf seinen Vorschlag gegründeten Berliner Akademie der Wissenschaften. Aus den philosophischen Gesprächen, die er während seiner Besuche in Berlin mit der preußischen Königin Sophie Charlotte führte, entstand die Théodicée (1710 veröffentlicht). In der Auseinandersetzung mit John Locke verfasste Leibniz die Nouveaux Essais sur l'entendement humain, die jedoch erst lange nach Leibniz' Tod im Druck erschienen. Seine letzten Lebensjahre wurden vom Prioritätsstreit mit Newton um die Erfindung der Differential- und Integralrechnung überschattet. Leibniz starb am 14. November 1716 in Hannover.

1.2 Monaden und Natur

Als das Herzstück der Leibnizschen Philosophie darf man seine Monadenlehre betrachten. Der Begriff „Monade“ bezeichnet dabei das Nicht-Materielle eines Lebewesens: Gott, die Seele jedes Engels und jedes einzelnen Menschen, das Empfindungs- und Vorstellungsvermögen jedes Tieres und jeder Pflanze bis hinunter zu den Mikroorganismen (die zu Leibniz' Zeit von Leeuwenhoek erstmals im Mikroskop beobachtet wurden) sind Monaden. Keine zwei Monaden sind gleich, jede Monade ist einmalig, individuell. Der Grundbegriff der Leibnizschen Philosophie ist also kein Allgemeinbegriff wie „Geist“ oder „Materie“, sondern das Individuum. Die Individuen sind die wahren und unzerlegbaren Einheiten, aus denen sich das Wirkliche aufbaut. Jede Monade folgt ausschließlich ihrem eigenen inneren Entwicklungsgesetz. Einwirkung von außen könnte nur als Veränderung im Verhältnis innerer Teile gedacht werden, würde also voraussetzen, dass die Monade aus Teilen zusammengesetzt und folglich keine selbständige Einheit wäre. „Die Monaden haben keine Fenster“ (GP VI, 607), durch die sie von außen beeinflusst werden könnten. Wechselwirkung zwischen Monaden, zum Beispiel das Gespräch zwischen zwei Menschen, ist nur Schein, der durch eine a priori gegebene Koordinierung der individuellen Entwicklungsgesetze der Monaden entsteht. Denn Gott hat bei der Erschaffung der Welt unter allen möglichen Welten die beste ausgewählt; in dieser besten Welt gibt es eine harmonische Entsprechung zwischen den Entwicklungsgesetzen der einzelnen Monaden. Insbesondere hat Gott von den zahllosen möglichen Monaden nur solche wirklich werden lassen, die zusammen ein harmonisches Ganzes bilden, so dass jede Monade die Gesamtheit aller anderen Monaden in sich widerspiegelt und repräsentiert (dies ist ein Aspekt der „prästabilierten Harmonie“). So wie eine Stadt von unterschiedlichen Beobachtungsorten einen jeweils verschiedenen Anblick bietet, so wird auch die Gesamtheit aller Monaden von jeder einzelnen Monade auf individuelle Weise widergespiegelt. Darüber hinaus hängt diese Widerspiegelung vom Vollkommenheitsgrad der Monade ab: Die niederen oder „schlafenden“ Monaden repräsentieren das Universum nur dumpf, von den Monaden der Pflanzen und Tiere bis hin zu den vernunftbegabten Monaden wachsen Klarheit und Deutlichkeit, die schließlich in Gott ihre Vollendung finden. Insofern die Monade selbsttätig von einer Vorstellung zur anderen übergeht, besitzt sie die Fähigkeit zu aktivem Handeln. Den Monaden ist die Tendenz zur Höherentwicklung inhärent; sie erstreben größere Klarheit und Deutlichkeit in ihren Vorstellungen und in ihrer Widerspiegelung der Welt, d. h. der unendlich vielen anderen Monaden.

Nur die Monaden und ihre Vorstellungen sind wirklich, alles andere – also vor allem die Materie – ist bloßer Schein, dem metaphysisch gesehen keine Wirklichkeit zukommt. Damit scheint Natur zunächst bis zur Bedeutungslosigkeit abgewertet. Doch es besteht eine enge Abhängigkeit der Naturphilosophie von der Monadenlehre; die Eigentümlichkeiten der Monaden und die Struktur ihrer Beziehungen spiegeln sich in gewisser Weise in der Natur wider. Über diesen „Umweg“ – für den das Modell der Leib-Seele-Beziehung zentral ist – gewinnt Natur bei Leibniz eine charakteristische Farbigkeit. Jeder Monade (mit Ausnahme von Gott) ist ein materieller Körper zugeordnet. Die Monade und ihr Körper können sich wechselseitig auf keine Weise beeinflussen, aber (dies ist ein anderer Aspekt der von Gott bei Erschaffung der Welt eingerichteten prästabilierten Harmonie) zwischen beiden besteht eine exakte Entsprechung. Die Vorstellung einer menschlichen Monade, jetzt ihren Arm zu heben, findet genau gleichzeitig mit den entsprechenden Muskelbewegungen im Körper statt. Entsprechendes gilt umgekehrt bei einer Verletzung des Körpers und der Empfindung von Schmerz. Die Beziehungen sind jedoch noch enger: Sämtliche Veränderungen im Körper werden in den Vorstellungen der Monade (wenngleich vielleicht nur verworren) repräsentiert. Umgekehrt werden auch alle Vorstellungen, die z. B. von Zorn, Ehrgeiz oder anderen Leidenschaften in einer menschlichen Monade hervorgerufen werden, im Körper materiell repräsentiert. Selbst die abstraktesten Überlegungen einer vernunftbegabten Monade finden ihre Entsprechung in gleichzeitigen körperlichen Veränderungen. Die einzelnen Materieteilchen im Körper einer Monade mögen durch den Stoffwechsel in ständigem Austausch begriffen sein, doch keine Monade kann je überhaupt von ihrem Körper getrennt werden, auch nicht durch den Tod und die Verwesung oder Verbrennung des Körpers. Die Monade ist strenggenommen unsterblich, sie wird durch den Tod lediglich in einen dem Schlaf vergleichbaren Zustand versetzt. In diesem Zustand ist ihr nur noch ein mikroskopisch kleiner Körper zugeordnet. Die unaufhebbare und harmonisch exakte Beziehung zwischen der Monade und ihrem Körper verklammert Leibniz' Metaphysik und Naturphilosophie. Der Cartesische Dualismus von res cogitans und res extensa ist von Leibniz überwunden, insofern individuelle Einheiten im Zentrum seiner Philosophie stehen.

Die Unterscheidung von belebter und unbelebter Materie kann nun nicht mehr wie bisher aufrechterhalten werden. Die materielle Natur ist nichts anderes als die Gesamtheit aller Körper der Monaden. Dies ist jedoch nicht als additive Zusammenfügung zu verstehen, vielmehr sind in jedem Materiestück die Körper unendlich vieler Monaden enthalten. Die Materie ist unendlich geteilt und nach innen unendlich gegliedert: Jedes noch so kleine Materiestück ist einem Fischteich vergleichbar, in dem die Fische Körpern von Monaden entsprechen. „So gibt es nichts Ödes, Unfruchtbares oder Totes im Universum" (GP VI, 618). Wie nun jede Monade ein Spiegel der Gesamtheit aller Monaden ist, so gilt Entsprechendes für jedes Materiestück. In jedem Materiestück findet jede materielle Veränderung irgendwo im Universum ihren Niederschlag; ein genügend scharfsinniger Geist könnte daher in jeder Materiepartikel alle gegenwärtigen und künftigen Vorgänge im Universum erkennen und voraussehen, denn das räumlich und zeitlich Auseinanderliegende hat seine Entsprechung in der nach innen unendlichen Gliederung der Materie. Schließlich überträgt sich auch die Einmaligkeit der Monaden auf die Materie: Keine zwei Materieteile sind identisch (d. h. nur durch ihre Lage im Raum unterschieden), es gibt keine zwei völlig gleichen Blätter und keine zwei völlig gleichen Wassertropfen. Wenn soeben von der unendlichen Geteiltheit der Materie gesprochen und damit der Atomismus bereits abgelehnt wurde, so zeigt sich nun von einer anderen Seite, warum Leibniz die Annahme letzter Grundbausteine der Materie zurückweist: Unzerlegbare Grundbausteine könnten nicht mehr voneinander unterschieden werden; die Annahme der Existenz von Atomen widerspräche also dem Prinzip der Identität des Ununterscheidbaren. Eine weitere Konsequenz, die von Leibniz nur angedeutet wird, ist unausweichlich: Keine zwei materiellen Abläufe können vollständig gleich sein. Zwei gleichzeitige und räumlich getrennte Abläufe müssen sich unterscheiden, weil die jeweiligen Materiepartikel einmalig sind. Zwei nacheinander mit denselben Materiepartikeln stattfindende Abläufe müssen sich unterscheiden, weil die Materiepartikel die unterdessen stattgefundenen Veränderungen im Universum widerspiegeln. Dennoch unterliegt die Natur Gesetzen – gerade sie sind es, die uns nach Leibniz letztlich davon überzeugen, dass das Leben kein bloßer Traum ist. Aber Leibniz betont, dass in jedem materiellen Ablauf stets unendlich viele Ursachen beteiligt sind. Einzelne Naturgesetze (wie etwa das Fallgesetz) beziehen sich daher nur auf mögliche Vorgänge; die materiellen Vorgänge unterscheiden sich durch die Unendlichkeit der jeweils involvierten Randbedingungen und Naturgesetze. Der Kunst des Experimentators mag es gelingen, Fallvorgänge stattfinden zu lassen, bei denen die Differenzen kleiner als die Messgenauigkeit sind. Doch die mühsam minimierten Störfaktoren oder „Dreckeffekte" markieren den Unterschied zwischen dem Reich der Möglichkeit (zu dem nach Leibniz die Mathematik gehört) und der Einmaligkeit materiellen Naturgeschehens. So ist Natur nicht, wie bei den Korpuskulartheoretikern des 17. Jahrhunderts, ein Baukasten von runden, würfel- oder pyramidenförmigen Atomen mit verschiedenen Häkchen, deren begrenzte Vielfalt eine begrenzte Vielfalt der Natur erzeugt, sondern eine in ihren Teilen aufeinander bezogene Einheit, die in jedem ihrer Teile das Ganze widerspiegelt und in jedem ihrer Teile belebt und individuell ist, nichtsdestoweniger aber gesetzlich und wissenschaftlich erforschbar bleibt.

Leibniz interpretiert Natur sowohl nach dem Modell der individuellen Seele als auch nach dem Modell der Maschine. In der Natur ist „das Ganze im Ganzen und das Ganze in jedem Teil, wie die Philosophen über die Seele zu sagen pflegen" (GM VI, 449). Diese philosophische Einsicht darf jedoch nicht als Vorwand dienen, um unverständliche Erklärungsweisen (okkulte Qualitäten) in die Naturwissenschaft einzuführen. Verständlich ist aber lediglich eine mechanistische Erklärung; das gesamte Naturgeschehen, einschließlich der Erscheinungen im lebenden Organismus, muss „durch Größe, Gestalt und Bewegung, das heißt durch eine Maschine" (GP VII, 265) erklärt werden. Erläuternd fügt Leibniz hinzu: Wollte mir ein Engel die magnetische Deklination mit dem Hinweis erklären, dass die Natur eines Magneten eben so sei oder dass eine gewisse Sympathie oder eine Seele im Magneten dies bewirke, so würde mich dies nicht zufriedenstellen; er müsste mir die Ursache vielmehr so erklären, dass ich sie ebenso verstehe wie die Funktion einer Uhr aus dem Zusammenwirken ihrer Teile verständlich ist. Entsprechend hat Leibniz in Bestrebungen von Newtonianern, die Gravitation als irreduzibles Grundprinzip einzuführen, einen Rückfall in die okkulten Qualitäten der Scholastik gesehen. Ausgehend von Descartes' Wirbeltheorie hat Leibniz daher die Planetenbewegung durch von der Sonne ausgehende wirbelnde Materie zu erklären versucht; das bloß beschreibende Gesetz von der Abnahme der Gravitationskraft mit dem Abstandsquadrat wird dadurch selbst noch mechanistisch erklärt.

Das mechanistische Programm (das heißt: das Ziel einer verstehbaren Erklärung der Naturerscheinungen) hat Leibniz nicht daran gehindert, dem Lebendigen eine Sonderstellung einzuräumen. Gewiss ist auch im Körper eines Lebewesens alles mechanisch zu erklären, aber es gibt einen qualitativen Unterschied zwischen diesen natürlichen, von Gott geschaffenen Maschinen und den künstlichen Maschinen von Menschenhand: Die natürlichen Maschinen sind in allen ihren Teilen bis ins Unendliche selber wieder Maschinen und haben daher unendlich viele Werkzeuge. Hier liegt der entscheidende Unterschied zwischen Natur und menschlicher Kunst; weil die nach innen unendliche Gegliedertheit der Materie vom Menschen nicht hergestellt werden kann, ist der künstliche Bau eines wirklichen Tieres oder Menschen nicht möglich. Die damit gezogene Grenze darf jedoch nicht zu eng verstanden werden: Ein Automat, der das Verhalten eines Menschen imitiert, oder eine Maschine, deren Wirkung Intelligenz zu erfordern scheint, wäre nach Leibniz durchaus möglich. Als Beispiele hat er ein Schiff, das von selbst in den Hafen steuert, sowie einen Automaten, der durch die Stadt spaziert und an bestimmten Straßenecken abbiegt, genannt. Wahrscheinlich hat Leibniz jedoch erheblich weitergehende scheinbare Intelligenzleistungen von Maschinen für technisch realisierbar gehalten. Seine Erfindung einer Rechenmaschine und seine Überlegungen zu einer allgemeinen Begriffsschrift („characteristica universalis") gruppieren sich zu einem Projekt der Mechanisierung von Rationalität. Durch die Erfindung einer allgemeinen Begriffsschrift wird dem Geist gewissermaßen mechanisch die Richtung gewiesen; alle intellektuellen Streitfragen werden letztlich auf Rechenprobleme reduziert. Zwei Philosophen, die etwa über das Verhältnis von Leib und Seele verschiedener Ansicht sind, können dann „calculemus !" (GP VII 65, 125, 200) („Rechnen wir !") sagen und ihren Streit mit Hilfe einer Rechenmaschine entscheiden. Trotz dieses Projekts der Mechanisierung von Rationalität und obwohl nur mechanistische Erklärungen in der Naturwissenschaft zulässig sind, können Empfindungen und Vorstellungen, geschweige denn Bewusstsein, nicht mechanisch erklärt oder durch eine Maschine hervorgebracht werden. Angenommen nämlich, es gäbe eine Maschine, die Empfindungen und Vorstellungen hätte, so könnte man sie sich proportional vergrößert denken, so dass man in sie eintreten könnte wie in eine Mühle. Man würde dann jedoch nur Teile finden, die aneinanderstoßen, und nichts, woraus sich Empfindungen und Vorstellungen erklären ließen.

Das mechanistische Programm will die Natur mittels kausaler Gesetze erklären; nach dem Prinzip des zureichenden Grundes muss es für jede Naturveränderung (sowie für jede Entscheidung Gottes bei der Erschaffung der Welt) eine rational nachvollziehbare Ursache geben. Darüber hinaus lassen sich zumindest in speziellen Fällen auch finale Gesetze angeben, und zwar in der Form mathematischer Extremalprinzipien. Anknüpfend an Fermat hat Leibniz die optischen Erscheinungen aus dem Prinzip hergeleitet, dass das Licht stets den leichtesten Weg wählt (d. h. im homogenen Medium den kürzesten und bei Brechung den des geringsten Widerstandes). Dass finale Gesetze angegeben werden können, ist ein naturwissenschaftlich greifbares Indiz dafür, dass das Reich der Macht (in dem materielle Körper kausal wirken) und das Reich der Weisheit (in dem Monaden Zwecke erstreben) sich gegenseitig durchdringen und in Harmonie stehen. Die finalen Gesetze sind auch insofern nützlich, als sie Eigenschaften der Natur beschreiben können, für die uns der Kausalmechanismus noch nicht klar ist. Letztlich ist das ganze Universum gewissermaßen die Lösung eines Extremwertproblems: Unter allen möglichen Welten kann Gott nur die beste geschaffen haben, weil sein Handeln sonst das Prinzip des zureichenden Grundes verletzt hätte. Wie nun die kürzeste Verbindung zwischen zwei Punkten gleichzeitig die kürzeste Verbindung für irgend zwei dazwischen liegende Punkte ist, so gilt Analoges vom Universum: Es ist in jedem seiner kleinsten Teile von maximaler Vollkommenheit, und nur deshalb ist es auch als Ganzes von maximaler Vollkommenheit. Die Existenz finaler Naturgesetze, die Leibniz gegen Descartes' Mechanismus verteidigt, hängt insofern mit Grundannahmen seiner Metaphysik zusammen.

In dem Gedanken der durchgängigen Harmonie und im Prinzip des Besten oder der maximalen Vollkommenheit erhält Natur eine ästhetische Dimension, die freilich vorwiegend rationalistisch-mathematisch ist:

> Die Schönheit der Natur ist so groß und deren betrachtung hat eine solche süßigkeit, ... daß wer sie gekostet, alle andern ergözlichkeiten gering dagegen achtet (GP VII, 89).

Diese Schönheit ist, wie das Beispiel der scheinbar chaotischen Planetenbewegungen zeigt, oft erst für den Wissenden erkennbar. Der allgemeine Zweck der Natur ist die Harmonie der Dinge; dabei ist Harmonie Identität oder Zusammenklang in der Vielheit. Die vollkommenste Ordnung der Dinge ist diejenige, die zugleich die einfachste an Prinzipien und die reichhaltigste an Erscheinungen ist. Entsprechend ist es nach Leibniz die Fundamentalregel seines philosophischen Systems, dass die unendliche Vielfalt der Dinge stets auf dieselben Prinzipien zurückgeführt werden kann. Die unbekannten und verborgenen Dinge können nach Maßgabe der bekannten und sichtbaren gedacht werden. Weil die Natur vollkommen ist, pflegt sie für ihre Probleme die einfachste oder die bestimmteste Lösung zu wählen. Beispiele dafür sind die genannten Extremalprinzipien oder der Satz von Huygens, wonach ein stabiles mechanisches System den tiefstmöglichen Schwerpunkt einnimmt. Das Prinzip des Besten hat auch nicht-mathematische Aspekte: Obwohl die Löwen dem Menschengeschlecht gefährlich sind und obwohl ein Mensch gewiss wertvoller ist als ein Löwe, sei es doch zweifelhaft, ob für Gott ein Mensch wertvoller sei als die Gesamtheit der Löwen. Leibniz wendet sich ausdrücklich gegen eine allzu anthropozentrierte Interpretation des Besten; die gesamte Flora und Fauna trägt zur Vollkommenheit der Welt bei.

Die eigentliche Klammer zwischen dem Reich der Monaden und dem Reich der materiellen Phänomene findet Leibniz im Begriff der Kraft. Insofern die Monaden tätig sind und sich in der Abfolge ihrer Vorstellungen entwickeln, können sie als Kraftzentren oder metaphysische Kraftpunkte betrachtet werden. Aus dieser metaphysischen Kraft („ursprüngliche Kraft") im Reich der Monaden resultiert im Reich der materiellen Phänomene die physikalische Kraft („abgeleitete Kraft"), die dort als Ursache des materiellen Naturgeschehens betrachtet werden kann. Auf welche Weise die ursprüngliche Kraft der Monaden das materielle Geschehen bewirkt, lässt sich nicht besser erklären als durch Angabe der abgeleiteten Kraft in den Phänomenen. „Was sich in den Phänomenen extensiv und mechanisch darstellt, das existiert in den Monaden konzentriert und lebendig" (Leibniz 1860: 139). So ist es nicht nur eine bloße Sprechweise, wenn die gewöhnliche abgeleitete Kraft (nämlich die mit einer materiellen Bewegung verbundene) „lebendige Kraft" heißt. Die „tote Kraft" (z. B. ein Druck) ist demgegenüber nur die Anregung zu einer Bewegung. Da in jedem Materiestück die Körper unendlich vieler Monaden enthalten sind, ist es mit physikalischen Kräften versehen, durch die sich sämtliches Geschehen in und mit dem Materiestück erklären lässt. Wenn eine ruhende Kugel durch den Stoß einer anderen Kugel in Bewegung gesetzt wird, dann wird nur scheinbar Kraft von der einen auf die andere übertragen; in Wirklichkeit ist die Bewegung jeder Kugel ausschließlich durch spontane Aktivierung bzw. Latent-Werden der jeder der beiden Kugeln innewohnenden Kräfte zu erklären. Dass die ruhende Kugel sich nicht schon vor dem Stoß durch eine andere Kugel in Bewegung setzt, dass also alles den Anschein einer mechanistisch verstehbaren Stoßwirkung behält, ist in Wirklichkeit eine Folge der prästabilierten Harmonie: Gott hat bei Erschaffung der Welt unter den zahllosen möglichen Monaden nur solche wirklich werden lassen, deren Entwicklungsgesetze und Aktivitäten harmonisch zueinander passend sind. Weil jedes Materiestück prall von Kräften ist, befindet sich kein Körper je unbedingt in Ruhe, vielmehr sind seine Teile auf verschiedene Weise bewegt. Solche inneren Bewegungen erklären die verschiedenen Eigenschaften der Materie. Der Grad der Kohäsion hängt davon ab, in welchem Ausmaß die inneren Bewegungen übereinstimmen. Die Elastizität erklärt sich dadurch, dass durch äußeren Druck sehr kleine Materieteilchen sozusagen aus den Poren herausgepresst werden; wenn der äußere Druck nachlässt, strömen diese sehr kleinen Materieteilchen wieder zurück.

In der Kritik an Descartes versucht Leibniz die Überlegenheit seiner philosophischen Fundierung der Physik zu erweisen. Die Stoßgesetze sind ein Kernstück jeder mechanistischen Naturerklärung; je nach Masse und Geschwindigkeit der beteiligten Körper hatte Descartes verschiedene Gesetze dafür formuliert. Leibniz postuliert nun, dass Naturgesetze dem Kontinuitätsprinzip (auf dem seine Differential- und Integralrechnung basiert) genügen müssen: Wenn sich die Voraussetzungen in Bezug auf Masse und Geschwindigkeit kontinuierlich nähern, dann müssen sich auch die durch die Gesetze prognostizierten Wirkungen kontinuierlich nähern. Descartes' Stoßgesetze verletzen dieses Postulat und sind daher unbrauchbar. Ein zweiter Kritikpunkt betrifft den Erhaltungsgedanken: Nach Descartes bleibt die Bewegungsmenge (das Produkt von Masse und Geschwindigkeit) bei allen Naturvorgängen erhalten. Leibniz beruft sich dagegen auf das Beispiel des freien Falls. Er setzt (in Übereinstimmung mit der traditionellen Mechanik, z. B. des Flaschenzugs) voraus, dass es derselben Kraft (hier im Sinne von: wirkungsmächtige Ursache) bedarf, um einen Körper von vier Masseneinheiten um eine Längeneinheit oder einen Körper von einer Masseneinheit um vier Längeneinheiten zu heben. Wie Galilei gezeigt hat, bringt die vierfache Fallhöhe die doppelte Fallgeschwindigkeit hervor. Wenn man also das Produkt von Masse und Geschwindigkeit als bewegungserzeugende Ursache, d. h. als „Kraft", definiert, dann gilt kein Erhaltungssatz. Das wahre Maß der Kraft (der „lebendigen Kraft") ist daher das Produkt von Masse und Quadrat der Geschwindigkeit. Dem cartesischen Kraftmaß wirft Leibniz vor, es lasse die Konstruktion eines perpetuum mobile zu. Im Unterschied zur heutigen Definition der kinetischen Energie fehlt bei Leibniz der Faktor $\frac{1}{2}$, weil er in Proportionen dachte. Vom modernen Satz der Erhaltung der Energie unterscheidet sich die Erhaltung der lebendigen Kraft nur dadurch, dass die nicht-mechanischen Kräfte nicht näher untersucht, geschweige denn experimentell bestimmt werden. Leibniz begnügt sich mit dem Hinweis, dass die beim nicht-elastischen Stoß scheinbar verlorengehende lebendige Kraft in der Bewegung kleiner Teilchen wiederzufinden wäre.

Im Unterschied zu Descartes wusste Leibniz durchaus, dass der Impuls-Erhaltungssatz gilt; wäre es also um eine lediglich physikalische Kontroverse gegangen, so hätte er sich mit dem Hinweis begnügen können, dass Descartes die Richtung der Geschwindigkeit berücksichtigen müsse. Die Kontroverse liegt jedoch tiefer. In der rein mechanistischen Naturlehre von Descartes, in der die Ausdehnung eine Substanz ist, ist das Produkt von Masse und Geschwindigkeit tatsächlich die naheliegendste Größe, die als Ursache von Bewegung gedeutet werden kann. Für Leibniz geht es jedoch gerade darum, „dass es in den körperlichen Dingen etwas außer der Ausdehnung, ja sogar vor der Ausdehnung gibt" (GM VI, 235), nämlich die Kraft. Um die wahren Gesetze der Bewegung zu erhalten, müssen die Gesetze der Ausdehnung durch die der Kraft ergänzt werden: nämlich, dass jede Veränderung kontinuierlich geschieht, dass jede Aktion mit einer Reaktion verbunden ist und dass in der Wirkung exakt ebensoviel Kraft enthalten ist wie in der Ursache. Das letztgenannte Gesetz von der Gleichmächtigkeit von Ursache und Wirkung ist „das allgemeinste und unverbrüchlichste Naturgesetz" (GP III, 45). Es ist ein metaphysisches

Axiom, das einerseits sein Fundament im Prinzip des Besten hat und das andererseits für die Physik von größtem Nutzen ist, weil es die Kräfte einer mathematischen Behandlung zu unterwerfen gestattet. Die Dynamik (der Terminus stammt von Leibniz) als Lehre von den Kräften verbindet Physik und Metaphysik.

> Die Natur strebt stets zu irgendeinem Ziel, und sobald sie es erreicht hat, zieht sie sich mit derselben Kraft davon zurück. Damit in den Dingen stets die Veränderung bewahrt bleibt (Leibniz 1906: 114).

In diesem Sinne ist die Natur durch dynamische Unveränderlichkeit, durch Ruhelosigkeit und Kraftkonstanz gekennzeichnet. Diese Eigenschaft findet in der Elastizität, besonders z. B. in elastischen Schwingungen, sinnfälligen Ausdruck. Die Elastizität ist der Materie wesentlich; ohne sie hätte Gott weder das Gesetz der Krafterhaltung noch das der Kontinuität in der Natur realisieren können. Die elastische Reflexion zeigt beispielsweise, wie der Wechsel der Geschwindigkeitsrichtung nicht sprunghaft, sondern kontinuierlich erfolgt.

Weitere wesentliche Aspekte seiner Naturphilosophie entwickelte Leibniz in seiner Korrespondenz mit Samuel Clarke, der Newtons Positionen vertrat und seine Antwortbriefe mit Newton absprach, so dass die Korrespondenz ein authentisches Bild von der Gegensätzlichkeit der beiden Naturauffassungen gibt. Während die Krafterhaltung für Leibniz garantiert, dass die Natur ein sich selbst genügendes Ganzes ist, sieht Newton sich durch die Reibungserscheinungen zu der Annahme veranlasst, dass Gott von Zeit zu Zeit der Welt bewegende Kraft hinzufügen muss, damit sie nicht zum Stillstand kommt. Gott wäre demnach, so folgert Leibniz, ein schlechter Uhrmacher, der sein Werk ständig nachbessern muss, ganz zu schweigen davon, dass auf diese Weise durch Wunder erklärt wird, was durch Naturgesetze erklärt werden müsste. Den Hauptteil der Kontroverse bilden jedoch die Probleme von Raum, Zeit und Bewegung. Newton unterstellt eine absolute Zeit und einen absoluten Raum. Für Leibniz sind Raum und Zeit nichts real Existierendes, sondern ideale Denkschemata, die es erlauben, die materiellen Phänomene in eine Ordnung zu bringen. Die Monaden existieren weder im Raum noch in der Zeit. Zwar bildet die Abfolge der Vorstellungen einer Monade ein zeitliches Moment, doch diese Abfolge ist niemals so gleichmäßig und regelmäßig, wie es die Idee der Zeit verlangt. Die Abfolge der Vorstellungen ist für uns lediglich der Anlass, Zeit als ein ideales Objekt unseres Denkens einzuführen. Die Zeit kann nichts wirklich Existierendes sein, denn die Vergangenheit existiert nicht mehr, die Zukunft noch nicht, und der gegenwärtige Augenblick ist kein Teil der Zeit, sondern die Grenze von Teilen der Zeit. Gegen Newtons Raumlehre ist ebenso wie gegen Descartes' Substanzlehre einzuwenden, dass beide sich im Labyrinth des Kontinuums verstricken. Wenn der Raum wirklich ist, so muss er (wie alles Wirkliche, das Teile hat) aus seinen Teilen bestehen. Wie Aristoteles gezeigt hat, lassen sich die Probleme des Kontinuums nur unter der Annahme lösen, dass das Kontinuum zwar durch die Möglichkeit unendlicher Teilbarkeit charakterisiert ist, jedoch nicht aus diesen Teilen zusammengesetzt ist.

Da Raum und Zeit nur Relationen zwischen materiellen Phänomenen sind, geben sie kein Mittel an die Hand, um absolute und relative Bewegung zu unterscheiden. Insofern Bewegung durch innere Kräfte eines Körpers bewirkt wird und Kräfte auch in metaphysischer Strenge wirklich sind, könnte zwar Gott entscheiden, ob ein Körper absolut ruht oder in Bewegung ist. Für uns ist dies jedoch unmöglich; wir können nur relative Lageänderungen von Körpern beobachten. Verschiedene Hypothesen, die jeweils den einen oder den anderen Körper als ruhend betrachten, sind physikalisch gleichwertig. Gegen Newtons Eimerversuch, womit durch Rotationsbewegung die Existenz eines absoluten Raumes und damit absoluter Bewegung bewiesen werden soll, wendet Leibniz ein, dass sich jede kreisförmige Bewegung in infinitesimale Linienelemente zerlegen lasse; die Gleichwertigkeit der Hypothesen gelte daher auch für die Rotationsbewegungen. Obwohl dieses Argument durch die Relativitätstheorie des 20. Jahrhunderts eine gewisse Aufwertung erfahren hat (Leibniz 1982: 153), konnte es doch für die Zeitgenossen nicht so überzeugend sein wie der Newtonsche Eimerversuch.

1.3 Wirkung

Die faktische Konkurrenz mit der so erfolgreichen Newtonschen Physik und den durch sie nahegelegten Interpretationen hat sich von Anfang an auf die Rezeption der Naturphilosophie von Leibniz ungünstig ausgewirkt. Immerhin nahm Leibniz' Philosophie in der durch Christian Wolff vertretenen Form im deutschen Sprachraum jahrzehntelang eine dominierende Stellung ein. Dabei wurde jedoch meist übersehen, dass Wolff Leibniz' Überlegungen verschiedentlich modifizierte. Insbesondere behielt Wolff Reserven gegenüber der Monadentheorie: Wolffs einfache Substanzen sind zwar ebenfalls Kraftzentren, und die Seelen der Tiere und Menschen sind einfache Substanzen; jedoch ist für Wolff nicht unbedingt jede einfache Substanz das Vorstellungsvermögen eines lebenden Wesens, entsprechend entfällt auch das Streben aller einfachen Substanzen nach Höherentwicklung. Die nach Leibniz vorhandene Kontinuität von den niedrigsten Monaden bis hin zu Gott wird bei Wolff durch eine Zäsur zwischen denjenigen einfachen Substanzen, die nur Kraftzentren, und solchen, die außerdem Seelen sind, unterbrochen. Die nach innen unendliche Gliederung der Materie entfällt, und der Unterschied zwischen anorganischer und organischer Materie wird wieder schärfer gezogen. Dadurch verliert Leibniz' Naturphilosophie einige ihrer für rationalistisches Denken anstößigen Aspekte und gleichzeitig einiges von ihrer Farbigkeit.

Leibniz' Verteidigung finaler Erklärungsprinzipien in der Naturwissenschaft beeinflusste Eulers Untersuchungen zur Variationsrechnung; diese Entwicklungslinie wurde von Lagrange und Hamilton fortgesetzt und hat die mathematische Gestalt der heutigen theoretischen Mechanik und der Quantenmechanik mitgeprägt. Größeres Aufsehen als Euler mit seinen mathematischen Arbeiten erregte 1744 Maupertuis mit seinem Prinzip der kleinsten Wirkung. Danach verfährt die Natur ökonomisch, jede Veränderung wird durch die kleinstmögliche Wirkungsmenge hervorgerufen. Samuel Königs Hinweis, dass sich dieses Prinzip im Kern bereits bei Leibniz finde, entfachte einen heftigen Streit unter Gelehrten, in dessen Verlauf es zum Bruch zwischen Voltaire und König Friedrich II. kam. Heute wissen wir, dass der von Samuel König angeführte Brief gefälscht ist[2].

In dem von Leibniz begonnenen Streit um das wahre Kraftmaß machten die Anhänger von Descartes unter anderem geltend, dass Leibniz nur die erzielten Wirkungen (das Wort im nicht-mathematischen Sinne genommen, d. h. als Gegensatz zu Ursache) berücksichtigt habe, nicht aber die Zeit, innerhalb derer diese Wirkungen erzielt wurden. Die Debatte erstreckte sich über sechs Jahrzehnte, und so berühmte Gelehrte wie Papin, Johann Bernoulli, s'Gravesande, Voltaire, Marquise de Châtelet sowie der junge Kant nahmen an ihr teil. Unterdessen hatten sich mit dem Gleichungssystem der Newtonschen Physik auch die Newtonschen Begriffe von Kraft und Materie durchgesetzt; vor diesem veränderten Hintergrund konnte d'Alembert 1743 den eminent philosophischen Streit zwischen einer mechanistischen und einer dynamistischen Konzeption der Materie als wenig erheblichen Streit um Worte abtun und damit die Debatte faktisch beenden.

In der Physiognomik Johann Caspar Lavaters ist Leibniz' Einfluss (vermittelt über Wolff und Bonnet) nachweisbar. Es geht Lavater um die Beobachtung der Schönheiten und Vollkommenheiten der menschlichen Natur sowie die Harmonie der moralischen und körperlichen Schönheit. Die „wichtigste, die entscheidendste Sache" (Lavater 1775: 45), die für die Physiognomik geltend gemacht werden kann, ihr unzerstörbarer Grundstein, ist die individuelle Verschiedenheit aller Lebewesen: Jede Rose, jeder Löwe, jeder Mensch ist anders. Was in der Seele des Menschen vorgeht, das findet seinen Ausdruck im Körper, speziell im Gesicht. Vor allem durch Lavater und Herder wurden Gedanken von Leibniz an Goethe übermittelt, der in Formulierungen wie „entelechetische Monade" oder „geprägte Form, die lebend sich entwickelt" (zitiert nach Mahnke 1924: 15f) das individuelle Tätigkeitsprinzip umschreibt, das die Einheit von Körper und Seele umfasst.

Der junge Schelling hat von einer Wiederherstellung der Philosophie von Leibniz gesprochen. Nicht atomistisch und mechanistisch ist die Natur zu verstehen, sondern dynamisch und vom Leben her. Die Materie muss aus einem ihr innewohnenden aktiven Prinzip begriffen werden. Der junge Schelling führt Naturmonaden als Kraftpunkte ein; der Ausgangspunkt seiner organizistischen Naturdeutung ist „die schönste und beste (Seite) der Leibnizschen Lehre" (Schelling, zitiert nach Holz 1954: 759), nämlich die Ableitung der unorganischen Materie aus schlafenden Monaden. Schellings dynamistische Naturkonzeption hatte einen beträchtlichen Einfluss im Vorfeld der Formulierung des Energiesatzes in der Mitte des 19. Jahrhunderts durch J. R. Mayer und andere. Der Streit um das wahre Kraftmaß spielte dabei keine nennenswerte Rolle mehr, wohl aber verwendete Mayer das Axiom von der Gleichheit von Ursache und Wirkung an zentraler Stelle seiner Überlegungen. Nachdem die Physik Newtons um den Energiesatz erweitert war, hat Engels in der Debatte um das wahre Kraftmaß einen Anknüpfungspunkt gesehen: Gegen Newton entwickelte er seine Konzeption der Materie, deren wesentliche Betätigung und Existenzform die unzerstörbare Bewegung ist. Dieser Grundsatz des dialektischen Materialismus ist, wie Ernst Bloch betont, auf dem Weg über Leibniz gewonnen worden. Nach Bloch ist das Prinzip der Widerspiegelung des Ganzen in jedem kleinsten Teil „von einer noch unerschöpften Tiefe" (Bloch 1972: 59), und die gärenden Kerne der kraftbegabten und sich höher entwickelnden Monaden bilden ein pluralisiertes Natursubjekt.

Seit der Bestätigung der Einsteinschen Relativitätstheorie wird Leibniz' Kritik an der Absolutheit von Raum, Zeit und Bewegung wieder ernstgenommen, auch wenn Leibniz' relationale Theorie von Raum und Zeit von einer relativistischen Theorie deutlich zu unterscheiden ist. In Hermann Weyls Philosophie der Mathematik und Naturwissenschaft (1928), einem der wissenschaftstheoretischen Standardwerke des 20. Jahrhunderts, ist Leibniz der mit Abstand meistzitierte Autor. Das traditionelle, überwiegend Newton zugeschriebene Paradigma von Natur und Naturwissenschaft wird in der Gegenwart einer vielfältigen Kritik mit anti-mechanistischer, synergetischer, holistischer, ökologischer und systemtheoretischer Stoßrichtung unterzogen. Dabei hat Leibniz erst teilweise die Beachtung gefunden, die ihm für nicht wenige dieser Ansätze zukommen könnte. Sein auf Synthesen zielendes Denken könnte die Integration solcher Ansätze zu einem neuen Verständnis von Natur fördern. Die kausale Erklärung isolierter Vorgänge und die (vielleicht nur vorläufig) nicht-kausale Interpretation von Vorgängen, die aus dem universellen Zusammenhang eines Systems verstanden werden, schließen sich für Leibniz nicht aus. Insofern wir das als wissenschaftlich verstehbare Naturerklärung akzeptieren, was wir in unseren Maschinen imitieren können, bietet der gegenwärtige, partielle Fähigkeiten von Selbstorganisation aufweisende Maschinentyp neue Perspektiven von Naturerklärung. Auch wenn und gerade weil kybernetische Maschinen weitere Aspekte des Verhaltens lebender Organismen imitieren können, bleibt Leibniz' doppelter Interpretationsrahmen (Maschine und Seele) aktuell. Gegenüber der Alternative von Vitalismus und Reduktionismus könnte Leibniz' Rekurs auf das potentiell Unendliche bedenkenswert sein: Für das reduktionistische Programm gibt es keine Grenzen, aber dieses Programm kann nie als abgeschlossen oder auch nur abschließbar fingiert werden. Für eine genuin naturphilosophische Reflexion scheinen vor allem drei Grundgedanken von unverminderter Aktualität: Die Empfindungs- und Vorstellungsfähigkeit (nicht wie bei Wolff: die Bewusstheit) als Grundlage des Naturverständnisses, die Leib-Seele-Beziehung als Paradigma von Natur sowie die Individualität alles Seienden, – eine der fundamentalen Erfahrungstatsachen, die von wissenschaftlicher Naturbetrachtung notwendig ignoriert wird.

Anmerkungen

[1] Erstdruck: Gottfried Wilhelm Leibniz (1646-1716), in: *Klassiker der Naturphilosophie. Von der Vorsokratikern bis zur Kopenhagener Schule*, Hrsg.: G. Böhme, München, Beck 1989, 187–202.
[2] Vgl. S. 43 ff. in diesem Band.

Literaturverzeichnis

Bloch, E.: *Das Materialismusproblem* (= Bd. 7 der Gesamtausgabe), Frankfurt/Main, Suhrkamp 1972
Holz, H. H.: Schelling über Leibniz, *Deutsche Zeitschrift für Philosophie* 2, 1954, 755–763
Lavater, J. C.: *Physiognomische Fragmente*, 1. Versuch, Leipzig und Winterthur, Weidmanns Erben 1775
Leibniz: *Briefwechsel zwischen Leibniz und Christian Wolff*, Hrsg.: Gerhardt, Halle 1860, Reprint: Hildesheim, Olms 1963
Leibniz: *Nachgelassene Schriften physikalischen, mechanischen und technischen Inhalts*, Hrsg.: Gerland, Leipzig, Teubner 1906
Leibniz: *Specimen dynamicum*, Hrsg.: Dosch, Most, Rudolph, Hamburg, Meiner 1982
Mahnke, D.: *Leibniz und Goethe*, Erfurt, Stenger 1924

2 Symmetry in Leibnizean Physics

Over[1] the last decade Leibnizean physics has won respect as an alternative to Newton's physics. Not only the theory of relativity and the quantum theory, but most especially also the discussions in philosophy of science and modern theories, like those of Prigogine and Haken, have led to an increased interest in theories which are not based on the example of Newtonian mechanics. Thus particular attention was devoted to Leibniz's concept of force (and how it is related to the modern field concept), his conservation concept and his thoughts on the relativity of motion and on a relational theory of space and time. But also concepts of system or unity in Leibnizean physics and his use of extremal principles are to be named here. From a positivist's point of view it might thereby be a surprise to hear that the very reasons for the downfall of Leibnizean as opposed to Newtonian physics have today led to constant interest in Leibnizean physics. Whilst Newton developed a closed mathematical theory to solve countless single physical problems, Leibniz aimed at linking physics and metaphysics and thus developed the philosophical principles of nature and fundamental concepts whose fertility and relevance are not confined to the individual problems discussed by Leibniz.

Using an example which has remained almost completely disregarded, namely the role of symmetry[2], I would like to show that the relevance of Leibniz today is precisely due to his thinking in principles. In contemporary physics symmetry composes a concept of such fundamental significance that even classical terms such as energy or momentum can in contrast be thought of as derived (as for symmetry in general, compare Feynman 1967: chapter 4; Weyl 1952; Mach 1871; Nicolle 1954). Thus the term symmetry is used in a broader sense than its every day use. This more general use of the term symmetry is defined with the help of group theory as an invariant with regard to certain transformations. In the every day sense of symmetry, we refer to the symmetry of a spatial object when it remains invariant with regard to certain elements of the Euclidean group (i. e. rotation, reflection, translation). The broader term for symmetry in contemporary physics results when the limitation on spatial objects is given up and transformation groups different from the Euclidean group are permitted. How fundamental this concept is, can be seen from the fact that the role of differential calculus for classical physics has been compared with the role of group theory for quantum mechanics (Elliott/Dawber 1979: 2–3).

Of course, there is no principle of symmetry in this modern sense to be found in Leibniz. The notions of function and transformation exist only in their beginnings. The notion of group does not exist at all. When Leibniz uses the word "symmetry", it is in a completely different sense, namely in terms of antique tradition, in which objects are symmetrical when they have a common measure (Böhme 1986; Schneider 1979: 66; Zedler 1744: column 715–716. As for Leibniz, compare GM VII, 329). In the *Dissertatio de arte combinatoria* he writes that all whole shapes bound by straight lines are symmetrical to each other as are all circles. A circle and a triangle are, however, not symmetrical to each other, neither are different oval shapes necessarily symmetrical (A VI, 1, 188). Thus Leibniz calls those shapes symmetrical which in a certain way have a uniform principle of production. Elsewhere Leibniz uses the word "symmetric" in an aesthetic sense meaning "well proportioned" (GP I, 160; GP IV, 162; Leibniz 1948: 12–13). In what follows I do not wish to deal with the word "symmetry", but with what we term symmetry today – even if Leibniz does not use just one word for this.

2.1 Symmetry in philosophy and mathematics

Before I turn to Leibniz's physics a few remarks on symmetry in Leibniz's philosophy and mathematics are necessary. It might at first seem as if reflections on symmetry had no place in Leibniz's philosophical thought. In the *Théodicée* Leibniz rejects the famous image of Buridan's donkey as "une fiction qui ne sauroit avoir lieu dans l'univers, dans l'ordre de la nature" (GP VI, 129), it being namely impossible to divide the universe along one plane into two completely equal parts; the very viscera of the donkey itself would differ from each other on either side of the plane. According to Leibniz, neither in metaphysical reality nor in the realm of phenomena can there be complete symmetry, for the principle of the identity of the indiscernables implies absolute uniqueness both of monad and phenomena and of events in the realm of phenomena. Leibniz uses a similar argument to reject the assumption that atoms exist: if there were atoms, they would be indistinguishable and this would contradict the most important principles of reason (A VI, 6, 230–231). Thus Leibniz upholds a view clearly contrary to present day physics: if symmetry plays a larger role in quantum physics than in classical physics, this is partly due to the fact that the different electrons or different atoms of a chemical element are considered to be indiscernable (Elliot/Dawber 1979: 1–2).

Does this mean that thoughts on symmetry in Leibniz's physics are impossible? Not at all. Indeed physics is not concerned with describing a unique occurrence of phenomena, but with establishing a law. By being valid for a number of single occurrences of phenomena, a law is valid for an ideal or possible occurrence[3]. Since, therefore, mathematics and physics are concerned with the realm of ideals and possibilites, the notions of symmetry are, indeed, applicable to these sciences. Furthermore, they are, indeed, quite necessary. He defines perfection as regularity; to be more precise, a thing is all the more perfect, when in increasing variety, it reveals greater regularity and conformity. Perfection is a harmony of things, or, a consensus or an identity within the variety ("consensus vel identitas in varietate"). The easier it is to ascertain such consensus, the more appealing to our sense of perfection and harmony the thing in question becomes (Leibniz 1963: 163, 172, 171; GP VI, 616; Leibniz 1948: 12). Since intuitive symmetries are particularly easy to ascertain, we might conclude that of two objects both displaying the same variety, it is the one with the most symmetry that is more harmonious and perfect. To think in symmetries means at the same time to think in a particularly perfect way, for, according to Leibniz, thinking is more perfect, when, at every stage of our thinking, several objects are referred to simultaneously (Leibniz 1948: 13). What he terms the fundamental rule of his philosophical system is that things displaying unlimited differences are to be understood by the same basic principles (A VI, 6, 490. Compare also GM VI, 274: "res non esse multiplicandas praeter rationem"). Leibniz sees the beauty and perfection of the universe in this interplay of the wealth of things and the identity of structures. In a similar sense physicists nowadays see symmetry as an essential reason for the "beauty and simplicity" (Elliott/Dawber 1979: 1) of physical theories.

As Couturat has already stated, notions of symmetry appear in Leibniz's studies of combinatorics, which he particularly valued as a higher form of mathematics. Whilst algebra deals with quantities and equations, combinatorics examines forms and similarities, even similarities between relations (so this means, to a certain extent, the study of transformations). Combinatorics does not look for the equality between two formulas, but rather examines the different formulas which can be formed through various combinations of the same parts (Leibniz 1963: 129; GM VII, 159; GP VII, 297–298; Couturat 1901: 299; Knobloch 1973–1976). In combinatorics solutions are found by an attentive mind rather than by complicated thought processes (GM VII, 319). In modern terminology it could be said that the results in combinatorics are based on the recognition of a structure rather than on lengthy calculations and deep thoughts. When Leibniz here contrasts geometry and combinatorics, this reminds us of a modern contrast made between topology and algebra (Weyl 1968: vol. 3, 348–358; Monna 1977). One thinks one has sensed a little bit the thought patterns of modern algebra and group theory in Leibniz's statements on combinatorics.

As an example of the combinatoric way of thinking Leibniz mentions the "lex justitiae" which he devised and which he classes with Viète's law of homogeneity (GM VII, 24–25; 64–67; GM V, 377–382). The "lex justitiae" says that homogeneous relations between givens or assumptions lead to homogeneous relations in what is sought or in the solutions. To be more precise, an algebraic expression fulfills the "lex justitiae" when it is symmetrically constructed, e. g. $x^2+y^2+z^2+5xy+5xz+5yz+7xyz$. Leibniz speaks of "incognitae similiter se habentes" or "incognitae se eodem habent modo" (A III, 2, 442. Compare also Knobloch 1973). For such symmetrical expressions Leibniz has devised a specific abbreviated form of writing; he writes the above mentioned expression as follows: $\underset{\cdot}{x}^2+5\underset{\cdot}{x}\underset{\cdot}{y}+7xyz$ (note the dots below the terms). The original expression can be reestablished from this abbreviated form by adding all the symmetrically formed terms. Reducing calculation ist, according to Leibniz, the advantage of such symmetrical expressions. What has been calculated in one case can immediately be transferred to all symmetrical cases without renewed calculation (GM VII, 66).

Apart from "lex justitiae" Leibniz talks of "principium similtudinis seu ejusdem relationis" (GM VII, 66). The symmetries of combinatorics lead straight into the symmetries of the determinant calculation, which can be seen as Leibniz's creation (Leibniz 1980; GM VII, 5–7, 154–189, 179; Mahnke 1913: 254). Due to his strong sense of symmetry Leibniz was, with respect to the deteminant calculation, also forced to create a new notation, namely using numbers as coefficients. The symmetrical structure is more evident when expressed in this notation: moreover a symmetrically constructed formula can be checked at a glance. Such a formula "porte sa preuve avec soy par les harmonies qui se remarquent par tout" (GM II, 239–240).

In 19th and 20th century geometry notions of symmetry traditionally played a large role (Hesse 1861: V; Bachmann 1959; Giuculescu 1986: 122–128). Leibniz, at least, considered making symmetry the underlying principle of geometry. He defined the straight line as the intersection of a plane "utrinque eodem modo se habens"; likewise, he defined a plane as the intersection of space, whereby both parts behave in the same fashion (GM V, 174, 185, 189). Elsewhere he defined a straight line and a plane as intersections producing congruent parts (GM I, 196, 199. Compare also Mach 1968: 369–371). In as far as the notion of congruence is the underlying principle of analysis situs, it is particularly suitable for describing symmetrical figure; it must indeed be difficult to deal with figures not showing any symmetry by using analysis situs: furthermore, Leibniz has coined a particular word for figures of high grade symmetry: if there is a point in a figure, such that every straight line drawn through this point divides the figure into two parts of equal areas, then the figure is called "amphidexter" (GP VI, 130; GM VI, 465. Compare also the manuscript LH 37, III, fol. 82–83). A circle, an ellipse, a parallelogramm and a regular polygon are amphidexter; an equilateral triangle, however, ist not.

The last example from mathematics that I would like to mention is probability theory; we are here not concerned with Leibniz's own achievement, but with his interpretation of Pascal's and Huygens's results (Cantor 1965: 754–760). According to Leibniz these results are founded on the axiom "aequalibus aequalia", which means "pour les suppositions egales il faut avoir des considerations egales" (A VI, 6, 465; C, 569–570). The solution to a problem is thus attained by establishing the arithmetic mean, i. e. the simplest expression in which the premises appear symmetrically. If, however, the premises are not the same, then the problem has to be split up step by step into simpler problems, all containing the same premises respectively (Couturat 1901: 245); the solution to the whole problem is then found by repeatedly assessing the arithmetic mean. This principle of solving problems with the same premises by establishing the arithmetic mean is what Leibniz calls the "regula alternativorum" (GM VI, 115; compare also GM VI, 318 and GM V, 386–387).

2.2 The principle of sufficient reason

I would now like to turn to physics, my actual theme, to which Leibniz also tried to apply the "regula alternativorum". Although he published this attempt in the *Acta Eruditorum*[4], his thoughts are wrong; he attempts to apply the "regula alternativorum" when splitting forces into their components, disregarding the fact that forces have to be added up in terms of vectors. It is, however, interesting to note the great significance he places on the "regula alternativorum". It is also applicable to the division of other complicated problems and, above all, it is not merely a mathematical rule, but also a metaphysical one (GM VI, 116–117; C, 569–570). This means that the regula alternativorum is derived from the principle of sufficient reason: if two equal possibilities are at hand, then they must both be applied equally when the results are calculated, otherwise, the principle of sufficient reason would be violated.

The principle of symmetry and the principle of sufficient reason are indeed closely related to one another (Weyl 1976: 202–203); the difference seems to lie more in approach than in actual content: Leibniz makes a statement about the structure of the cosmos with the principle of sufficient reason, whereas the modern principle of symmetry is aimed at the formal properties of our mathematical theories on reality. Both principles are methodological principles in the sense that they do not make the accumulation of empirical data superfluous, rather they give directions as to how the empirical data are to be organized. Without knowledge of the empirical data the principles can lead to false conclusions[5]; if, however, the principles are applied to complete empirical data, they assume the appearance of a compelling a priori law. Ernst Mach (1976: 10–15) demonstrated this state of affairs quite credibly in his criticism of Archimedes's evidence of the law of levers. We can easily find a great number of examples in Leibniz's work to illustrate the close relationship between the principle of symmetry and the principle of sufficient reason. The notions of Archimedian symmetry in proving the law of levers are, according to Leibniz, a particularly important argument for the fertility of the principle of sufficient reason: he explains in his correspondence with Clarke, as elsewhere, that a lever is in equilibrium when two equal weights are attached the same distance away; there is namely no reason why one side and not other should tip (GP VII, 356, 301). In a manuscript published by Gerhardt on the conservation of force Leibniz gives further evidence of the law of levers, which makes different use of the notion of symmetry. He assumes the conservation of force and would like to demonstrate that the lever is in equilibrium when the product of weight and distance is equal on both sides. He then supposes there to be no equilibrium and shows that a situation would occur, no different from the original situation. Then he goes on to say that a state of equilibrium must already have existed in the original situation (GM VI, 120).

Another example is the inclined plane. Referring to studies made by Stevin and Galilei (Mach 1976: 24–34, 46–48) during a discussion in the *Acta Eruditorum* Leibniz proves the theorem of equilibrium on an inclined plane quite simply (GM VI, 112–113. As for the relation between equilibrium and symmetry, compare Mach 1976: 387). The proof makes use of symmetry reasoning, the principle of virtual displacement as well as the law of levers (in the form of an elementary statement on the centre of gravity of two weights). Two weights on an inclined plane joined together by a weightless piece of string are in equilib-

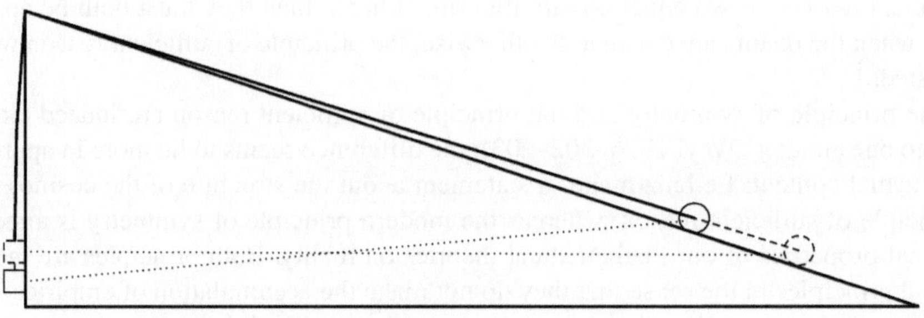

Abb. 2.1: Inclined plane

rium. Equilibrium is then maintained even after displacement. Stevin had proved this principle of virtual displacement with the help of his famous chain from the theorem on the impossibility of a perpetuum mobile (if there were no equilibrium, the chain would have to spin ceaselessly, because the original state would continuously reestablish itself). The use of the chain illustrates quite plausibly, that we are dealing with notions of symmetry, but even without the chain it is obvious that the displacements form a transformation group leaving the equilibrium invariant. The principle of virtual displacement used here by Leibniz is thus a principle of symmetry. The proof of the theorem of equilibrium on inclined planes is conducted as follows: The centre of gravity of the weights in both positions must lie on the straight line joining the centres of gravity of both weights; otherweise the principle of symmetry or the principle of sufficient reason would be violated. As both joining lines intersect, this must be the centre of gravity. According to the law of levers, the centre of gravity divides the joining lines in indirect proportion to the weights. By means of elementary geometry it can easily be shown that the weights on the inclined plane are related to each other in the same way as is the height of the inclined plane to its length.

The last example I would like to mention of how closely the principle of sufficient reason and the principle of symmetry are related is the proof of the law of reflection, which Leibniz states in the conclusion of his large manuscript on dynamics, written in 1689 in Rome. An elastic body hits an elastic wall at an angle. Whilst the horizontal component of velocity remains unchanged, the vertical component is reflected in itself. Leibniz states

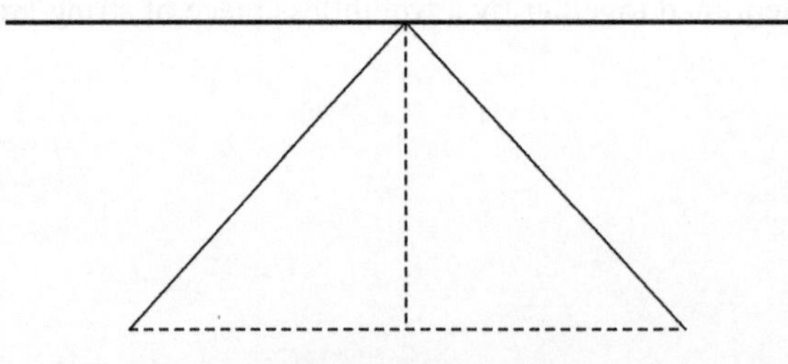

Abb. 2.2: Reflection

the reason for this as follows: “cum nulla sit ratio declinandi in alterutram partem” (GM VI, 513), in other words: there is no sufficient reason for deviating from symmetry. Leibniz expressly states that this proof for the equality of the angle of incidence and the angle of reflection can already be found in Kepler’s and Descartes’s work, but it is remarkable to note that precisely the interesting argument is added by Leibniz (Kepler 1604: 14–15; Descartes 1902: 93–96).

Furthermore, there is another more complex relationship between symmetry and the principle of sufficient reason. In 1894 Pierre Curie set up “Curie’s principle” (Curie 1894: 401. Compare also Kaiser 1985: 183):

> Lorsque certaines causes produisent certains effets, les éléments de symétrie des causes doivent se retrouver dans les effets produits.

Although this principle is problematical in microphysics, it is valid in macrophysics. Leibniz formulated the following principle in 1670 in the preface of the Nizolius edition: “if the same cause is at hand or a cause which is in every respect similar, then the effect would be the same or in every respect similar” (GP IV, 161). This principle is introduced by Leibniz in order to overcome the limits set up by mere inductive reasoning; i. e. this principle forms a basis for universal statements. Leibniz doubtlessly classed symmetrical causes (in the intuitive sense) as the same causes. To this extent his principle is closely related to Curie’s principle. What ist meant by similar causes remains unsettled in this early work. However, he does later define the term similarity: objects are called similar when, considered in themselves, they cannot be distinguished (GM VII, 30, 276; GM V, 180). Two equilateral triangles of different sizes, for example, are similar because they can only be recognized to be different if they are put next to each other or if a ruler is laid beside them both. Thus similar causes are causes which, considered in themselves, cannot be distinguished from each other. The principle, which had already been laid down in the preface to Nizolius, was more precisely formulated by Leibniz in his later writings as a “new” and “general” axiom: “quae ex determinantibus (seu datis sufficientibus) discerni non possunt, ea omnino discerni non posse”[6].

In modern terminology one could say: if a transformation group leaves the determining factors invariant, then the consequences also remain invariant. Leibniz uses the triangle construction as a mathematical example of this “general” and “new axiom”: if three angles of 60 degrees are given, then all triangles constructed from it are similar.

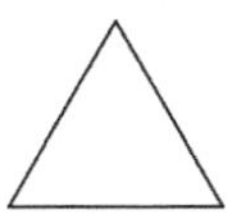

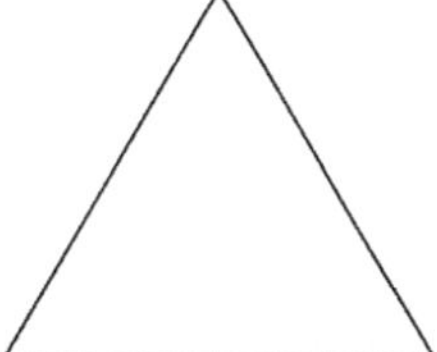

Abb. 2.3: Equilateral triangles

We are not here dealing with the principle of symmetry in the intuitive sense, but, however, in the broader sense: i. e. the similarity transformations form a group such that the invariance of the equilateralness of a triangle represents an abstract symmetry. The example of the similarity of triangles shows that, although Leibniz did not formulate an explicit principle of intuitive symmetry, he did, however, think in terms of relationships which we today term abstract symmetry.

2.3 Relativity of motion

The "new" and "general axiom" is not only applied to mathematics by Leibniz, but also to physical problems (GM VI, 332–333, 212–213); especially to one of the most famous physical problems: the problem of the relativity of motion (GM VI, 507). As is known, Newton saw experimental evidence for the existence of absolute motion in his famous bucket experiment; from his correspondence with Clarke we have the impression that Leibniz has little to oppose this. It is true to say that he can defend the relativity of motion in a straight line, but it is precisely against Newton's crucial thesis, the absoluteness of rotating motion, that he seems to have no ready argument. The *Specimen dynamicum* and the manuscript *Dynamica* show that Leibniz did, however, have an argument against Newton's bucket experiment. Since Leibniz applies notions of symmetry several times to the dispute about the relativity of motion, it is worth going into it in more detail.

Let us first have a look at Leibniz's arguments against the reality of time and space. "L'espace est quelque chose d'uniforme absolument" (GP VII, 364), single points in space are in no way different from each other. If space were something real, then God could have placed the world in space in many different ways; for example, he could have placed the world in space exactly the opposite way round, such that east and west exchanged places (GP VII, 364; Leibniz 1906: 41). Both worlds would be completely symmetrical to each other. The same applies to time. If time were something real, then God could just as well have created the world a year earlier or later; again the ensuing worlds would be completely indistinguishable. Thus we would not have *the* best of all possible worlds, but several, indeed, infinitely many optimal worlds and God would have created one of them quite at random. However, the principle of sufficient reason would thus be violated, God would no longer be purely a reasoning being. As Leibniz remarks in a different context, if this were the case, God would have dispensed with creation altogether (GP VI, 232). The contradiction is resolved when time and space are not real things, but merely possibilities; space and time are continuous schemes, in which phenomena can be ordered and linked with each other. Therefore, it follows that every transformation of phenomena also transforms the relationships between the phenomena and thus space and time. Exchanging east and west or the translation of a year would not bring about a second indistinguishable world, it would change nothing at all.

In this argument the principle of sufficient reason and the notion of symmetry are once again closely related to each other, – this time, however, in a completely different way from what we found before. The principle of sufficient reason just as the principle of identity of indiscernibles appears to prohibit symmetry, whereas, along with the proof for the law of levers and the law of reflection, it confirms the very symmetry of an event. This is not a contradiction. It is due to the fact that on the one hand we are dealing with possibilities and the other with reality: The law of levers and the law of reflection describe abstractions which are as such never realized exactly, whilst the creation of the world has to do with an actual act of God.

Let us now turn to the question of the relativity of motion. If space is not a substance, but rather something ideal, then in the realm of phenomena true and apparent motion remain indistinguishable. (We can disregard the fact that, with the help of the monad theory, a distinction can be drawn because here force can be spoken of in an absolute sense). In order to illustrate the relativity of motion Leibniz turns to Galilei's example of a ship moving with uniform velocity in a straight line. Experiments inside the ship can not demonstrate whether the ship is moving or at rest; – furthermore: even if the ship is in full sail and with the wind all phenomena can according to Leibniz be described exactly under the assumption that the ship is at rest and all the other bodies in the universe are moving (GM VI, 508, 253, but compare also 254). In modern terminology this means that the laws of nature remain invariant with respect to the group of Galilei transformations. Thus we are again dealing with a symmetry. Leibniz calls this symmetry the equivalence of hypotheses ("aequivalentia Hypothesium" or also "Naturae lex de aequipollentia hypothesium") (GM VI, 247, 507): when the relationships of space and time are given, the phenomena can be explained by different hypotheses of rest, motion and direction of motion (GM VI, 484). Thus, of course, the dispute between the Ptolemaic and the Copernican world systems becomes superfluous, – i. e. as far as description of phenomena is concerned.

In present day physics one does not talk so much about the symmetry of natural events but of symmetry of physical laws. It is interesting to note that this idea is also to be found in its early stages in Leibniz. Descartes's laws of impact violate the postulate of the equivalence of hypotheses, for, according to Descartes, the impact varies according to which object is at rest. Leibniz, on the other hand, claims that the laws of impact should be so formulated that the event is dependent only on the relative velocity of the thrusting bodies (GM VI, 247–248).

The crucial difference to Newton lies in the question of whether relative and absolute motion can be differentiated by rotation. Whilst Newton affirms this question referring to his bucket experiment, Leibniz does not accept it: it would then, however, be possible in the realm of phenomena to distinguish between the true and apparent motion and this would in the end lead to space being reified to a substance. Leibniz does not treat the bucket experiment explicitly but he is able to produce an argument with which he hopes to disprove Newton (GM II, 184–185; GM VI, 507): namely, every circular motion can be split into infinitesimal linear motions; consequently the rotation can be reduced, in a certain way, to a linear motion. This argument was not given due respect until the 20th century in the wake of the theory of relativity (Leibniz 1982: 59, 153). Leibniz concludes from this argument that the "equivalence of hypotheses", in modern terminology: the relativity principle, also applies to rotation. It is interesting to note that Leibniz adds that the principle of relativity for rotation can also be proved without the infinitesimal divisions, i. e. by using the earlier mentioned "general axiom", "if the determining factors can not be distinguished then neither can the consequences". Leibniz explains this as follows: two hypotheses, each with different assumptions about rest and motion are equivalent for a given initial state of moving bodies. An initially linear motion can then perhaps be changed into rotation through an impulse, cohesion or other events. According to the axiom that "when the determining factors can not be distinguished, then the consequences can not be distinguished" the two hypotheses must also be equivalent in the ultimate state of the system of moving bodies. Therefore, the relativity principle must also apply to rotation.

2.4 Conservation and continuity

I would now like to leave the problem of relativity and turn to the principle of the conservation of force. In modern physics the conservation of energy is one of the standard examples of the fertility of notions of symmetry: the laws of nature are formulated in Lagrange equations; from the postulate that the Lagrange function is not explicitly dependent on time and thus is invariant with respect to time transformations, it follows, purely mathematically, that energy is conserved. The principle of the conservation of energy is thus concluded from a particular symmetry of the Lagrange function, namely, one concerning time[7]. Such notions are, of course, far removed from Leibniz, yet it is, however, interesting to see that the principle of the conservation of force is closely related to certain time symmetries. Leibniz's intuitive understanding of nature is characterized by dynamic constancy: oscillations of a pendulum and acoustic waves are characteristic examples and the great significance elasticity has for Leibniz is also to be seen in this context (Breger 1984: 116–117). Elastic vibrations are characterized by their symmetry in time: translation in time by the length of a period of oscillation does not alter the event. Leibniz used above all natural events like this as standard examples to demonstrate the conservation of force. Thus in the *Brevis demonstratio* he emphasizes that an object falling from a certain height thereby gains precisely that amount of force necessary for it to return to its original height: the event is therefore symmetrical with regard to time (GM VI, 117–118, compare also 121). Leibniz used this intuitive fundamental idea to formulate a general axiom, i. e. the principle of the equality of cause and effect (GM VI, 245, 287, 464; A III, 1, LXXII). Franz Borkenau termed this principle the most important assumption for all physics based on equations (Borkenau 1934: 369). In a general sense this is indeed correct, but however, for Leibniz, this principle has a more specific significance. In an equation such as the one for free falling bodies

$$s = \frac{g}{2}t^2$$

Leibniz would not – as Borkenau obviously means – consider the right or left side to be cause or effect. Cause and effect are not randomly chosen parameters within which an equation can be set up, but cause and effect are after all forces. Leibniz is able to talk so emphatically about the principle of equality of cause and effect only because it is concerned with force. He calls it the most general and most inviolable law of nature (GP III, 45–46). On the one hand it belongs to the "algebra of mechanics" and on the other hand it is founded in metaphysics; i. e. in the principle of the best (GM VI, 201; Leibniz 1963: 129). Without the principle of the equality of cause and effect God would clearly be a bad craftsman as Leibniz objects to Newton (GP VII, 352): he would thus be forced from time to time to supply the cosmic system with new efficiency through extra manipulation, just like a bad watchmaker has to repair his work more often than a good one. The principle of the best thus requires the cosmic system to be efficient enough itself not to need external manipulation, – and this in turn is only possible through the principle of the equality of cause and effect.

The principle of the equality of cause and effect thus postulates an invariance of the efficiency of nature, in other words: it postulates a symmetry of "before" and "after". Since the conservation of energy seems to be something quite self-evident today we tend to underestimate the boldness of the postulate of the symmetry of "before" and "after". It has to be emphasized that Newton did indeed have day to day experience on his side when he assumed that moving force is constantly lost. It is not a fact of experience that Leibniz formulates in the principle of the equality of cause and effect, but rather a methodological instruction for doing research into Nature. Let us look at the example of a damped oscillation or a non-elastic impact. At first it seems quite clear that the cause is much greater than the effect; the event is evidently not symmetrical. It can, however, – and this is the actual meaning of the principle of the equality of cause and effect – be thought of as symmetrical by postulating an imperceptible effect besides the perceptible one. Such an imperceptible effect is seen by Leibniz in the movement of tiny particles (GP VII, 414). According to this postulate, in a damped oscillation or a non-elastic impact, the cause is equal to the sum of the detectable and non-detectable effect. This characteristic of the principle being a methodological instruction is suggested by Leibniz merely by the addition of two adjectives: he talks of the equality between the *whole* cause and the *entire* effect (GM VI, 435–437).

With the help of the principle of the equality of cause and effect Leibniz then proves the impossibility of a perpetuum mobile, for the effect with a perpetuum mobile would be greater than the cause (GM VI, 438). It is just as obvious that from the principle of equality of cause and effect the conservation of force can be proved[8]. With regard to this evidence Leibniz introduces the term "gemellus", "as like as twins": two objects, which are similar in nature and equal in number are said to be "as like as twins". As examples Leibniz mentions elastic oscillation and the elastic reflection of a perpendicularly falling body; thus, after each oscillation or reflection, there follows a state, which is the twin of the original state.

The term "force" is basically a generalisation of the term "twin". Supposing a weight falls from a certain height causing a chord to vibrate, then cause and effect are not similar to each other i. e. are not twins. However, it is true to say that cause and effect are equal with regard to number. In such a case Leibniz says that cause and effect can be mutually substituted (GM VI, 245). If we take substitution to be a group of transformations, then it is those transformations leaving the force invariant that are permissable. We know that it is precisely the possibility of substituting that plays a decisive part in Leibniz's proof of mass times velocity not being the right measure of force (GM VI, 118, 245). If mass times velocity were namely the right measure of force, then it should be possible to substitute a body with a mass of 1 and a velocity of 2 for a body with a mass of 2 and a velocity of 1; but the example of free fall demonstrates that this is not true. What force is, is thus decided by which states can be substituted for each other. Just as the term "twin" can be seen as an invariant in certain transformations, so can the term "force" be defined as invariant in certain substitutions.

I would now like to move on to the next issue, namely that of the phenomenon of impact and the conservation of momentum. As early as 1671, in the *Theoria motus abstracti*

Leibniz hints at the idea of symmetry with regard to the phenomenon of impact (GP IV, 232; Couturat 1901: 227). In *Specimen dynamicum* Leibniz assumes that the principle of relativity must be valid, i. e. the impact must be independent of which body is seen as resting and which as moving. From this he concludes, that "the effect of the impact is evenly distributed across both meeting bodies, indeed that on the impact the two bodies even act in the same way, such that half the effect is derived from one body, the other half from the other" (GM VI, 251). From this Leibniz furthermore concludes that for every actio there is a reactio and that both are the same and directly opposite (GM VI, 252).

I would like to miss out other ideas on symmetry with regard to the phenomenon of impact and the ascertaining of the centre of gravity (GM VI, 502, 232, 465), in order to turn my attention directly to the conservation of momentum. We know that Leibniz knew that not only force, measured by mass times velocity squared, but also momentum, measured by mass times the vector velocity is conserved. In contemporary physics the theorem of momentum is derived from the invariance of the Lagrange function with regard to translations in space; occasionally it is said that the deeper underlying cause for the validity of the theorem of momentum is the homogeneity of space. It is plainly evident that this thought is not to be found in Leibniz. But it is, nevertheless worth mentioning that the principle of the conservation of momentum is related to spatial symmetries in Leibniz too. In a manuscript on the critique of the Cartesian law of impact Leibniz states that the sum of momentum is conserved in every direction. If one was to draw a straight line at random and to calculate the momentum in both directions then one would find that the difference is always the same. To be more precise the difference would always be nil. Nature is namely in equilibrium and the different possible directions are all in themselves completely the same. If there were not such equilibrium in the universe then everything would have to be moving in a specific direction, "quod ratione caret, quoniam spatium ubique simile est" (GM VI, 127). Thus the principle of sufficient reason and the symmetry of space become an argument here for an intensified form of the principle of momentum, namely, that for every straight line in space the sum of the momentum is nil.

The last example I would like to mention is the continuity principle. It plays an outstanding role in Leibniz's mathematics, also in his physics, in particular in his critique of the Cartesian laws of impact. It states: if the premises approximate each other indefinitely, then the conclusions also approximate each other indefinitely (GM VI, 129, 250). In modern mathematical notation this could in most cases be written as

$$f(\lim x_n) = \lim f(x_n)$$

or in operator notation

$$FL = LF$$

It would now be tempting to transcribe the last equation in

$$FLF^{-1} = L$$

then the principle of continuity would in a certain sense also be a principle of symmetry. But that is not allowed. The operator F does not need to be invertible. The principle of continuity is thus not a principle of symmetry; but it can be a statement about the commutability of two operators. And in several of the applications mentioned by Leibniz the operator is indeed invertible: for example, with the projective production of conic sections, whereby the intersections of a straight line with a circle are transferred to intersections of a straight line with an ellipse or hyperbola (GM VI, 129).

The example of the principle of continuity shows that Leibniz's thoughts come very close to modern thinking in terms of operators and transformations. This becomes more evident when one considers that Leibniz defines the principle of continuity as the conclusion to a more general principle, namely the principle "when the premises are ordered, then there is a corresponding order in the results". This could be called a homomorphy principle: it states that decent transformations conserve the structure.

The topic of this conference is the significance of Leibniz today. Some writers have tried to endow Leibniz's results in physics with contemporary significance, – I would remind you of Hans Reichenbach, who compared the correspondence between Leibniz and Clarke with a modern discussion on the theory of relativity (Reichenbach 1924). This kind of relevance to today seems to be very fragile. I would see the relevance of Leibniz today not in terms of results but in terms of his principles and way of thinking. Leibniz's philosophical thoughts on physics are both the reason for his historical downfall in the face of Newton's mechanics as well as the reason for his relevance today.

The notion of symmetry is an illustrative example of Leibnizean thought. Leibniz does not even have a word for what we call symmetry, – neither in the intuitive nor in the abstract sense. Yet he often uses notions of symmetry in central place. This is immediately evident for the intuitive symmetries. It is, however, also valid for abstract symmetries because Leibniz sometimes comes rather close to contemporary thoughts on transformations and invariants produced by them. This relationship is not by chance: as already mentioned, thinking in symmetries is a more perfect way of thinking, for thinking is more perfect, when, at every stage of thought, several objects are referred to simultaneously. Symmetry is closely related to harmony in terms of identitas in varietate, to the principle of sufficient reason and to the principle of the best. As Leibniz writes in the *Specimen inventorum* if a wise man wanted to label three points in space and if there were no reason for choosing a particular kind of triangle, then the wise man would draw an equilateral triangle because of the symmetry (GP VII, 310). Symmetry is thus the wise man's choice, – that is, as long as the principles of individuality and the greatest possible variety are not violated.

Notes

[1] First print: Symmetry in Leibnizean Physics, in: *The Leibniz Renaissance. International Workshop (Firenze, 2–5 giugno 1986)*. Hrsg.: Centro Fiorentino di Storia e Filosofia Della Scienza, Firenze, Leo S. Olschki Editore 1989, 23–42.

[2] Up to now, there are only several remarks in Couturat 1901, X, 227–228, 233, 302–303) and the small article Mainzer 1987.

[3] This leads to interesting consequences for the relation between physical and historical time in Leibniz's thought, cf. Breger 1987.

[4] Leibniz 1685 (reprinted GM VI, 112–117). Leibniz refers to *Acta Eruditorum*, November 1684, 511–514, and June 1685, 262–265. Several manuscripts to this topic are to be found in LH 35, X, 13.

[5] This was convincingly demonstrated by Mach: At first the effect of an electrical current on a magnetic needle seems to violate the principle of symmetry. But then we build a theory of electromagnetism so that the effect appears to be symmetrical (Mach 1872: 42; Mach 1968: 456).

[6] GM V, 181. Compare also: "si omnia utrobique se habeant eodem modo in Hypothesibus, nulla potest esse differentia in conclusionibus" (C, 389). The young Newton stated: "Ex paribus positis paria consectantur" (Newton 1962: 117).

[7] Sometimes the contention is made that energy conservation is deducible from the Lagrange equation in connection with the empirically well confirmed assumption "The same experiment gives at different times the same effect". But this assumption is only a definition of the equality of experiments, because there is no other way to decide which facts are a constituent part of the experiment and which are not. So the assumption is of the same type as the principle "Same causes lead to the same effects".

[8] GM VI, 438–441. Of course, this is only a proof, if it is already known how force is to be defined (Planck 1887: 135).

References

Bachmann, F.: *Aufbau der Geometrie aus dem Spiegelungsbegriff*, Berlin, Göttingen, Heidelberg, Springer 1959

Böhme, G.: Symmetrie: Ein Anfang mit Platon, in: *Symmetrie in Kunst, Natur und Wissenschaft*, Ausstellungskatalog Mathildenhöhe Darmstadt 1.6.–24.8, 1986, 9–16

Borkenau, F.: *Der Übergang vom feudalen zum bürgerlichen Weltbild*, Paris, Alcan 1934

Breger, H.: Elastizität als Strukturprinzip der Materie bei Leibniz, in: *Leibniz's Dynamica* (= Sonderheft 13 of *Studia Leibnitiana*), ed. Heinekamp, Stuttgart, Steiner 1984

Breger: Der Begriff der Zeit bei Newton und Leibniz, in: G. Heinemann (ed.): *Nebenwege der Naturphilosophie und Wissenschaftsgeschichte*, Kasseler Philosophische Schriften, vol. 17, Kassel, Gesamthochschule Kassel 1987, 37–53

Cantor, M.: *Vorlesungen über Geschichte der Mathematik*, vol. 2, Stuttgart, New York, Teubner and Johnson Reprint Corporation 1965 (reprint of the 1900 edition)

Couturat, L.: *La logique de Leibniz*, Paris, Alcan 1901

Curie, P.: Sur la symétrie dans les phénomènes physiques, symétrie d'un champ électrique et d'un champ magnétique, *Journal de Physique*, vol. 3, 1894, 393–415

Descartes, R.: *Œuvres*, eds.: Adam, Tannery, vol. 6, Paris, Cerf 1902

Elliott, J. P./Dawber, P. G.: *Symmetry in Physics*, vol. 1, London, Macmillan 1979

Feynman, R. P.: *The Character of a Physical Law*, Cambridge/Mass. and London 1967

Giuculescu: The Concept of Symmetry and its Operational and Morphogenetic Functions, *Revue Roumaine des Sciences Sociales*, Série de Philosophie et Logique, vol. 30, 1986, 122–128

Hesse, O.: *Vorlesungen über Analytische Geometrie des Raumes*, Leipzig, Teubner 1861

Kaiser, W.: Symmetries in Physics, *Berichte zur Wissenschaftsgeschichte*, 8, 1985, 182–187

Kepler, J.: *Ad Vitellionem Paralipomena*, Frankfurt/Main, Marnius et Haeredes Aubrii 1604

Knobloch, E.: Die entscheidende Abhandlung von Leibniz zur Theorie linearer Gleichungssysteme, *Studia Leibnitiana* 4, 1972, 163–180

Knobloch, E.: Leibnizens Studien zur Theorie der symmetrischen Funktionen, *Centaurus* 17, 1973, 280–294

Knobloch, E.: *Die mathematischen Studien von Leibniz zur Kombinatorik*, 2 vols., Wiesbaden, Steiner 1973–1976 (*Studia Leibnitiana* Supplementa, vol. XI, vol. XVI)

Leibniz: Demonstratio geometrica regulae apud Staticos receptae, *Acta Eruditorum*, November 1685, 501–505 (= GM VI, 112–117)

Leibniz: *Briefwechsel zwischen Leibniz und Christian Wolff*, ed.: Gerhardt, Hildesheim, Olms 1963 (reprint of 1860)

Leibniz: *Nachgelassene Schriften physikalischen, mechanischen und technischen Inhalts*, Leipzig, Teubner 1906 (Reprint Hildesheim 1995)

Leibniz: *Textes inédits d'après la Bibliothèque provinciale de Hanovre*, ed.: G. Grua, Band 1, Paris, Presses Universitaires de France 1948
Leibniz: *Der Beginn der Determinantentheorie*, ed.: E. Knobloch, Hildesheim, Gerstenberg 1980
Leibniz: *Specimen dynamicum*, eds.: Dosch/Most/Rudolph, Hamburg, Meiner 1982
Leibniz: Theorema aequiponderantium, LH 37, III, fol. 82–83
Leibniz: Several manuscripts in LH 35, X, 13
Mach, E.: Über die physikalische Bedeutung der Gesetze der Symmetrie, *Lotos* 21, 1871, 139–147
Mach, E.: *Die Geschichte und die Wurzel des Satzes von der Erhaltung der Arbeit*, Prag, Calve 1872
Mach, E.: *Erkenntnis und Irrtum*, Darmstadt, Wissenschaftliche Buchgesellschaft 1968 (sixth edition)
Mach, E.: *Die Mechanik*, Darmstadt, Wissenschaftliche Buchgesellschaft 1976 (tenth edition)
Mahnke, D.: Die Indexbezeichnung bei Leibniz als Beispiel seiner kombinatorischen Charakteristik, *Bibliotheca Mathematica*, third series, vol. XIII, 1913, 250–260
Mainzer, K.: Leibniz: Principles of Symmetry and Conservation Law, in: M. G. Doncel (ed.): *Symmetries in Physics 1600–1980*, Barcelona, Universidad Barcelona 1987, 69–76
Monna, A. F.: *L'algébrisation de la mathématique*, Communications of the Mathematical Institute Rijksuniversiteit Utrecht, 6-1977
Newton, I.: *Unpublished Scientific Papers*, eds.: A. R. Hall/M. B. Hall, Cambridge University Press 1962
Nicolle, J.: *Die Symmetrie und ihre Anwendungen*, Berlin, Deutscher Verlag der Wissenschaften 1954
Planck, M.: *Das Princip der Erhaltung der Energie*, Leipzig, Teubner 1887
Reichenbach, H.: Die Bewegungslehre bei Newton, Leibniz und Huyghens, *Kant-Studien*, vol. 29, 1924, 416–438
Schneider, I.: *Archimedes*, Darmstadt, Wissenschaftliche Buchgesellschaft 1979
Weyl, H.: *Symmetry*, Princeton, Princeton University Press 1952
Weyl, H.: *Philosophie der Mathematik und Naturwissenschaft*, Darmstadt, Wissenschaftliche Buchgesellschaft 1976 (fourth edition)
Weyl, H.: *Gesammelte Abhandlungen*, Berlin, Heidelberg, New York, Springer 1968
Zedler, J. H. (ed.): *Grosses vollständiges Universal-Lexicon aller Wissenschaften und Künste*, vol. 41, Leipzig, Zedler 1744

3 Becher, Leibniz und die Rationalität

In[1] der Sekundärliteratur zu Leibniz hat Becher einen schlechten Ruf. Die Leibniz-Biographie von Guhrauer (1846: 199–202), die Leibniz-Chronik von Müller/Krönert (1969: 69), die Biographie von Antognazza (2009: 209) sowie die für Mathematik und Physik derzeit beste Leibniz-Biographie von Eric Aiton (1985: 79) stimmen darin überein, dass Becher ein boshafter Mensch war, der für die Erfindungen seiner Zeitgenossen nur Spott übrig hatte. Der Konflikt zwischen Leibniz und Becher wird ausschließlich in der Perspektive von Leibniz berichtet; danach hat Becher sich an Leibniz rächen wollen, weil dieser eine „alchemistische Gaunerei" von Becher verhindert habe. Uneinigkeit besteht nur darüber, ob es sich dabei um ein alchemistisches Experiment vor dem hannoverschen Herzog oder um Bechers Sandschmelze in den Niederlanden gehandelt hat. Was hier in – wohlgemerkt: erstklassiger – wissenschaftlicher Literatur als Fakten mitgeteilt wird, bildet das Grundgerüst in dem erst jüngst wieder neu aufgelegten Leibniz-Roman von Colerus (1943: 344–368; vgl. auch Hassinger 1951: 240), in dem Becher als Alchemist[2] hingestellt und seine dämonisch-raffinierte Bosheit und Leibniz' schon fast hausbackene Unschuld über anderthalb Kapitel bunt ausgemalt werden.

Dass Leibniz als Kronzeuge für eine negative Beurteilung Bechers angeführt wird, hat Tradition. 1725 berichtet Jakob Friedrich Reimmann unter Berufung auf Leibniz, mit dem er in mündlichem und schriftlichem Kontakt gestanden hatte, „Becherum manifestum fuisse Epicuraeum, et Atheum" (Reimmann 1725: 559). Sollte Leibniz eine solche mündliche Äußerung wirklich getan haben (etwa unter Berufung auf den Schluss der *Physica subterranea* (vgl. dazu GP VI, 322)), so würde es sich wohl um eine Fehlbeurteilung handeln, wie Bechers *Moral-Discurs*, seine Kritik am Atheismus im *Parnassus medicinalis* (Becher 1662: 95–100) sowie auch der Schluss der *Physica subterranea* selbst zeigen.

Die farbigsten Urteile über Becher finden sich bei Johann Christoph Adelung: Becher ist unverschämt, „aufgeblasen, herrschsüchtig, ungestüm und ungesittet", er ist unverträglich und prahlerisch, – kurz, sein sittlicher Charakter

> war im Ganzen so auffallend schwarz, dass auch seine größten Lobredner ihn von dieser Seite nicht vertheidigen können. Niemand hat seinen Charakter mit mehr Wahrheit und Gründlichkeit geschildert, als Leibnitz (Adelung 1785: 141, 179).

Von den wenigen Autoren, die (abgesehen von Hassinger) die Beziehung zwischen Leibniz und Becher unbefangener zu würdigen wussten, sei Wilhelm Dilthey zitiert:

> Und keiner unter den älteren Zeitgenossen von Leibniz trug das neue Ideal einer universalen Kultur, in welchem nun dieses große Jahrhundert lebte, so tief im Herzen wie Johann Joachim Becher. ... Politische und wissenschaftliche Einrichtungen fallen für ihn schließlich zusammen, wie in den großen Utopien aller Zeiten. Seine Gedanken und Entwürfe gingen so weit wie nur je die von Leibniz. Und auch er hat an ihre Verwirklichung ein Leben gesetzt (Dilthey 1959: 24–25).

3.1 Kontakte und Konflikte

Im Folgenden sollen zunächst die Kontakte und Konflikte zwischen Becher und Leibniz behandelt werden, sodann die exzeptionelle Stellung, die Becher bei Leibniz und seinen Zeitgenossen einnimmt: zum einen wird Bechers Lebensweg mit ungewöhnlich großem und deutlich emotional gefärbten Interesse verfolgt; zum anderen ist wohl kein anderer Gelehrter von Leibniz, der sonst stets auf Ausgleich und Zurückhaltung bedacht war, so scharf beurteilt worden wie Becher. Die emotionale Bedeutung, die Becher für Leibniz und seine Zeitgenossen hat, kann schwerlich nur durch persönlichen Streit erklärt werden; im letzten Teil des vorliegenden Aufsatzes soll daher nach den geistigen Wurzeln des Konflikts zwischen Becher und Leibniz gefragt werden.

Über seinen akademischen Lehrer Erhard Weigel, der in Bechers *Psychosophia* ein besonderes Lob erhält (1678: 412–413), könnte Leibniz schon während der Studentenzeit mit Becherschen Gedanken bekannt geworden sein. In der *Dissertatio de arte combinatoria*, die Leibniz als 20jähriger veröffentlicht, wird Bechers Projekt einer Universalschrift erörtert und als unpraktikabel verworfen (A VI, 1, 201). Wie schon Adelung (1785: 139) vermutete, ist wohl Leibniz gemeint, wenn Becher in der *Psychosophia* (1678: 382) die Kritik eines „N. N. in seiner Combinatoria" erwähnt, der „doch gestehen muß/ daß er meinen Character nicht einmahl gelesen noch verstanden". Leibniz hat diese Stelle in seinem Handexemplar angestrichen. In der *ars combinatoria* findet sich ein derartiges Geständnis freilich nicht; dass Leibniz Bechers Schrift vielleicht zunächst nicht gründlich studiert hat oder nur aus zweiter Hand kannte, könnte Becher aber von Leibniz oder über Johann Daniel Crafft erfahren haben.

Die früheste Erwähnung Bechers in der Leibniz-Korrespondenz findet sich im September 1669, als Leibniz aus Mainz an Jakob Thomasius einen spöttischen Bericht über Bechers Hanauer Kolonialpläne gibt (A II, 1, 26). Während seiner Mainzer Zeit (1668–1672) dürfte Leibniz in größerem Umfang Bechers Schriften und Ideen rezipiert haben, obwohl Becher selbst den Mainzer Hof schon 1664 verlassen hatte. In einer Aufzeichnung von 1668/69 wird Bechers *Methodus didactica* erwähnt (A VI, 1, 496. Vgl. auch A II, 1, 199), und ein kommentiertes Exzerpt (A VI, 2, 390–394) von Bechers *Appendix practica* stammt ebenfalls aus dieser Zeit. 1669 weist Leibniz im Zusammenhang mit seinem Plan einer „Societas Philadelphica" (A IV, 1, 552) auf Bechers Projekt (Becher 1678: Vorrede an den Leser sowie im Anhang) einer Philosophischen Gemeinschaft hin, die mit begrenzter Gütergemeinschaft nach dem Vorbild des Urchristentums leben sollte. Hassinger (1951: 18) hat bereits erwähnt, dass die Atmosphäre am Mainzer Hof einer Wiedervereinigung der Konfessionen freundlich gesonnen war und dass sowohl Becher als auch später Leibniz

– und zwar beide nicht zuletzt aus politischen Motiven – Vorschläge zur Reunion der Kirchen erarbeiteten. Auch in wirtschaftspolitischer Hinsicht dürfte Leibniz prägende Anregungen durch Becher erhalten haben (Hassinger 1951: 123). 1672 hat sich Leibniz Bechers *Politischen Discurs* gekauft (A I, 2, 453). Teilweise dürfte der Einfluss Becherscher Gedanken zur Wirtschaftspolitik auf Leibniz über Johann Daniel Crafft[3] erfolgt sein. Nicht nur in wirtschaftspolitischen Grundintentionen und einzelnen Reformprojekten stimmen Becher, Crafft und Leibniz überein, sondern besonders auch in dem Engagement, mit dem sie sich für solche Reformen und das bonum commune einsetzen. Im Gegensatz dazu blieb während Leibniz' Mainzer Zeit die Anregung durch Bechers naturwissenschaftliche Arbeiten nur punktuell. In der *Hypothesis physica nova* von 1671 bezieht sich Leibniz (A VI, 2, 235) auf Bechers *Physica subterranea*, und im Briefwechsel desselben Jahres geht er mehrfach und mit großem Interesse auf ein Experiment ein, das im „Supplementum primum" der *Physica subterranea* erwähnt und das 1671 in Anwesenheit von Leibniz und dem Mainzer Kurfürsten vorgeführt wird (A I, 1, 102; A II, 1, 90, 101, 105, 124, 156; A III, 2, 3–4. Vgl. auch Hassinger 1951: 64): Durch Erhitzen von Schlamm und Leinöl soll Eisen hervorgebracht werden. Noch 34 Jahre später berichtet Leibniz von diesem Experiment (GM IV, 130, 150), das im Zusammenhang mit der Lehre von den drei Naturreichen als besonders bedeutungsvoll erschien (vgl. dazu noch Zedler 1742: Sp. 45). Die ausführlichen Erwähnungen in den Briefen und die Daten dieser Briefe machen es wahrscheinlich, dass Becher selbst dieses Experiment bei einem Besuch in Mainz vorgeführt hat. Jedenfalls haben sich Becher und Leibniz im Juni 1671 in Mainz persönlich kennengelernt (A I, 1, 154. Vgl. auch Hassinger 1951: 168), als Becher sich auf der Reise in die Niederlande einige Tage dort aufhielt.

Während Leibniz' Aufenthalt in Paris (1672–1676) scheint Becher aus seinem Blickfeld verschwunden zu sein. Zwar existiert im Leibniz-Nachlass das Postskripturn eines Briefes von Becher, in dem dieser aus Wien von einer angeblich geglückten Transmutation durch den Alchemisten Wenzel Seiler berichtet (A III, 2, 4–5); es handelt sich aber wahrscheinlich um das Postskriptum eines Briefes an Crafft, das dieser später an Leibniz gab. Crafft ist es auch, der 1677 den direkten Briefwechsel – wenn dieses Wort nicht zu hoch gegriffen ist – zwischen Leibniz und Becher vermittelt. Unterdessen befinden sich Crafft und Becher in Amsterdam, Leibniz in Hannover. Der Pfalzgraf von Sulzbach hatte Becher zur Erörterung von Manufakturprojekten an den hannoverschen Herzog empfohlen, und Leibniz schreibt aus diesem Anlass einen (uns nicht überlieferten) Brief an Becher, den Becher mit wenigen Zeilen beantwortet, indem er seinen Besuch in Hannover ankündigt (A III, 2, 289, 306, 345. Vgl. auch Amburger 1952: Sp. 475–477). Leibniz dürfte in seinem Brief Bechers Erwartungen eher gedämpft haben, denn an einen anderen Korrespondenten schreibt er, dass Becher einige Vorschläge zu Handel und Manufaktur am hannoverschen Hof vortragen möchte; „alleine man übereilet sich hier in solchen Dingen nicht, die zeiten sind auch nicht darnach" (A I, 2, 319). Dass Becher so knapp antwortet, kann also durch Leibniz' Brief bedingt sein; es kann aber auch auf generelle Vorbehalte zurückzuführen sein, denn schon einige Monate vorher hatte Crafft berichtet, dass er Leibniz bei Becher „nicht in consideration bringen" könne, obwohl er es vielfach versucht habe (A III, 2, 270, vgl. auch 289). Die Gründe für Bechers Skepsis bleiben dunkel, – was um so bedauerlicher ist, als es sich hier (abgesehen von der Stelle in der *Närrischen Weißheit*) um die einzige überlieferte Meinungsäußerung von Becher über Leibniz handelt.

Der angekündigte Besuch Bechers in Hannover fand nicht statt. In Hamburg hatte Hennig Brand den Phosphor entdeckt, und Becher sowie Leibniz versuchten Brand im Auftrag des Herzogs von Mecklenburg-Güstrow bzw. des Herzogs von Hannover vertraglich zu binden (Hassinger 1951: 238–239). Die Konkurrenz zwischen den fürstlichen Auftraggebern machte einen Besuch Bechers in Hannover zwecklos und prägte das zweite (und letzte) Treffen zwischen Becher und Leibniz, das im August 1678 in Hamburg stattfand (A I, 3, 278 sowie Leibniz 1718: 416). Becher soll Brand angeblich ein lebenslängliches Gehalt von 10 Talern pro Woche geboten haben, – zum Vergleich: Leibniz' Gehalt für seine Tätigkeit als Hofrat und Bibliothekar lag in der gleichen Höhe. Leibniz berichtet an den hannoverschen Herzog: „J'ay eu le bonheur de traverser ce traité, l'ayant sçeu par des intrigues que j'avois chez le Docteur Becher" (A I, 2, 64). Was damit gemeint ist, bleibt offen, vielleicht einfach nur eine Monate früher erfolgte Warnung durch Crafft (A III, 2, 217). Jedenfalls gelingt es Leibniz, Brand zur Zurückweisung von Bechers Angebot zu bringen, und zwar teils, indem er Brand an den bereits abgeschlossenen Vertrag mit dem hannoverschen Herzog erinnert (– in diesem Vertrag erhielt Brand lediglich 10 Taler pro Monat (A III, 2, 473–474)), und teils, indem Leibniz eine zusätzliche Summe zahlt. Becher soll die chemischen Kenntnisse von Brand nicht erfahren, denn, so Leibniz: „Dr Becher est homme à en faire grand bruit, et à le debiter chez toutes les puissances de la terre" (A I, 2, 64).

Mitte September 1678 befindet sich Brand zu den vertraglich vereinbarten chemischen Mitteilungen in Hannover, als er einen Brief von seiner Ehefrau sowie einen beigefügten Brief[4] von Klepsch, einem Mitarbeiter Bechers, erhält. Frau Brand berichtet, dass sie – einem früheren Ratschlag von Leibniz folgend – Klepsch vorgespiegelt habe, Brand befinde sich in Berlin statt in Hannover. Als Brand nach der Lektüre dieser Briefe den Raum verlässt, entwendet Leibniz die Briefe und sendet sie umgehend an den Herzog zur Kenntnisnahme (A I, 2, 68). Leibniz befürchtet, dass Becher wegen Brands Geldknappheit mit einem weiteren Versuch Erfolg haben könnte. Dann würde Becher erfahren,

> que c'est moy qui a pensé rompre ses desseins, et comme il est homme tout à fait bizarre, ie ne veux rien avoir à desmesler avec luy (A I, 2, 69).

Als Becher später Leibniz in der *Närrischen Weißheit* erwähnt, bezieht sich Leibniz zur Erklärung auf diesen Streit um Brand: „j'ay empeché une certaine fourberie Alchymistique, qu'il meditoit" (A I, 3, 278). Auch wenn wir uns nicht lange bei den von Leibniz im Dienst seines Fürsten angewendeten Mitteln aufhalten wollen, so bleibt doch festzustellen, dass Becher sich keines alchemistischen Schurkenstücks schuldig gemacht hat. Dies gilt um so mehr, als der Vertrag zwischen Brand und dem hannoverschen Herzog nicht ausdrücklich verbot, dass Brand seine chemischen Kenntnisse anderweitig verkaufte, – wenngleich dies zweifellos implizit gemeint war. Wäre Brand Becher gefolgt, so hätte Leibniz wohl mit Vorwürfen seines Herzogs rechnen müssen, weil er versäumt hatte, eine solche Verbotsklausel in den Vertrag aufzunehmen.

Der Schlusspunkt oder besser das Schlussausrufezeichen der Beziehung zwischen Becher und Leibniz wurde bereits angedeutet, nämlich Bechers Buch *Närrische Weißheit und weise Narrheit*, das er 1680 auf einer Seereise schrieb (Hassinger 1951: 243). Leibniz wird darin als der Erfinder eines Wagens vorgestellt, in dem man in sechs Stunden von Hannover nach Amsterdam reisen könnte (das ist fast das heutige D-Zug-Tempo):

> Dieser Leibnitz ist durch seine Literatur bekandt / ein sehr gelehrter Mann / hat das Corpus Juris wollen reformiren / hat eine eigene Philosophi und andere Dinge mehr geschrieben / aber ich weiß nicht / wer ihn auff diesen Postwagen gesetzt / darvon er doch nicht absteigen will / ohnerachtet er schon etlich Jahr darauff sitzt / ohnerachtet er siehet / daß der Wagen nicht fortgehen will / man müste dann deß Weigelii Professoris zu Jena höltzerne Pferd davor spannen (Becher 1682b: 147).

Das Buch erschien erst zwei Jahre später, und fast gleichzeitig mit dem Erscheinen des Buchs oder kurz danach, nämlich wenige Tage vor seinem Tod, schrieb Becher an Leibniz mit der Bitte, ihm eine Pension des hannoverschen Herzogs zu verschaffen (Leibniz 1718: 231). Diese Bitte war in jedem Falle aussichtslos und zeigt, wie verzweifelt Bechers Lage war. Wenn Becher aber überhaupt noch einen solchen Brief an Leibniz schrieb, dann kann dies wohl als Indiz gewertet werden, dass er die Erwähnung in der *Närrischen Weißheit* nicht für die unverzeihbare Kränkung hielt, als die Leibniz sie wohl aufgefasst hat. Ich werde darauf noch eingehen.

Bechers Bericht ist nicht völlig aus der Luft gegriffen. Leibniz hat sich über Jahre hinweg mit der Verbesserung von Wagen und Wagenrädern befasst: „ich habe ein ganz neues principium ausgefunden“ (Leibniz 1906: 215–243, hier: S. 222. Vgl. ferner A I, 2, 76, 126). Statt auf morastigem oder steinigem Boden zu fahren, sollte der Wagen gewissermaßen seine eigene Straße mitführen. Wir sehen heute in Kettenfahrzeugen ein von ferne vergleichbares Prinzip, aber Leibniz’ Erfindung – die er in verschiedener Weise zu realisieren versuchte und für deren eine Version er ein Modell anfertigen ließ – gelangte nicht zur Reife. Es erscheint nicht unplausibel, dass Leibniz’ Erfindung in die Bechersche Sammlung hineinpasst. Becher dürfte auf zwei Wegen über Leibniz’ Erfindung informiert worden sein; zum einen über Johann Daniel Crafft, der auf vermutliche Vorwürfe von Leibniz antwortet: „Wenn es kein Mensch außer mir gewußt, muß ich es freilich gethan haben“ (A III, 3, 826); zum anderen durch Leibniz selbst, der bei dem Treffen in Hamburg die Angelegenheit berührt hatte (A I, 3, 278). Die Angabe über die Reisezeit von sechs Stunden ist jedoch so unwahrscheinlich, dass sie zweifellos auf Becher zurückgeht.

Bechers *Närrische Weißheit* schlägt ihre Wellen in Leibniz’ Briefwechsel und hält den 36jährigen Mann, der seine Differentialrechnung noch nicht veröffentlicht hat und noch ein ganzes Jahrzehnt vom europäischen Ruhm entfernt ist, für einige Zeit in Atem. Er erfährt ausgerechnet vom Landgrafen Ernst von Hessen-Rheinfels, einem seiner wichtigsten Korrespondenten, von Bechers Buch, und der Landgraf bittet ihn ausdrücklich um eine Stellungnahme (A I, 3, 274–275). Auch andere Korrespondenten (A III, 3, 809, 789, 792; A III, 4, 264, 306, 314) erwähnen Bechers Buch und warten offenbar auf Leibniz’ Reaktion. Crafft berichtet (A III, 4, 62), dass er einem braunschweig-lüneburgischen Diplomaten in Dresden versichert habe, es handle sich um eine bloße Erdichtung; aber diese scheinbar beruhigende Mitteilung zeigt doch nur, wie sehr die Sache zum Gesprächsstoff geworden war. Eine unerwartete Reaktion erhält Johann Christian Orschall, der in einem seiner Bücher Becher gelobt hatte und nun in einem Brief an Leibniz Becher als Betrüger hinstellt (A III, 4, 327). In seiner Antwort kritisiert Leibniz die Differenz von Buch und Brief und äußert sich vergleichsweise zurückhaltend: „Ich der D. Bechern gar wohl gekennet, und zum öfftern mit ihm conversiret, weis alzuwohl, dass seine worthe ganz kein Evangelium gewesen“ (A III, 4, 345).

Mitteilungen über Bechers Tod erhielt Leibniz über Crafft und Friedrich Heyn, der Becher in England begleitet hatte. Der bisher unbeachtet gebliebene Brief Craffts erlaubt es erstmals, das bisher unbekannte Todesdatum mit einiger Wahrscheinlichkeit anzugeben. Nach Crafft starb Becher am 14. Oktober 1682 in London „alß Hecticus“; diese Mitteilung ist mit Heyns Angabe (Tod Anfang Oktober 1682) vereinbar (A III, 3, 759; A III, 4, 302. Vgl. auch A I, 8, 540), wenn man annimmt, dass Craffts Mitteilung nach dem gregorianischen Kalender datiert ist. Eine solche Datierung nach dem neuen Kalender wäre z. B. plausibel, falls Crafft seine Kenntnis über Bechers Schwager, den kaiserlichen Diplomaten Ph. W. von Hörnigk, mit dem Crafft im Briefwechsel stand, erhalten hat. Bis auf weiteres darf man jetzt wohl davon ausgehen, dass Becher am 4. (14.) Oktober 1682 gestorben ist. Übrigens hat sich Leibniz in Briefen an Crafft, Heyn und Hörnigk nach Bechers Nachlass erkundigt (A III, 3, 828; A III, 4, 313 sowie A I, 4, 473), ohne dabei jedoch zu einem greifbaren Ergebnis zu gelangen.

3.2 Bechers Bedeutung für Leibniz

Im folgenden soll nun die Rolle Bechers in Leibniz’ Korrespondenz näher untersucht werden; der Zugang über die wissenschaftsgeschichtliche Hintertreppe (d. h. den gelehrten Klatsch des 17. Jahrhunderts) scheint aussichtsreich, um Becher als Faszinosum für seine Zeitgenossen besser verstehen zu können. Schon die Häufigkeit der Erwähnungen Bechers in der Leibniz-Korrespondenz ist ungewöhnlich; noch auffallender ist jedoch die Art, in der er gewissermaßen wie ein Irrlicht durch den Briefwechsel geistert. Leibniz hat zu Bechers Lebzeiten kaum eine Gelegenheit ausgelassen, sich bei einem Korrespondenten, der etwas über Becher wissen oder in Erfahrung bringen könnte, zu erkundigen. Kaum eine Nachricht über Becher scheint zu unbedeutend und kaum ein Gerücht über ihn scheint zu vage, als dass es nicht berichtet würde; Crafft (zum Beispiel A I, 1, 220; A III, 2, 193, 494, 544) berichtet sogar, dass er diesmal nichts zu berichten wisse. In anderen Briefen spekuliert Crafft über Bechers Aufenthaltsort, seine etwaigen Pläne, seine möglichen Erfolgsaussichten sowie über die Frage, was er mit dieser oder jener Andeutung gemeint haben könnte. Der Crafft-Briefwechsel ist von erstrangigem Interesse für die Atmosphäre, in der Becher und andere Projektmacher der Zeit ihr Leben verbracht haben: es ist eine Atmosphäre der konzentrierten und angespannten Neugier für alles chemisch, technisch und ökonomisch Relevante, zugleich auch des Misstrauens und der Intrigen, der wechselnden Koalitionen und Freundschaften, des dosierten und wohlbedachten Umgangs mit Informationen und Gerüchten. Nützliche Überlegungen und wunderliche Dinge werden mit einem geheimnisvollen Raunen vorgebracht, und in aller Regel erweisen sich die Nachrichten über erfolgreiche chemische Prozesse oder gelungene technische Projekte als zu optimistisch. Die hochgespannten Erwartungen schlagen gelegentlich in bittere Melancholie um, so etwa bei Crafft:

> Also bescheret Gott den armen Menschen Poppen, womit Sie spiehlen, vnd sich auf eine Zeit, biß Sie sehen, daß Sie betrogen sindt, contentiren können (A III, 3, 759).

Die Motive der *Närrischen Weißheit* liegen in der Luft. Das fundamentum in re für diese Atmosphäre, die sich vor allem in den Korrespondenzen zu chemischen, technischen und ökonomischen Problemen findet, sind eben die Überraschungen, aber auch die

Unbestimmtheit und Unsicherheit in chemischen und technischen Projekten des 17. Jahrhunderts (vgl. dazu weiter unten).

Fassen wir diese Atmosphäre, in der das Ungewöhnliche nie auszuschließen ist und die enttäuschten Hoffnungen das Gewöhnliche sind[5], ins Auge, so fällt Licht auf die mit Becher verbundenen gefühlsmäßigen Wertungen und das so auffallende Interesse an seinem Charakter, – und zwar in zweierlei Hinsicht. Zum einen ließe sich wohl vor dem Hintergrund der Untersuchungen von Norbert Elias (Elias 1969) zeigen, dass der säkulare Prozess zunehmender Selbstkontrolle bei den Erfindern und Projektemachern des 17. Jahrhunderts deutlich weniger ausgeprägt ist als bei den Mathematikern und Physikern; Becher, Crafft und Glauber sind andere Charaktere als Leibniz, Huygens, Newton, Mariotte (vgl. Breger 1998). Ohne eine detaillierte Ausführung, die hier nicht möglich ist, bleibt eine solche These freilich fragil. Zum anderen sind die Erfinder und Projektemacher auch unabhängig von ihren wirklichen Charaktereigenschaften das Projektionsobjekt der gelehrten Welt, die einen allmählichen Wandel ihrer Vorstellungen von Naturwissenschaft und Rationalität in einem nur dunkel empfundenen Abgrenzungsprozess an Becher und anderen vollzieht. Becher war die Personifizierung jener Atmosphäre der Überraschungen – Werner Sombart schreibt über ihn, dass aus seinem „Ingenium die erfinderischen Gedanken wie Funken und Leuchtkugeln heraussprühen und herausplatzen“ (Sombart 1924: 473) –, aber auch der betrogenen Hoffnungen. Die umfassende Korrespondenz von Leibniz macht dem heutigen Leser anschaulich, wie sehr Becher die Zeitgenossen faszinierte, wie er Neugier, Bewunderung, Neid und Missgunst auf sich zog. Für Bechers Projekt der Sandschmelze in den Niederlanden sind die Reaktionen der Zeitgenossen im Leibniz-Briefwechsel besonders gut dokumentiert. Halb Europa scheint das Projekt mit gespanntester Aufmerksamkeit zu verfolgen; alle scheinen sich einig zu sein, dass Becher ein Scharlatan ist und dass das Projekt scheitern wird. Aber das Interesse erlahmt keineswegs (außer der Leibniz-Korrespondenz vgl. auch Becher 1679: 3), man wird nicht müde, Neuigkeiten und Gerüchte über Becher zu erfahren und weiterzuverbreiten. Crafft, bei dem Bewunderung und schroffe Ablehnung für Becher spürbar sind, bringt die allgemeine Haltung sozusagen auf den Punkt: Er glaubt nicht an einen Erfolg der Sandschmelze; sollte Becher aber Erfolg haben, so werde er in Dresden ebenfalls die Sandschmelze durchführen (A III, 2, 812, 914). Leibniz hält die Sandschmelze für wichtig genug, um sie seinem Herzog vorzutragen (A I, 2, 177). In der Korrespondenz zwischen Leibniz und Huygens (A III, 2, 849, 888, 894–895, 902) bringen beide Briefpartner ihre vorsichtige Skepsis zum Ausdruck. Huygens teilt mit, dass auch die Chemiker der Académie des Sciences behaupten, im Sand sei Gold enthalten. Leibniz hat den entscheidenden Schwachpunkt des Projekts erkannt: Becher hat mit seinen Proben nicht gezeigt, dass man den Prozess mit demselben Silber wiederholen kann.

In aller Regel sind die Urteile der Korrespondenten über Becher negativ; eine der seltenen Ausnahmen ist der Jesuitenpater Adam Kochański, der einem kritischen Urteil von Leibniz widerspricht (A I, 8, 267). Leibniz äußert sich über Becher im Allgemeinen abwägend und differenziert; er wird als „ein trefflicher Kopff“, „homo ingeniosus“, „vir meliore fortuna dignus“ oder als Mann mit „praeclarum ingenium“ gerühmt (vgl. zum Beispiel A I, 1, 154; A I, 7, 615; A I, 8, 480; A II, 1, 40 sowie Leibniz 1768: 105). Er wird aber auch unter die leichtgläubigen und windigen Schriftsteller gezählt, Becher habe Gesichertes und Ungesichertes gleichermaßen vorgetragen und in jedem neuen Buch neue chemische Prinzipien aufgestellt (A I, 8, 366, 480; Leibniz 1768: 105, 222). Bechers Kenntnisse in der Medizin und im Bergbau werden besonders hervorgehoben (A I, 3, 469; A I, 8, 475). Das scharfe Urteil in dem Schreiben an Landgraf Ernst – man brauche nur Bechers Bücher zu lesen, um von seiner „malice tres noire“ (A I, 3, 278) überzeugt zu werden – ist unter dem frischen Eindruck der *Närrischen Weißheit* formuliert. Erschreckend ist die Behauptung: „on n'auroit pas eu de peine à l'engager d'empoisonner quelqu'un, ou à commettre quelque autre crime semblable“ (Leibniz 1718: 230). Einige Zeilen weiter wird der (von der ADB[6] übernommene) Vorwurf erhoben, Becher habe sich als Zuhälter seiner Frau und seiner Tochter betätigt. Diese beiden Behauptungen sind von Leibniz nicht autorisiert, sondern offenbar nach einer mündlichen Unterredung von Feller notiert worden: sie weichen außerordentlich stark von allen übrigen Äußerungen ab und können daher kaum als authentisch gelten. Nach einer vergleichsweise harmlosen brieflichen Bemerkung über Becher an Tentzel (A I, 8, 366) schreibt Leibniz in einem weiteren Brief an Tentzel, dass diese Bemerkung nicht für die Öffentlichkeit bestimmt sei, „non quidem Bechero, sed me indigna“ (A I, 8, 475).

Für die Wirkung Bechers auf Leibniz sind die Anstreichungen und Randbemerkungen von Leibniz in Bechers Büchern erwähnenswert. Die Niedersächsische Landesbibliothek Hannover besitzt 32 Ausgaben Becherscher Bücher, die zu Leibniz' Lebzeiten erschienen sind; in sechs davon finden sich Anstreichungen oder Bemerkungen von Leibniz' Hand. Man darf nicht folgern, dass Leibniz nur diese Schriften gelesen hätte, denn zum Beispiel die *Närrische Weißheit* und der *Politische Discurs* sind nicht unter diesen sechs. Bechers *Character, Pro Notitia Linguarum Universali* weist nur ein oder zwei Lesespuren auf (Bl. A 6 verso, Bl. B 10 recto). Das *Novum Organum Philologicum* enthält Bemerkungen auf dem Vorsatzblatt sowie einige Anstreichungen im Text[7]. Zahlreiche Anstreichungen und einzelne Bemerkungen finden sich in *Methodus didactica*[8], *Experimentum Chymicum Novum*[9] sowie in Supplementum Secundum in Physicam Subterraneam[10]; in der letztgenannten Schrift hat Leibniz auf S. 7 hinzugefügt: „Ergo Deus nec potuit metalla ita creari, ut transmutari non possent“. Die *Psychosophia* hat Leibniz 1679 gekauft und gelesen; auf der Rückseite des Titelblatts hat er Hinweise auf interessante Stellen des Textes notiert, im Text sind ca. 25. Stellen (u. a. zu theologischen und medizinischen Fragen sowie zum Manufakturwesen) angestrichen[11]. Das Kapitel über Heirat und schlechte Frauen fand Leibniz amüsant; die These, dass die Seele in ruhigem und sanftmütigem Zustand die Zukunft voraussehen könne, kritisierte er als vernunftwidrig[12]. Auf eine verworrene Weise können freilich auch die Leibnizschen Monaden Ahnungen künftiger Zustände haben. Ebenso findet die Fensterlosigkeit der Monaden eine gewisse Analogie in Bechers These, dass die Seele von außen (z. B. durch Schmach, Verachtung, Verfolgung) nicht angegriffen werden kann, wenn sie es nicht selber annimmt und will (Becher 1678: 247).

3.3 Zwei Konzeptionen von Rationalität

Becher hat die *Psychosophia* und die *Närrische Weißheit* als seine wichtigsten Schriften angesehen (jeweils in der Vorrede). Während letztere schon in ihrem Titel von einer Dialektik von Narrheit und Weisheit ausgeht, ist die *Psychosophia* in Form eines Dialogs zwischen einem Philosophen als Vertreter der Vernunft und einem Psychosophen als Vertreter des mit der Seele verbundenen Verstandes aufgebaut. In beiden Fällen ist offenbar die Rationalität zentrales Thema. Für Becher wie für Leibniz ist der Begriff der Rationalität nicht technisch oder naturwissenschaftlich beschränkt; beide wollen durch Erforschung der Natur, technische Nutzung der Erkenntnisse sowie ökonomische Reformen zum Wohl der Menschen und zum allgemeinen Fortschritt beitragen. Signifikant ist jedoch, dass die Arbeitsgebiete von Becher und Leibniz fast komplementär sind: Leibniz' aktive wissenschaftliche Forschung betrifft vor allem Mathematik, Philosophie und Physik, während Chemie und Ökonomie in seiner aktiven Tätigkeit am Rande liegen und seine Tätigkeit in der Technik nicht eben glücklich war. Im Zusammenhang mit einem Urteil über Becher schreibt Leibniz, dass man in der Chemie derzeit das meiste dem Zufall verdanke und nicht einer Methode; daher seien die Empiriker auf diesem Gebiet den Gelehrten überlegen (A I, 8, 367). Eine stehende Redewendung unter den Chemikern des 17. Jahrhunderts – am bekanntesten ist Boyles *On the Unsuccesfulness of Experiments* – ist die Klage über die mangelnde Reproduzierbarkeit der Experimente.

> Dann indem manchmal nur der geringste Umstand die Mischung verhindert und ändert, ... so hat man was wahr für falsch und was falsch für wahr ausgeschryen[13].

Aber „Wo kein Unkraut wächst, da wächst auch kein Korn" (1682: Vorrede; vgl. auch 74) schreibt Becher in dem Buch mit dem wahrhaft programmatischen Titel *Chymischer Glücks-Hafen.* Ein solches achselzuckendes Verhältnis gegenüber der Reproduzierbarkeit und damit tendenziell auch zum Begriff des Naturgesetzes und der Rationalität erwuchs aus der täglichen Erfahrung von Chemikern, für die die Ausgangsstoffe der Experimente praktisch nie in der gebotenen Reinheit gegeben waren, – von anderen experimentiellen Schwierigkeiten zu schweigen. So ist es in der Chemie nicht ungewöhnlich, dass „hochberühmte Männer" (Becher 1680: 522) sich irren und dass Weisheit sich als Torheit herausstellt. Die chemische Erfahrung vom glücklichen Zufall hat Becher in der *Närrischen Weißheit* auf technische Erfindungen und ökonomische Reformprojekte verallgemeinert. Teils gilt dort Ähnliches wie in der Chemie (z. B. ließen die Mängel des zur Verfügung stehenden Materials manch gute Idee unausführbar werden), teils aber wird nun die Unberechenbarkeit der Natur zu einer Unvorhersehbarkeit und prinzipiellen Offenheit der Realität schlechthin erweitert. Die Durchführung technischer und ökonomischer Projekte konnte auch an Fürstengunst, Hofintrigen und dem Fehlen geeigneter gesellschaftlicher Voraussetzungen (Patentrecht, Kreditwesen) scheitern. Weit entfernt, ein kleinlicher Spott über die Dummheit von Kollegen zu sein, ist die *Närrische Weißheit* Bechers eigene Lebensbilanz; Hassinger zählt sie zu den unsterblichen Büchern (Hassinger 1951: 244). Für den Barock-Erfinder (vgl. Klemm 1954: 180–187 und Breger 1981/82) ist die Gleichzeitigkeit von überraschendem Erfolg und unerwartetem Misserfolg das Charakteristikum der Realität. „Viel unglaubliche Dinge haben die Menschen bereits erfunden" (Becher 1682b: 164) schreibt Becher in der *Närrischen Weißheit* zu Beginn des Abschnitts über die Flugmaschinen. Und Crafft stellt in einem Brief an Leibniz fest: „Ich werde in meiner opinion täglich in mehr vnd mehr gestärket, daß alles muglich vnd in die natur gelegt" (A III, 3, 489). Der kontrapunktische Aufbau von Bechers Buch – einerseits die närrische Weisheit, d. h. jene Erfindungen, die „närrisch, irraisonable und ohnmöglich" (Becher 1682b: Bl. A II recto) schienen und dann doch erfolgreich waren, und andererseits die weise Narrheit, d. h. jene Erfindungen, die gut durchdacht schienen und doch scheiterten – reflektiert die

Triumphe und das Scheitern der Erfinder und beweist letztlich, dass die Realität offen und nicht vorhersehbar ist. Es sind „der Sachen wunderliche Conjuncturen“ (Becher 1682b: 179), die über den Erfolg entscheiden. Zwischen Theorie und Praxis klafft eine unaufhebbare Lücke: Über eine Erfindung schreibt Becher „wiewol es in raison bestehet, so ist es doch impracticable“ (Becher 1682b: 32); über einen Projektemacher heißt es „Die Concepten sind wol gut, und der Mann ist scharffsinnig gnug, aber die Praxis ist ein anders als die Speculation“ (Becher 1682b: 141). Eine Erfindung, die von berühmten Gelehrten gebilligt worden sei und dennoch nicht funktioniert habe, wird mit den Worten kommentiert: „ist diß dann nicht eine weise Narrheit?“ (Becher 1682b: 162. Überhaupt begehen „die gescheideste Leuth öffters die gröste Fehler“ (Becher 1682b: 133)). Umgekehrt kann aber auch unter der Narrheit eines Erfinders viel Weisheit verborgen liegen, die erst in Zukunft sichtbar wird (Becher 1682b: 179).

Erst unter diesem Gesichtspunkt der Schwäche jeder theoretischen Rationalität erschließt sich der eigentliche Sinn von Bechers Buch. Es ging nicht um eine Sammlung der Erfindungen von Dummköpfen; Bechers These wird nur dadurch überzeugend demonstriert, dass es sich um die Erfindungen kluger Menschen handelt. Die rühmenden Worte, mit denen eine Reihe gescheiterter Erfinder (darunter auch Leibniz) eingeführt werden, sind keine Ironie; um das Missverständnis kleinlichen Spotts über Kollegen auszuschließen, zählt Becher unter den 50 gescheiterten Erfindungen immerhin sechs seiner eigenen auf.

Mit der Dialektik von Narrheit und Weisheit knüpft Becher an traditionelles Gedankengut an. Auf dem Titelblatt der *Närrischen Weißheit* wird Terenz zitiert:

> incerta haec si tu postules/ ratione certa facere, nihilo plus agas/ quam si des operam ut cum ratione insanias[14].

Im Gegensatz zu Sebastian Brants *Narrenschiff* ist für Becher die Narrheit nicht sündhaft; eher scheint der Verlust der Verbindung von Weisheit und Moral eines der Becher umtreibenden Probleme zu sein. Die traditionelle Definition des Menschen als animal rationale berücksichtige die Gesellschaftlichkeit des Menschen nicht genügend (Becher 1678: 71–72; Becher 1688: 1); die Wissenschaft müsse durch die Nächstenliebe temperiert werden (Becher 1669b: 96). Zu großes Vertrauen in die Vernunft und die Bücher mache die Menschen zu Narren (Becher 1678: 74, 100, 103). Während es der psychosophischen Erkenntnis um die Ehre Gottes und den Nutzen des Nächsten gehe, betreibe der Philosoph seine Vernünftelei aus bloßer curiosität; die Cartesianer als Prototypen der Philosophen seien Narren, da sie ja an ihrer eigenen Existenz zweifeln und nur das mechanistisch Fassbare anerkennen wollen (Becher 1678: 27, 377, 411). Wie Foucault in seiner *Histoire de la folie* gezeigt hat, hat sich der neuzeitliche Rationalitätsbegriff um die Mitte des 17. Jahrhunderts aus der säuberlichen Trennung der vorher aufeinander bezogenen Begriffe Narrheit und Weisheit entwickelt; für Becher ist gerade die von Nächstenliebe und Lebensklugheit getrennte Rationalität Narrheit.

Eher als mit Brant lässt sich Becher mit Thomas Murner vergleichen: Beide verkünden kein positives Ideal, sondern führen einen vorgegebenen Geltungsanspruch ad absurdum; beide fühlen sich in die Problematik verwickelt und stellen sich selbst als Narren dar (zu Murner vgl. Könneker 1966: 136, 148–149, 149, Anm.). Bechers Schrift steht spiegelbildlich zum *Lob der Torheit* des Erasmus von Rotterdam: Während Erasmus mit heiterem

Witz zeigt, dass sich für die Torheit eben so viele Argumente wie für die Weisheit anführen lassen, trägt Becher melancholisch schwer an der Bürde, dass sich für die Narrheit eben so viele Experimente angeben lassen wie für die Weisheit. In dem zentralen Lebensgefühl einer unberechenbaren und seltsamen Realität ist Bechers *Närrische Weißheit* mit dem *Lalebuch* (vgl. Könneker 1966: 369–372) vergleichbar; das Unmögliche erscheint einfach, das sonst Selbstverständliche gilt als undurchführbar. Freilich mit dem beunruhigenden Unterschied, dass bei Becher die Realität ihre changierende Unberechenbarkeit gerade gegenüber dem Zugriff der naturwissenschaftlichen, technischen und ansatzweise gesellschaftsreformerischen Rationalität hervorkehrt: Der Narr ist der, der sich mitreißen lässt von der Aufbruchstimmung der Epoche und dem zu großen Vertrauen in die sich herausbildende Rationalität. Wie in Pierre Bayles *Dictionnaire historique et critique* ist das getreue Protokoll der menschlichen Irrtümer zugleich das Plädoyer für eine skeptische Vernunft (Promies 1966: 81).

Leibniz' Empörung über seine Erwähnung in der *Närrischen Weißheit* setzt offenbar den neuzeitlichen Rationalitätsbegriff voraus, demzufolge das Scheitern lediglich die Dummheit des Erfinders beweist. Auch für uns heute sind der naturwissenschaftlichen Rationalitätsbegriff sowie die Raster und Methoden der Erfassung von Natur vorgegeben. Für den Bereich des politischen Handelns denken wir dagegen anders: Am überzeugendsten hat Merleau-Ponty (1966) dargelegt, dass die Realität für den politisch Handelnden gewissermaßen ein schwankender Boden ist, der sich während der Handlung ständig ändert, so dass auch kluge Überlegung nicht immer ausschließen kann, dass das Gegenteil des Beabsichtigten erreicht wird. So bleiben wir prinzipiell abhängig von „der Sachen wunderliche Conjuncturen". Bechers technikphilosophische Überlegungen scheinen Aktualität für jene Aspekte von Technik zu haben, in denen die technische Rationalität von politischen Konstellationen und gesellschaftlichem Wandel nicht zu trennen ist. Das Milliardenprojekt des Schnellen Brüter in Kalkar könnte heute ein Beispiel für weise Narrheit im Sinne Bechers sein, denn fraglos ist es von Fachleuten, die ihr Metier verstehen, konzipiert und gebilligt worden.

Anmerkungen

[1] Erstdruck: Becher, Leibniz und die Rationalität, in: *Johann Joachim Becher (1635–1682)*. Hrsg.: G. Frühsorge / G. F. Strasser, Wiesbaden, Herzog August Bibliothek Wolfenbüttel 1993 (= *Wolfenbütteler Arbeiten zur Barockforschung*, Bd. 22), 69–84. Wiederabdruck mit Genehmigung der Bibliothek.

[2] Vgl. dazu Becher 1678: 170–174, 182–186. Die Abscheidung von Gold aus Sand oder Erz ist keine Transmutation.

[3] Zu Crafft vgl. Saring 1957 sowie A I und A III. Für Urteile über Crafft vgl. Becher 1669c: 197 sowie Becher 1682b: 141–142 und GP VII, 491.

[4] LBr 107, Bl. 3.

[5] Es handelt sich um die Desillusionierungsphase nach der vorangegangenen historischen Phase eines naturwissenschaftlichen Enthusiasmus und sogar Chiliasmus, vgl. Breger 1984.

[6] Oppenheim 1875: 202. – Fellers Behauptung könnte zum einen darauf zurückgehen, dass Becher bei seinem Tod Frau und Kinder unversorgt zurückließ, und zum anderen darauf, dass Maria Veronika Becher den zeitgenössischen Moral-Vorstellungen nicht entsprach (vgl. A I, 2, 314, 496; A I, 5, 111 sowie A III, 2, 914).

[7] Unterstreichungen und Zusätze von Leibniz' Hand auf Bl. b 5 recto, Bl. C 4 verso, Bl. d 3 recto, Bl. d 4 verso, Bl. e 3 recto, Bl. f 2 recto, Bl. f 5 verso, Bl. g 3 verso, Bl. g 4 recto, 9, 30, 31. Auf dem Vorsatzblatt von Leibniz' Hand: „in indice deest: *quis*, *ille*, *quidam*, pronomina enim omissa
pumice exaratum praefat C. 4, facie b. astrolabium habet pro libro § 101
tituli Paragraphorum non respondent contentis, ex. g. § 1130 titulus est incarcerare, cui subjicitur etiam rurari, stabulari, abnoctare, pernoctare, captivari, exterminari, relegari, exulare
adjectiva n. 608 sqq. it. 730 etc. agent per terminationes ilis, rius, alis, etc. contra scopum."

[8] In Vorrede und Text bis S. 111 auf fast jeder Seite Unterstreichungen oder Anstreichungen.

[9] Ca. 65 Unterstreichungen, Korrekturen oder Bemerkungen.

[10] Fast 50 Anstreichungen oder Unterstreichungen.

[11] Unterstreichungen oder Anstreichungen auf den Seiten 6, 9, 17, 21, 24, 36, 39, 226, 228, 261, 271, 271 bis, 272, 276, 277, 283, 284, 380, 382, 388–389, 393, 394, 402, 407, 411.

[12] A I, 2, 456, 466, 469. Zur Vorhersicht des Künftigen durch die Seele vgl. Becher 1678: 21 (Anstreichungen von Leibniz), 26, 87–88.

[13] Becher 1680: 236. Zur Ungewissheit über den Ausgang von chemischen Experimenten vgl. auch Seite 248 sowie Becher 1678: 179 und A III, 2, 683.

[14] Eunuchus 61–63. Ein ähnliches Zitat von Cicero findet sich Becher 1682b: 106.

Literaturverzeichnis

Adelung, J. Ch.: *Geschichte der menschlichen Narrheit*, Teil 1, Leipzig, Weygand 1785

Aiton, E. J.: *Leibniz*, Bristol und Boston, Hilger 1985

Amburger, E.: Rezension von Hassinger: *Becher*, in: *Deutsche Literaturzeitung* 73, 1952, 475–477

Antognazza, M. R.: *Leibniz. An intellectual biography*, Cambridge: Cambridge University Press 2009

Bayle, P.: *Dictionnaire historique et critique*, Rotterdam, Reinier Leers 1697

Becher, *Character, Pro Notitia Linguarum Universali*, Frankfurt/Main, Ammon und Serlin 1661. – Leibniz' Exemplar: NLB, Signatur: Ls 181

Becher, J. J.: *Parnassus medicinalis illustratus*, Ulm, Görlin 1662, Teil 1

Becher, J. J.: *Appendix practica*, Frankfurt/Main, Zunner 1669a

Becher, J. J.: *Moral-Discurs Von den eigentlichen Ursachen deß Glücks und Unglücks*, Frankfurt/Main, Zunner 1669b

Becher, J. J.: *Physica subterranea*, Frankfurt/Main, Zunner 1669c

Becher, J. J.: *Experimentum Chymicum Novum*, Frankfurt/Main, Zunner 1671. Leibniz' Exemplar: NLB, Signatur: Leibn Marg 109

Becher, J. J.: *Methodus didactica*, Frankfurt/Main, Zunner 1674 (2. Aufl.). – Leibniz' Exemplar: NLB, Signatur: Lc 447

Becher, J. J.: *Novum Organum Philologicum*, Frankfurt/Main, Zunner 1674. – Leibniz' Exemplar: NLB, Signatur: Lc 445

Becher, J. J.: *Supplementum Secundum in Physicam Subterraneam*, Frankfurt/Main, Zunner 1675. – Leibniz' Exemplar: Signatur: N – A 116

Becher, J. J.: *Psychosophia*, Güstrow, Scheippel 1678. – Leibniz' Exemplar: NLB, Signatur: T – A 538

Becher, J. J.: *Trifolium Becherianum Hollandicum*, Frankfurt/Main, Zunner 1679

Becher, J. J.: *Chymisches Laboratorium, Oder Unter-erdische Naturkündigung*, Frankfurt/Main, Haaß 1680

Becher, J. J.: *Chymischer Glücks-Hafen*, Frankfurt/Main, Schiele 1682a

Becher, J. J.: *Närrische Weißheit*, Frankfurt/Main, Zubrod 1682b

Becher, J. J.: *Politischer Discurs*, Frankfurt/Main, Zunner 1688 (3. Aufl.)

Boyle, R.: *On the Unsuccesfulness of Experiments*, London, Herringman 1669

Brant, S.: *Das Narrenschiff*, Tübingen, Niemeyer 1962

Breger, H.: Närrische Weisheit und weise Narrheit in Erfindungen des Barock, *Ästhetik und Kommunikation*, Oktober 1981, Heft 45/46, 114–122 sowie Juni 1982, Heft 48, 128

Breger, H.: Elias artista – A Precursor of the Messiah in Natural Science, in: *Nineteen Eighty-Four: Science Between Utopia and Dystopia* (= Sociology of the Sciences, vol. 8), Hrsg.: Mendelsohn/Nowotny, Dordrecht, Boston, Lancaster, Reidel 1984, 49–72

Breger, H.: The Paracelsians – Nature and Character, in: *Paracelsus*, Hrsg.: Grell, Leiden, Boston, Köln, Brill 1998, 101–115

Colerus, E.: *Leibniz*, Berlin, Wien, Leipzig, Zsolnay 1943

Dilthey, W.: Leibniz und sein Zeitalter, in: *Gesammelte Schriften*, Bd. 3, Stuttgart, Teubner 1959 (2. Aufl.)

Elias, N.: *Über den Prozeß der Zivilisation*, 2 Bde., 2. Aufl., Bern, Francke 1969

Erasmus von Rotterdam: *Lob der Torheit*, Berlin, Mann 1950

Foucault, M.: *Histoire de la folie à l'âge classique*, Paris, Plon 1961

Guhrauer, G. E.: *Gottfried Wilhelm Freiherr v. Leibnitz*, Bd. 1, Breslau, Hirt 1846

Hassinger, H.: *Becher*, Wien, Holzhausen 1951

Klemm, F.: *Technik. Eine Geschichte ihrer Probleme*, Freiburg, München, Alber 1954

Klepsch, F.: Brief an H. Brand, NLB, LBr 107, Bl. 3

Könneker, B.: *Wesen und Wandlung der Narrenidee im Zeitalter des Humanismus*, Wiesbaden, Steiner 1966

Leibniz: *Ars combinatoria*, Leipzig, Fick und Seubold 1666 (= A VI, 1, 163–230)

Leibniz: *Otium Hanoveranum*, Hrsg.: Feller, Leipzig, Martini 1718

Leibniz: *Opera omnia*, Hrsg.: Dutens, Bd. II, 2, Genf, De Tournes 1768

Leibniz: *Nachgelassene Schriften physikalischen, mechanischen und technischen Inhalts*, Hrsg.: Gerland, Leipzig, Teubner 1906

M. Merleau-Ponty: *Humanismu und Terror*, Frankfurt/Main, Suhrkamp 1966

K. Müller, K./Krönert, G.: *Leben und Werk von Leibniz*, Frankfurt/Main, Klostermann 1969

Oppenheim: Johann Joachim Becher, in: *Allgemeine Deutsche Biographie* Bd. 2, Leipzig, Duncker und Humblot 1875, 201–203

Promies, W.: *Die Bürger und der Narr oder das Risiko der Phantasie*, München, Hanser 1966

Reimmann, J. F.: *Historia Universalis Atheismi*, Hildesheim, Renger 1725

Saring, H.: Johann Daniel Crafft, in: *Neue Deutsche Biographie*, Bd. 3, Berlin, Duncker und Humblot 1957, 387

Sombart, W.: *Der moderne Kapitalismus*, Bd. 1, 2. Halbbd., München und Leipzig, Duncker und Humblot 1924

Zedler (Hrsg.): *Grosses vollständiges Universal-Lexicon*, Bd. 31, Leipzig und Halle, Zedler 1742

4 Über den von Samuel König veröffentlichten Brief zum Prinzip der kleinsten Wirkung

Der[1] Streit zwischen Samuel König einerseits und Maupertuis sowie der Berliner Akademie andererseits, in den auch Euler, König Friedrich II von Preußen und Voltaire verwickelt waren, zählt zu den berühmtesten Streitfällen in der Geschichte der Wissenschaften. Die Berliner Akademie entschied sich kurzerhand für ihren Präsidenten, aber Samuel König gewann mit seinem *Appel au Public*, der mit Schwung und Feuer die Sache der Wahrheit und die Regeln eines fairen Untersuchungsverfahrens in der sich herausbildenden Öffentlichkeit gegen institutionelle Machtpositionen verfocht, die Sympathien des gebildeten Publikums für sich. Samuel König ging aus dem Streit als der moralische Sieger hervor, – nicht zuletzt deshalb, weil er die Debatte vorwiegend auf dem Feld der beiderseitigen Vorgehensweisen führte und die gebildete Öffentlichkeit zum Richter über das Vorgehen der Institution Akademie aufrief.

Königs Sieg wurde schließlich auch von der Berliner Akademie akzeptiert: In einer Sitzung der Akademie, die 150 Jahre früher den Brief für eine Fälschung erklärt hatte, legte Carl Immanuel Gerhardt dar, dass der fragliche Brief „mit grösster Wahrscheinlichkeit" (Gerhardt 1898: 422) echt sei. Zur Begründung gab Gerhardt an, dass drei der von König veröffentlichten vier Briefe zweifelsfrei echt sind. Außerdem lasse sich der Brief in die Korrespondenz von Leibniz mit Varignon einfügen. Auch Louis Couturat stellte fest, dass die Gelehrten einhellig die Echtheit des Briefes vermuten; der Inhalt des Briefes sei „toute leibnitienne de style et d'esprit" (Couturat 1901: 579. Ähnlich Gueroult 1934: 216. Vgl. auch Harnack 1900: 334). Die These der Echtheit wurde bald darauf durch ein weiteres Argument gestützt: 1913 fand Willy Kabitz in Gotha eine bis dahin unbekannte Abschrift des Briefes inmitten einer Sammlung von Leibniz-Briefen, deren Echtheit unbestreitbar ist. Kabitz erklärte es für

> wahrscheinlich, *dass die in Gotha aufgefundene Abschrift ... und der entsprechende Druck im 'Appel' ... auf eine früher in Hannover vorhanden gewesene Urschrift als ihre letzte Quelle zurückgehen.* (Kabitz 1913: 636).

Diese Schlussfolgerung ist weitgehend akzeptiert worden[2]. Ich muss gestehen, dass auch ich früher dem Wahrscheinlichkeitsschluss von Kabitz gefolgt bin (vgl. Breger 1990: 45). Seit einigen Jahren scheint mir jedoch, dass eine genauere Untersuchung des Inhalts des fraglichen Briefes zu einem anderen Ergebnis führt. Ich möchte einige Argumente der Reihe nach erörtern. Dabei bemühe ich mich um ein methodisches Vorgehen, das die Debatte aus dem Bereich der „Glaubensfrage" herausführt, indem ich versuche, prinzipiell falsifizierbare Argumente anzugeben.

4.1 Eine Definition der Geometrie

Das *erste Argument* betrifft eine Formulierung, die sich am Anfang des fraglichen Briefes findet: „La Géométrie n'étant que la science des limites et de la grandeur du Continu …" (König 1752: Appendix, 43). Wie ist diese Formulierung, die offenbar eine lapidare Definition der Geometrie gibt, zu verstehen ? Die Formulierung scheint doppeldeutig. Wenn man annimmt, dass „du Continu" sich nicht nur auf „la grandeur", sondern auch auf „des limites" bezieht, so ergibt sich: Die Geometrie ist nichts anderes als die Wissenschaft der Grenzen des Kontinuums und der Größe des Kontinuums. Mit Grenzen des Kontinuums wäre dann offenbar das gemeint, was in der heutigen Mathematik Rand heißt: Die Geometrie ist nichts anderes als die Wissenschaft von der Größe und den Rändern des Kontinuums. Von der französischen Sprache her mag dies die elegantere Interpretation sein, aber es ergibt sich eine doch recht bizarre Definition der Geometrie. Es fehlt der Begriff der Lage, der für Leibniz immerhin so wichtig war, dass er eine Analysis situs entwickelte. Leibniz hat die Geometrie verschiedentlich als die Wissenschaft der Figuren oder auch als die Wissenschaft von der Lage, dem Winkel, der Geraden, dem Kreis und anderer Figuren bezeichnet (GM VII, 318, 12. Vgl. auch GP VII, 59). Er bestimmt den Punkt als die Grenze (terminus) der Linie (A I, 15, 560) und die Linie als die Grenze (terminus) der Fläche. Aber eine Formulierung derart, dass die Geometrie nichts anderes als die Wissenschaft von der Größe und den Grenzen des Kontinuums sei, habe ich bei Leibniz nicht gefunden.

Der moderne Leser, ja sogar der Leser ab der zweiten Hälfte des 18. Jahrhunderts, neigt spontan eher zu einer zweiten Interpretation des Texes, nämlich dazu, „du Continu" nicht auf „limites", sondern lediglich auf „de la grandeur" zu beziehen. Dann ergibt sich, dass die Geometrie nichts anders ist als die Wissenschaft des Limes und der Größe des Kontinuums. In dieser Lesart ist „limites" nun ein mathematischer Fachausdruck von so fundamentaler Bedeutung, dass er zur Charakterisierung der gesamten höheren Mathematik geeignet ist. Nun ist bekannt (Boyer 1949: 246–250; vgl. auch Boyer 1968: 492), dass das Konzept des Grenzwerts erst durch d'Alembert zur Grundlage der Differential- und Integralrechnung wurde; er schreibt in der *Encyclopédie*: „La théorie des limites est la base de la vraie Métaphysique du calcul différentiel." (D'Alembert/de la Chapelle 1765. Vgl. auch d'Alembert 1754 und d'Alembert 1756). Wir stehen hier also vor einer Situation, die einer genaueren Untersuchung wert zu sein scheint.

Natürlich gab es Theorien des Limes oder jedenfalls Vorläufer einer solchen Theorie schon bei verschiedenen Mathematikern aus der Vorgeschichte der Differential- und Integralrechnung, darunter zum Beispiel Grégoire de St. Vincent (Scholz 1928: 50, Anm. 1; Cajori 1929: 223). Es ist aber klar, dass keiner dieser Mathematiker auch nur das Wort „limite" oder „limes" verwendet hat, geschweige denn, dass er die Mathematik als „science des limites" charakterisiert hätte. Dass es „limes", „limite" durchaus als mathematischen Fachbegriff in der Algebra gab[3], ist hier ohne Interesse.

Newtons Rede von „prime and ultimate ratio" könnte durchaus in Richtung auf eine Limeskonzeption hin interpretiert werden. Hinzu kommt, dass Newton auch das Wort „limes" verschiedentlich verwendet (Newton 1687: liber I, sectio I, lemma XI, scholium. Vgl. auch Cajori 1919: 5–7). Newtons Verwendung des Worts ist jedoch eher zufällig; offenbar handelte es sich für ihn nicht um einen mathematischen Fachausdruck, sondern einfach um ein lateinisches Wort.

Als eine Reaktion auf Berkeleys *The Analyst* von 1734 erschienen in den folgenden Jahren eine Reihe von Abhandlungen über die Grundlagen der Fluxionsrechnung; insbesondere ergab sich eine Debatte zwischen James Jurin und Benjamin Robins, die nach Cajori (Cajori 1919: 146) die gründlichste Debatte über den Limesbegriff im England des 18. Jahrhunderts war. Jurin wie Robins wollen Newton verstehen und verteidigen, indem sie sich auf dessen Verwendung des Worts beziehen und diese zu klären versuchen. Beide geben Definitionen für den Begriff des Limes; die Kontroverse behandelt unter anderem die Frage, ob der Limes erreicht wird. Während Jurins Darstellung mathematische Mängel aufweist, baute Robins die Fluxionsrechnung auf einer Theorie des Limes auf. Wenige Jahre später (1742) veröffentlichte Maclaurin seinen einflussreichen *Treatise of Fluxions*, in dem er Newtons Fluxionsmethode aus wenigen evidenten Wahrheiten beweisen will. Dabei verwendet er auch den Begriff des Limes, ohne ihn jedoch zu definieren (Cajori 1919: 183–185). Er nennt einen Punkt den Limes einer Linie. Maclaurins Buch wurde 1749 ins Französische übersetzt.

1740 war in Paris eine französische Übersetzung von Newtons *Method of Fluxions* erschienen; im Vorwort werden Jurin und Robins erwähnt (Cajori 1919: 203). Einige Jahre später entstand dann auch auf dem Kontinent ein Buch, das dem Begriff des Limes eine zentrale Stelle einräumt und ihn wenigstens auf einigen Seiten verwendet – nämlich die *Institutions de Géométrie* des Abbé de la Chapelle. Es handelt sich um ein eher elementares Lehrbuch der Mathematik, das sich nicht an Gelehrte wendet. In livre IV, chapitre IV entwickelt La Chapelle die Exhaustionsmethode der Alten. Anschließend rekapituliert er diese Methode, indem er auf lediglich drei Seiten den Limesbegriff verwendet. Er definiert

> On dit qu'une grandeur est la limite d'une autre grandeur, quand la seconde peut approcher de la première plus près que d'une grandeur donnée, si petite qu'on la puisse supposer. Ensorte que la différence d'une quantité à sa limite est absolument inassignable (La Chapelle 1757: 360).

La Chapelle stellt dann zwei Lehrsätze auf. Der eine lautet: „Si deux grandeurs A, B sont *la limite* d'une même quantité C, ces deux grandeurs seront égales entr'elles" (La Chapelle 1757: 360). Der andere Lehrsatz behauptet, dass das Produkt der Limiten gleich dem Limes des Produkts ist. In diesen zwei Lehrsätzen, so bemerkt La Chapelle, sei der gesamte Geist der Exhaustionsmethode enthalten. Diese zwei Lehrsätze werden dann auch von La Chapelle in dem mit d'Alembert gemeinsam verfassten Artikel „Limite" in der *Encyclopédie* zitiert.

Zusammenfassend kann man sagen, dass es die ersten Ansätze für eine systematische Verwendung des Limesbegriffs in den dreißiger Jahren des 18. Jahrhunderts bei wenig bekannten Autoren gibt. Die systematische Verwendung setzt sich dann in den vierziger Jahren bei einigen Autoren durch und wird Anfang der fünfziger Jahre von d'Alembert zu einer bekannten und einflussreichen Konzeption entwickelt, – auch wenn diese Konzeption nicht überall Beifall fand und es noch ein weiter Weg bis zu Cauchy und Weierstraß sein sollte.

Zurück zu Leibniz. Schon Florian Cajori hat darauf hingewiesen (Cajori 1929: 223), dass auch Leibniz sich in einigen seiner Formulierungen einer Limes-Theorie angenähert habe (ohne das Wort „limes" zu verwenden). Damit spielt Cajori wohl auf die von Gerhardt im vierten Band der *Mathematischen Schriften* (GM IV, 104–106) veröffentlichte Justification du Calcul des infinitesimales par celuy de l'Algebre ordinaire an. Cajori stellt dann jedoch durchaus zutreffend fest, dass Leibniz seinen Infinitesimalkalkül nicht auf den Begriff des Grenzwerts gegründet hat[4].

Der Microfiche-Index (Finster/Hunter 1988) der von Gerhardt herausgegebenen *Philosophischen Schriften* zeigt, dass Leibniz das Wort „limes" oder „limite" durchaus oft gebraucht hat, aber er verzeichnet keine einzige Stelle, an der Leibniz das Wort in einem dem heutigen Fachterminus ähnlichen Sinne verwendet. Mir ist auch sonst keine Stelle bei Leibniz bekannt, in der das Wort in solcher Bedeutung verwendet wird. Wenn Leibniz das Wort nicht in dem Sinne verwendet hat, in dem es im fraglichen Brief gebraucht wird, so wäre dies allein schon ein Grund, an der Echtheit des Briefes zu zweifeln. Kurz und gut: Wie immer man die Formulierung „La Géometrie n'étant que la science des limites et de la grandeur du Continu" versteht, es ergibt sich eine Definition von Geometrie, die sich sonst bei Leibniz nicht nachweisen lässt.

4.2 Das Prinzip und Leibniz' Werk

Als *zweites* Argument möchte ich die Singularität des Prinzips der kleinsten Wirkung im Werk von Leibniz anführen. Es ist bekannt, dass Leibniz sich an einer ganzen Reihe von Stellen über die Rolle von Extremwertüberlegungen in der Naturwissenschaft geäußert hat; es ist bekannt, dass er dabei Maximum und Minimum gleichberechtigt nennt. Es ist auch bekannt, dass Leibniz an vielen Stellen den Begriff der „action" als des Produkts von Masse, Geschwindigkeit und Weg verwendet. Aber an keiner dieser Stellen spricht Leibniz davon, dass die action bei manchen oder bei allen Naturvorgängen ein Maximum oder ein Minimum annehme; der fragliche Brief ist in dieser entscheidenden Hinsicht singulär (Kneser 1928: 20. Vgl. auch *Jugement de l'Académie* 1753: 11). Früher ließ sich dies Argument mit Recht durch den Hinweis relativieren, dass der Nachlass weitgehend unbekannt sei; heute sind aber sowohl die veröffentlichten als auch die unveröffentlichten Teile des Nachlasses erheblich besser erforscht, ohne dass sich an der genannten Singularität etwas geändert hätte.

Ich möchte mich nun einem *dritten* Argument zuwenden, das ebenfalls sehr einfach ist. Gegen Ende des fraglichen Briefes (König 1752: Appendix, 48) heißt es, dass Leibniz die zuvor erörterten Themen (nämlich das Prinzip der kleinsten Wirkung und Fragen der Planetenbewegung) im zweiten Teil seiner Dynamik habe behandeln wollen; wegen der ungünstigen Aufnahme des ersten Teils habe er diesen zweiten Teil jedoch nicht veröffentlicht. Offenbar ist hier das *Specimen dynamicum* gemeint, dessen erster Teil im April 1695 in den *Acta Eruditorum* gedruckt wurde. Aber dieser zweite Teil des *Specimen* existiert im Nachlass von Leibniz, und er ist von Gerhardt (GM VI, 246–254) veröffentlicht worden; er enthält nichts über ein Prinzip der kleinsten Wirkung und nichts über Bahnkurven von Körpern, die von einem oder mehreren Zentren angezogen werden. Genauer gesagt finden sich im Nachlass drei Bögen in Folio[5], die von Leibniz' Hand geschrieben sind und zahlreiche Ergänzungen, Streichungen und Korrekturen aufweisen. Auf der Vorderseite von Blatt 1 beginnt der erste Teil des *Specimen*, er endet auf der Vorderseite von Blatt 4. Auf derselben Seite schließt sich unmittelbar der zweite Teil an, der auf der Rückseite von Blatt 6 endet. Alle drei Bögen haben ein Wasserzeichen: Blatt 1 bis 4 haben ein Wasserzeichen, das im Katalog der Wasserzeichen des Leibniz-Nachlasses schlecht belegt und daher nicht zur Datierung geeignet ist. Der dritte Bogen – also genau der Bogen, auf dem sich der zweite Teil des *Specimen* überwiegend befindet – trägt ein Wasserzeichen, das im Katalog für die Jahre 1690 bis 1696 gut belegt ist. Sowohl der äußere handschriftliche Befund (Teil 2 beginnt unmittelbar nach dem Schluss von Teil 1 auf demselben Bogen) als auch das Wasserzeichen sprechen dafür, dass Leibniz beide Teile gleichzeitig oder in geringem zeitlichen Abstand geschrieben hat. Dafür spricht auch, dass Leibniz in dem Brief, mit dem er den ersten Teil des *Specimen* an den Herausgeber Otto Mencke übersandte, die Veröffentlichung des zweiten Teils schon für den nächsten Monat in Aussicht stellte (A I, 11, 342). Man kann daher schwerlich behaupten, dass der uns überlieferte zweite Teil erst nach dem von Samuel König veröffentlichten Brief aus dem Jahre 1707 geschrieben worden sei. Ergänzend ist zu bemerken, dass das Wort „actio" in beiden Teilen des *Specimen* häufig vorkommt, und zwar meist in der breiten Bedeutung „Einwirkung eines Körpers auf einen anderen". Leibniz erwähnt im ersten Teil (GM VI, 243) aber auch „actio" im Zusammenhang mit seiner Methode der Kraftmessung a priori, von der er nur sagt, dass er sie anderswo darlegen wolle. Er dachte folglich bei „actio" auch an die spezifischere Bedeutung eines Produkts von Masse, Geschwindigkeit und Weg.

Diese Sachlage macht es nun sehr schwierig, die Echtheit des Briefes zu verteidigen. Der Wortlaut des Briefes ist offenbar einfach falsch. Man könnte die Echtheit also nur verteidigen, wenn man einen groben Erinnerungsfehler bei Leibniz annimmt. Falls man sich zu dieser Annahme entschließt, so muss man gleich eine weitere Annahme machen: Leibniz muss das Prinzip der kleinsten Wirkung sowie seine Anwendung sehr lange Zeit vor der Abfassung des fraglichen Briefes gefunden haben, denn sonst verliert die ohnehin etwas problematische Annahme eines Gedächtnisirrtums jede Plausibilität. Damit ergibt sich eine weitere Schwierigkeit: Je länger der Zeitraum ist, in dem Leibniz im Besitz des Prinzips der kleinsten Wirkung und seiner Anwendung auf die Planetenbewegungen war, desto unverständlicher ist es, dass wir keinen anderen Brief und keine andere Aufzeichnung im Nachlass kennen, in dem bzw. in der Leibniz das Prinzip der kleinsten Wirkung auch nur erwähnt. Ein Verteidiger der Echtheit kann also dem eben dargelegten dritten Argument nur entgegentreten, indem er gleichzeitig dem zweiten Argument gegen die Echtheit ein größeres Gewicht gibt.

In dem umstrittenen Brief heißt es, dass Leibniz den zweiten Teil des *Specimen dynamicum* nicht veröffentlicht habe, weil ihn der „mauvais accueil" des ersten Teils die Sache verleidet habe. Gerhardt (1898: 426–427) hat dies durch einen Hinweis auf ein Faktum zu erhärten versucht: Die Redaktion der *Acta Eruditorum* habe nicht gewollt, dass Leibniz einen zweiten Teil des *Specimen* veröffentliche. Gerhardt gibt für diese Behauptung keinen Beleg. Tatsächlich spricht Leibniz' Briefwechsel, insbesondere mit Otto Mencke, gegen diese Behauptung. Im Aprilheft 1695 der *Acta Eruditorum* war der erste Teil des *Specimen dynamicum* veröffentlicht worden. Die Redaktion hatte abweichend von Leibniz' Manuskript (aber in Übereinstimmung mit seinem Begleitschreiben) hinzugefügt, dass der zweite Teil im nächsten Monat erscheinen werde. Im September 1695 mahnte Mencke (A I, 11, 695): Wenn der zweite Teil des *Specimen* noch in diesem Jahr erscheinen solle, so sei es höchste Zeit, dass Leibniz das Manuskript einschicke. Im November 1695 kommt Mencke erneut auf das Thema zurück (A I, 12, 126). Es scheint nicht, dass die Redaktion den Abdruck des zweiten Teils nicht wünschte. Auch für eine Verärgerung von Leibniz wegen eines „mauvais accueil" des ersten Teils ist mir kein Hinweis bekannt. Es gibt jedoch einen anderen Hinweis: Im Juni 1695, also ungefähr zu der Zeit, als Leibniz den zweiten Teil des *Specimen* hätte an Mencke schicken sollen, schreibt er in einem Brief an Thomas Burnett: „On m'a tant pressé que j'ay enfin mis quelque chose dans les Actes de Leipzig de mes meditations dynamiques" (A I, 11, 516). In der Tat hatten sich im Februar/März 1694 sowohl Pfautz als auch Mencke an Leibniz mit der Aufforderung gewandt, er möge etwas über seine Dynamik bzw. über seine scientia infiniti für die *Acta Eruditorum* schreiben (A I, 10, 257, 304). Leibniz' Versuch, in den *Acta Eruditorum* auf Thomasius' Frage nach dem Substanzbegriff zu antworten (Utermöhlen 1979. Pfautz' Aufforderung in A I, 10, 257, Leibniz möge etwas über seine Dynamik veröffentlichen, ist in diesem Zusammenhang entstanden) sowie die über Pfautz vermittelte Debatte von Leibniz mit Johann Christoph Sturm über Leibniz' Aufsatz De prima philosophiae emendatione, et de notione substantiae (GP IV, 468–470. Der Aufsatz erschien im März 1694 in den *Acta*) haben sicher dazu beigetragen, dass Leibniz sich dem Drängen der Herausgeber der *Acta* nicht mehr gut entziehen konnte. Dass Leibniz einem Drängen nachgegeben hatte, könnte also sowohl der Grund dafür gewesen sein, dass er den ersten Teil des *Specimen* veröffentlichte als auch dafür, dass er den zweiten Teil nicht veröffentlichte.

4.3 Weitere Argumente

Ein *viertes* Argument gegen die Echtheit des Briefes ist mehr oder weniger schon 1752 von der Berliner Akademie (*Jugement* 1753: 10, 12. Vgl. auch Speiser 1960: X) vorgetragen worden. Am Schluss des Briefes findet sich die Formulierung des Prinzips der kleinsten Wirkung sowie der Zusatz, dass sich daraus Folgerungen für die Bewegung von Körpern ziehen lassen, die von einem oder mehreren Zentren angezogen werden. Diese interessanteste Passage des Briefes weist eine auffallende Übereinstimmung mit den Zusätzen zu der 1744 erschienenen *Methodus inveniendi lineas curvas* von Euler auf (Euler 1952: 231, 298–308). Die Berliner Akademie (der Text stammt von Euler) erklärte, selbst wenn Leibniz das Prinzip der kleinsten Wirkung gekannt haben sollte, so hätte er die erwähnten Folgerungen über die Bahn der Planeten nicht ziehen können, da die Variationsrechnung noch nicht so weit entwickelt war. Euler hat die beiden Zusätze im Sommer 1743 geschrieben und im Dezember 1743 an den Verleger Bousquet nach Lausanne geschickt

(Euler 1952: XI). Wenn Eulers Argument richtig und der Brief eine Fälschung ist, so muss die Fälschung nach dem Sommer 1743 erfolgt sein.

In der Tat ist Leibniz in seinen Texten zur Planetenbewegung mit ganz anderen Fragen beschäftigt. Wir haben von ihm zum Thema Entwürfe (GM VI, 12, 254–276) aus dem Jahr 1705 für einen Aufsatz in den *Acta Eruditorum* sowie einen dort veröffentlichten Aufsatz aus dem Jahr 1706 (GM VI, 276–280). Wenn wir den umstrittenen Brief ernst nehmen, dann müsste Leibniz in diesem Aufsatz von 1706 jene Gedanken über das Prinzip der kleinsten Wirkung und die Planetenbewegung, die er angeblich schon zehn Jahre früher im zweiten Teil des *Specimen dynamicum* hatte veröffentlichen wollen, mitteilen oder doch wenigstens andeuten. Aber davon ist gar keine Rede. Der Aufsatz nähert sich in keiner Weise den Aussagen, die in dem auf 1707 datierten Brief als schon vor langer Zeit erreichte Resultate vorgestellt werden. Vielmehr weiß man nach der Lektüre dieser Texte von Leibniz aus den Jahren 1705 bzw. 1706 den großen Fortschritt zu schätzen, den Euler in den Zusätzen zu seiner *Methodus inveniendas lineas curvas* erreicht hat, – und übrigens gerade deshalb erreicht hat, weil er nicht den Überlegungen von Leibniz, sondern denen von Newton folgte.

Das *fünfte* Argument stützt sich auf Leibniz' Haltung gegenüber anderen philosophischen Ansichten. In dem fraglichen Brief (König 1752: Appendix, 47) heißt es, dass die Mathematiker die Metaphysik verachten, außer jener, die aus der „imagination" entspringe, die aber umgekehrt von Leibniz verachtet werde („que je méprise à mon tour"). Bei der Veröffentlichung des Briefes in der Mitte des 18. Jahrhunderts bedeutete diese Bemerkung natürlich einen Angriff auf Euler und andere Mathematiker. Gewiß, Leibniz wendet sich in seinen Schriften und Briefen immer wieder gegen eine auf die „imagination" gegründete Metaphysik, aber die Frage ist, ob er sie je an einer Stelle verachtet. Es scheint sich um einen minimalen Unterschied in der Formulierung zu handeln, aber in Wirklichkeit geht es hier um eine für Leibniz' Philosophie und für sein Selbstverständnis wesentliche Frage. Zunächst ist festzuhalten, dass nach Leibniz auch die Philosophie von Descartes auf die „imagination" gegründet ist. Keineswegs hat Leibniz Descartes' Philosophie deshalb verachtet. Vielmehr berichtet er, dass er gegenüber Gelehrten, die Descartes „avec mepris" behandelt haben, diesen verteidigt habe (GP IV, 286). An anderer Stelle bemerkt Leibniz: „Je ne meprise presque rien (excepté l'Astrologie judicaire et tromperies semblables)" (GP III, 562). Die gleiche oder sehr ähnliche Äußerungen finden sich in einer ganzen Reihe anderer Texte (GP III, 384, 620; GP II, 2, 539; GP VI, 19; GM VI, 236).

Bekanntlich hat Leibniz in einem Brief an Malebranche formuliert: „Les Mathematiciens ont autant besoin d'estre philosophes que les philosophes d'estre Mathematiciens" (GP I, 356). Insofern die Mathematiker oder Physiker dieser Forderung nicht entsprechen, spricht er von „simples physiciens" oder „des mathematiciens ou physiciens purs" (GP VI, 602, 19; GP III, 620). Die Philosophie von Gassendi, die sich ja ebenfalls auf die „imagination" gründet, hat Leibniz übrigens durchaus als Einführung in die Naturwissenschaft für die Jugend gelten lassen (GP III, 620). Wäre der Brief wirklich von Leibniz, so würde die fragliche Stelle wohl „que je n'approuve point" oder ähnlich lauten statt „que je méprise à mon tour".

Ein *sechstes* Argument stammt von Catherine Wilson (1994: 245–248). In dem fraglichen Brief wird das Kontinuitätsprinzip auf die Biologie angewendet, und zwar in einer Weise, die mit authentischen Äußerungen von Leibniz schwer vereinbar ist oder sogar im Widerspruch steht. In dem Brief heißt es, dass die verschiedenen Arten von Wesen in dieser Welt in ihren „gradations essentielles“ den „Ordonnées d’une même Courbe“ vergleichbar seien: es sei nicht möglich, zwischen ihnen noch etwas einzuschieben. Dies widerspricht jedoch den *Nouveaux Essais*; dort ist es gerade Locke, der die These der Kontinuität der biologischen Arten vertritt, während Leibniz einschränkend bemerkt, dass die „beauté de la nature ... demande des apparences de sauts, et pour ainsi dire des chutes de musique dans les phenomenes“ (A VI, 6, 473, 307). Es gebe eine Lückenlosigkeit der möglichen biologischen Arten, aber nicht alle Arten seien in dieser Welt „compossibles“ (A VI, 6, 307). Außerdem gibt es, so Leibniz, verschiedene Ordnungen zwischen den Arten, und nicht jede Art kommt in jeder dieser Ordnungen vor. So sind zum Beispiel die Vögel in vieler Hinsicht weit vom Menschen entfernt, aber unter dem Gesichtspunkt des Sprechens nähern sich die Papageien dem Menschen.

Ferner wird in dem fraglichen Brief eine kontinuierliche Verbindung von den Menschen über die Tiere und Pflanzen bis hin zur unbelebten Materie behauptet, wobei die Fossilien (Leibniz’ Meinung zu Fossilien findet sich in Leibniz 1768: 221) als Verbindungsglieder zwischen Pflanzen und Mineralien angeführt werden. Von der Leibnizschen Monadenlehre her wird man schwerlich auf den Gedanken kommen, dass es eine Kontinuität zwischen Monaden und Materie gibt, während dies für einen Wolffianer aus der Mitte des 18. Jahrhunderts keineswegs ausgeschlossen ist.

Das *siebente* Argument bezieht sich auf die Bemerkung, mit der Leibniz in dem fraglichen Brief seine Ausführungen zum Kontinuitätsprinzip abschließt. Er spricht über „la véritable Philosophie, laquelle s’élevant au-dessus des sens et de l’imagination“ und fährt dann fort: „Je me flatte d’en avoir quelques idées, mais ce siècle n’est point fait pour les recevoir“ (König 1752: Appendix, 47). Es ist ein beliebter Topos der Epigonen, über das Genie einer früheren Epoche zu sagen, dass es von seinen Zeitgenossen nicht verstanden worden sei. Eine andere Frage ist es, ob Leibniz selbst so etwas gesagt haben kann. In der Tat hat Leibniz an vielen Stellen seines Werks, zum Beispiel auch am Schluss der *Nouveaux Essais* (A VI, 6, 527), der Hoffnung auf Fortschritte und eine weitere Entwicklung der Menschheit Ausdruck gegeben. An keiner dieser Stellen finde ich jedoch, dass Leibniz sich als unverstandenes Genie darstellt, das von seiner Zeit missachtet wird; vielmehr sah er seine Zeit als eine Zeit des Aufbruchs, als eine Zeit voller Möglichkeiten (Belege in Heinekamp 1982: 46–47, 177). Kritik an seiner Zeit könnte man aus der berühmten Stelle in den *Nouveaux Essais* herauslesen, an der er eine künftige Revolution in Europa für möglich hält (A VI, 6, 462), aber auch dort findet sich keine Andeutung über Unverständnis seiner Zeitgenossen.

Schließlich ein *achtes* Argument: Der Anfang des fraglichen Briefes zeigt, dass Leibniz sich hier an einen Gelehrten wendet, mit dem er schon seit einiger Zeit im Briefwechsel steht. Samuel König hatte geglaubt, dass der Brief an Jakob Hermann gerichtet sei. Dies ist offenbar nicht zutreffend; Gerhardt hat argumentiert, dass der Brief in die Korrespondenz zwischen Leibniz und Varignon passe (Gerhardt 1898: 423–426). Kabitz (1913: 637–638) widersprach Gerhardts These mit überzeugenden Gründen. Die Frage nach dem Adressaten des Briefes ist seitdem offen geblieben. Nun kommt es mitunter vor, dass sich ein Brief nicht in eine bekannte Korrespondenz einfügen lässt: Der Brief über Descartes (A II, 1, 499–504), der ebenso wie der fragliche Brief zur von Kabitz untersuchten Gothaer Sammlung von Leibniz-Briefen (Kabitz 1913: 633) gehört, ließ sich bis jetzt ebenfalls nicht einer bestimmten Korrespondenz zuordnen, ist aber zweifelsfrei echt. Es besteht aber ein deutlicher Unterschied zwischen den beiden Briefen: Der Brief über Descartes trägt kein Datum und enthält keinerlei Andeutungen über die Person des Korrespondenten oder über Inhalte früherer Briefe dieser Korrespondenz. Der Brief über das Prinzip der kleinsten Wirkung hat aber ein präzises Datum, und er gibt Informationen sowohl über die Person des Briefpartners als auch über den Inhalt früherer Briefe. Dass der Brief trotzdem nicht in eine Korrespondenz eingeordnet werden konnte, ist ein auffallendes Faktum.

4.4 Schluss

Abschließend möchte ich noch einen Punkt erwähnen, der kein Argument für eine Fälschung ist. Andreas Speiser (1960: XI) hat darauf hingewiesen, dass der Terminus „point de rebroussement" im fraglichen Brief ohne nähere Erläuterung erwähnt wird und dass dieser Terminus von Euler in einem Brief Ende 1744 an den Schweizer Verleger Bousquet erörtert wird. Speiser hielt es daher für möglich, dass der Fälscher des Briefes mit Bousquet in Verbindung gestanden haben könnte. Tatsächlich wird der fragliche Terminus jedoch bereits von Leibniz selbst verwendet (GP III, 635; GP VI, 508); da er diesen Terminus auch in der *Théodicée* gebraucht (GP VI, 262), war Leibniz' Verwendung dieses Terminus allgemein bekannt oder konnte jedenfalls bekannt sein.

Es bleibt nun umgekehrt zu prüfen, welche Argumente es für die Echtheit des Briefes gibt. Der Brief beruht ohne Zweifel auf der Kenntnis echter Leibnizscher Gedanken[6]: Die Definition der „action" als Produkt von Masse, Geschwindigkeit und Weg, die Erwähnung der Huddeschen Kurve, die ein menschliches Gesicht zeichnet sowie der Hinweis, dass Leibniz in seinen jüngeren Jahren selber Anhänger einer auf die „imagination" gegründeten Metaphysik war, sind solche echten Gedanken. Diese drei Gedanken waren aber bereits im Druck zugänglich[7]. Außerdem gab es, wie Häseler (Häseler 1993; Häseler 1994) und Nagel (Nagel 1989; Nagel 1994) in neueren Untersuchungen gezeigt haben, viele Abschriften unveröffentlichter Leibniz-Briefe, aus denen der Fälscher seine Kenntnis hätte gewinnen können. Die Argumente von Gerhardt und Kabitz (der Brief war in einer Sammlung echter Briefe und ist daher selber echt) erweisen sich bei näherer Betrachtung als nicht allzu stark, denn genau ein solches Mischen mit echten Briefen wäre das, was ein raffinierter Fälscher tun würde. Und auch ohne Zutun eines Fälschers würde der Brief bei der Weitergabe an einen Sammler von Leibniz-Handschriften (wie es z.B. Samuel Henzy war) in eine Kollektion echter Briefe gelangen.

Hier muss noch auf eine Überlegung von Pierre Costabel (Costabel 1979: 34) eingegangen werden. Nach Costabel könnte mit der Erwähnung von „ma Dynamique" im fraglichen Brief der Essay de dynamique statt des *Specimen dynamicum* gemeint sein. Dort wird im zweiten Teil die „action" erörtert (GM VI, 220-227), und es sei schwer zu sehen, wie dies jemand anders als Leibniz selbst gewusst haben könne. Aber auch für den *Essay de Dynamique* gilt, dass dort weder das Prinzip der kleinsten Wirkung ausgesprochen wird noch Folgerungen für die Planetenbahnen gezogen werden. Da also ein Widerspruch zu dem fraglichen Brief bestehen bleibt, scheint mir auch in Costabels vorsichtig vorgetragener Überlegung kein Argument für die Echtheit des Briefes zu stecken.

Bei Abwägung der Argumente für und gegen die Echtheit scheinen mir die Argumente dagegen deutlich zu überwiegen. Wer von der Fälschungsthese nicht überzeugt ist, könnte versuchen, Gegenbeispiele anzugeben, zum Beispiel eine Stelle angeben, an der Leibniz die Geometrie wie im Brief definiert, oder einen Beleg dafür, dass er sich von seinen Zeitgenossen nicht verstanden fühlt.

Wenn der Brief eine Fälschung ist, dann wird übrigens auch das Verhalten Eulers, das in der Sekundärliteratur immer wieder als merkwürdig und unverständlich bezeichnet wurde, besser verständlich. Euler sah den Brief (wie Andreas Speiser (1960: XI) schreibt) als eine gegen sich selbst gerichtete Fälschung an; seine Kenntnis der Diskussion um die Theorie der Planetenbahnen machte ihn sofort sicher, dass dieser Brief nicht von Leibniz verfasst worden sein konnte.

Falls nun der Brief eine Fälschung darstellt, so erhebt sich natürlich die Frage nach der Identität des Fälschers. Diese Frage möchte ich hier nicht erörtern, sondern nur einige Vorüberlegungen anstellen. Da ist vor allem die Frage nach dem Zeitpunkt der Fälschung. Wenn die Stelle über die Planetenbahnen eine Zusammenfassung der Eulerschen Resultate ist, kann die Fälschung frühestens im Sommer 1743 erfolgt sein. Der Aufsatz von König mit einem Fragment des Briefes wurde im März 1751 in den *Nova Acta Eruditorum* gedruckt. Nach König (1752: 98–99) hatte Henzy schon im Frühjahr 1745 eine Reihe von Leibniz-Briefen, aber es wird nicht gesagt, dass der fragliche Brief bereits zu diesem Zeitpunkt im Besitz von Henzy war. Henzy starb am 17. Juli 1749 (Baebler 1880: 14); zu diesem Zeitpunkt muss der Brief also bereits in Königs Händen gewesen sein. Die Fälschung ist demnach offenbar im Zeitraum von Sommer 1743 bis Sommer 1749 erfolgt (unter der Voraussetzung, dass Königs Angaben richtig sind). Als Motiv wäre wohl mindestens ebensosehr Gegnerschaft zu Euler wie zu Maupertuis anzunehmen; es ist eine plausible Hypothese, dass es sich bei dem Fälscher um einen Wolffianer handelt, der der Akademiereform kritisch gegenüberstand. Die Bezeichnung der Mathematik als „la science des limites" könnte auf den ersten Blick als Hinweis interpretiert werden, dass die Fälschung nach dem Erscheinen von La Chapelles Buch im Jahre 1746 erfolgt ist. Aber man kann nicht ausschließen, dass der Fälscher Kontakte nach Frankreich hatte oder sich zeitweilig dort aufgehalten hat und daher schon vor 1746 Informationen über Überlegungen von La Chapelle oder d'Alembert gehabt haben könnte. Außerdem ist auch denkbar, dass der Fälscher durch Robins' Kritik an Eulers *Mechanica* (Spiess 1929: 136; Euler 1912: XI–XII) auf Robins aufmerksam wurde und die Definition der Geometrie als der Wissenschaft vom Limes geradezu als eine Spitze gegen Euler gemeint war. Im Übrigen kann die betreffende Stelle im Brief wie oben gezeigt ja auch anders verstanden werden.

Eine andere Vorüberlegung verdient abschließend Erwähnung. Nach den Untersuchungen von Kabitz stammt zumindest einer der Briefe aus der Gothaer Sammlung (und zwar der bereits erwähnte Brief über Descartes) mit großer Wahrscheinlichkeit aus Hannover. Wenn dies zutreffend ist, so müsste jemand von dem in Hannover befindlichen Manuskript eine Abschrift angefertigt haben. Nun gibt es ein Besucherbuch der hannoverschen Bibliothek für die Jahre 1720 bis 1752 (NLB, Noviss. 55, Bd. 1). Die Besucher der Bibliothek (oder jedenfalls einige der Besucher) haben sich dort mit Vor- und Zunamen, Datum des Besuchs und Angabe des Heimatortes eingetragen. Dieses Besucherbuch könnte möglicherweise helfen, etwas über das Zustandekommen der Gothaer Sammlung von Leibniz-Briefen auszusagen. Dies braucht natürlich nicht auf die Spur des Fälschers zu führen, aber es ist klar, dass genauere Informationen über die Gothaer Sammlung von Leibniz-Briefen eine Hilfe für weitere Nachforschungen wären.

Anmerkungen

[1] Erstdruck: Über den von Samuel König veröffentlichten Brief zum Prinzip der kleinsten Wirkung, in: *Pierre Louis Moreau de Maupertuis. Eine Bilanz nach 300 Jahren.* Hrsg.: H. Hecht. Berlin, Baden-Baden, Berlin-Verlag 1999, 363–381. Eine erste (französische) Fassung wurde im Juni 1995 auf einer Tagung in Cerisy-la-Salle vorgetragen. Für kritische Hinweise und anregende Diskussion danke ich Michel Fichant (Paris), Ursula Goldenbaum (Berlin) und Matthias Schramm (Tübingen). – Diesen Aufsatz widme ich der Erinnerung an Albert Heinekamp, der sich für das Problem der Echtheit dieses Briefes sehr interessiert hat.

[2] Vgl. beispielsweise Kneser 1928: 20–21; Szabó 1976: 94–106. Dass die Echtheit nicht ausnahmslos von allen Wissenschaftlern akzeptiert wurde, ist von Pulte 1989: 221–222 bemerkt worden. Vgl. auch Stammel 1982: 293.

[3] Damit wurden die Grenzen bezeichnet, innerhalb derer die Wurzel einer Gleichung liegt; 3 und 5 sind z. B. Grenzen der Gleichung $x^2 = 16$.

[4] Cajori 1929: 223. Auch Scholtz 1934: 11, 15 behauptet nicht, dass der Fachausdruck Limes bei Leibniz vorkommt.

[5] LH XXXV, IX, 4 Bl. 1–6. Eine erste Fassung des ersten Teils des *Specimen dynamicum* findet sich unter der Signatur LH XXXV, IX, 4 Bl. 7–8; dieser Text ist in Leibniz 1982: 64–89 gedruckt. Auch diese Fassung enthält weder das Prinzip der kleinsten Wirkung noch Ausführungen über die Bahnkurven von Planeten.

[6] Speisers Meinung (1960: X), der Verfasser des Briefes habe sich kaum bemüht, den Denkstil von Leibniz zu imitieren, ist sicher unzutreffend. Speiser wusste offenbar nicht, dass der Begriff der action von Leibniz stammt.

[7] Die Kenntnis der „action" konnte einer Petersburger Veröffentlichung von Christian Wolff von 1726 entnommen werden (Couturat 1901: 580 Fußnote). Leibniz' Bemerkung über Huddes Kurve ist gedruckt in Wallis 1699: 650 und in Collins 1722: 197. Leibniz' autobiographische Bemerkung lag beispielsweise im ersten Teil des *Specimen dynamicum* (Leibniz 1695: 151–152) gedruckt vor.

Literaturverzeichnis

Baebler: Samuel Henzi, in: *Allgemeine Deutsche Biographie*, Bd. 12, Leipzig, Duncker und Humblot, 1880, 12–14

Besucherbuch der hannoverschen Bibliothek für die Jahre 1720 bis 1752, NLB, Noviss. 55, Bd. 1

Boyer, C. B.: *The History of the Calculus and its Conceptual Development*, New York, Dover 1949

Boyer, C. B.: *A History of Mathematics*, New York, Wiley 1968

Breger, H.: Prinzipien der Naturforschung bei Leibniz, in: E. Stein/A. Heinekamp (Hrsg.), *Gottfried Wilhelm Leibniz. Mathematiker Physiker Techniker*, Hannover, Schlüter 1990, 42–50

Cajori, F.: *A History of the Conceptions of Limits and Fluxions in Great Britain from Newton to Woodhouse*, Chicago, London, Open Court 1919

Cajori, F.: Grafting of the Theory of Limits on the Calculus of Leibniz, in: *American Mathematical Monthly* 30, 1923, 223–234

Collins, J.: *Commercium epistolicum*, London, Tonson & Watts 1722 (1. Auflage 1712)

Costabel, P.: L'affaire Maupertuis – König et les questions de fait, in: *Arithmos – Arrythmos. Skizzen aus der Wissenschaftsgeschichte, Festschrift für Joachim Otto Fleckenstein zum 65. Geburtstag*, Hrsg.: K. Figala/E.H. Berninger, München, Minerva 1979, 29–48

Couturat, L.: *La logique de Leibniz d'après des documents inédits*, Paris, Alcan 1901

D'Alembert, J.-B. le Rond: Différentiel, in: *Encyclopédie ou dictionnaire raisonné des sciences des arts et des métiers*, Bd. 4, Paris, Briasson etc. 1754, 985–989

D'Alembert, J.-B. le Rond: Fluxion, in: *Encyclopédie ou dictionnaire raisonné des sciences des arts et des métiers*, Bd. 6, Paris, Briasson etc. 1756, 922–923

D'Alembert/La Chapelle, de: Limite, in: *Encyclopédie ou dictionnaire raisonné des sciences des arts et des métiers*, Bd. 9, Neufchastel, Faulche 1765, 542

Euler, L.: *Opera omnia*, series I, Bd. 24, Zürich, Orell Füsli 1952; series II, Bd. 1, Leipzig, Berlin, Teubner 1912; series III, Bd. 12, Zürich, Orell Füsli 1960;

Finster, R./Hunter/McRae/Miles/Seager (Hrsg.): *Leibniz Lexicon. A Dual Concordance to Leibniz's Philosophische Schriften*, Hildesheim, Zürich, New York, Olms 1988, Teil II = Microfiches

Gerhardt, C. I.: Über die vier Briefe von Leibniz, die Samuel König in dem *Appel au public* veröffentlicht hat, in: *Sitzungsberichte der königlich preußischen Akademie der Wissenschaften zu Berlin*, XXXII, 1898, 419–427

Gueroult, M.: *Dynamique et Métaphysique leibnitienne*, Paris, Belles Lettres 1934

Häseler, J.: *Ein Wanderer zwischen den Welten. Charles Etienne Jordan (1700–1745)*, Sigmaringen, Thorbecke 1993

Häseler, J.: Leibniz' Briefe als Sammelgegenstand – Aspekte seiner Wirkung im frühen 18. Jahrhundert, in: *Leibniz und Europa. VI. Internationaler Leibniz-Kongress*, Vorträge, Bd. 1, Hannover, Gottfried-Wilhelm-Leibniz-Gesellschaft 1994, 301–308

Harnack, A.: *Geschichte der königlich preussischen Akademie der Wissenschaften zu Berlin*, Bd. 1, Berlin, Reichsdruckerei 1900

Heinekamp, A. (Hrsg.): *Leibniz als Geschichtsforscher*, Wiesbaden, Franz Steiner 1982

Jugement de l'Académie Royale des Sciences et belles Lettres, in: *Maupertuisiana*, Hamburg 1753

Kabitz, W.: Über eine in Gotha aufgefundene Abschrift des von S. König in seinem Streite mit Maupertuis und der Akademie veröffentlichten, seinerzeit für unecht erklärten Leibnizbriefes, in: *Sitzungsberichte der königlich preußischen Akademie der Wissenschaften* XXXIII, 1913, 632–638

Kneser, A.: *Das Prinzip der kleinsten Wirkung von Leibniz bis zur Gegenwart*, Leipzig, Berlin, Teubner 1928

König, S.: De universali principio aequilibrii et motus, *Nova Acta Eruditorum*, 1751, 125–135, 162–176

König, S.: *Appel au Public du Jugement de l'Académie Royale de Berlin, Sur un fragment de Lettre de Mr. de Leibnitz*, Leiden, Luzac 1752

La Chapelle, de: *Institutions de Géométrie*, 2 Bde., Paris, Debure 1757 (3. Aufl.) (1. Aufl. 1746; 4. Aufl. 1765)

Leibniz: Specimen dynamicum, Pars I, *Acta Eruditorum*, 1695, 145–157 (= GM VI, 234–246); erste Fassung: LH XXXV, IX, 4 Bl. 7–8 (gedruckt in Leibniz: *Specimen dynamicum*, Hrsg.:Dosch/Most/Rudolph, Hamburg 1982, 64–88)

Leibniz: Specimen dynamicum, Pars II, LH XXXV, IX, 4 Bl. 1–6 (= GM VI, 246–254)

Leibniz: *Opera omnia*, Hrsg.: Dutens, Genf, De Tournes 1768, Bd. II, 2

Nagel, F.: Der Briefwechsel zwischen Johann I Bernoulli und Leibniz. Zur Geschichte der Basler Handschriften, in: *Der Ausbau des Calculus durch Leibniz und die Brüder Bernoulli* (= Sonderheft 17 von *Studia Leibnitiana*), Hrsg.: H.-J. Heß/F. Nagel, Stuttgart, Franz Steiner 1989, 167–174

Nagel, F:: Schweizer Beiträge zu Leibniz-Editionen des 18. Jahrhunderts. Die Leibniz-Handschriften von Johann Bernoulli und Jacob Hermann in den Briefwechseln von Bourguet, König, Kortholt und Cramer, in: *Leibniz und Europa. VI. Internationaler Leibniz-Kongress*, Vorträge, Bd. 1, Hannover, Gottfried-Wilhelm-Leibniz-Gesellschaft 1994, 525–533

Newton, I.: *Philosophiae Naturalis Principia Mathematica*, London, Streater 1687

Pulte, H.: *Das Prinzip der kleinsten Wirkung und die Kraftkonzeptionen der rationalen Mechanik* (= Sonderheft 19 der *Studia Leibnitiana*), Stuttgart, Franz Steiner 1989

Scholz, H.: Warum haben die Griechen die Irrationalzahlen nicht aufgebaut ?, *Kant-Studien* 33, 1928, 4–72

Scholtz, L.: *Die exakte Grundlegung der Infinitesimalrechnung bei Leibniz*, Marburg, Görlitz, Kretschmer 1934

Speiser, A.: Vorrede, in: Euler, L.: *Opera omnia* series III, Bd. 12, Zürich, Orell Füsli 1960

Spiess, O.: *Leonhard Euler. Ein Beitrag zur Geistesgeschichte des XVIII. Jahrhunderts*, Frauenfeld, Leipzig, Huber 1929

Stammel, H.: *Der Kraftbegriff in Leibniz' Physik*, Dissertation Mannheim 1982

Szabó, I.: *Geschichte der mechanischen Prinzipien*, Basel, Stuttgart, Birkhäuser 1976

Utermöhlen, G.: Leibniz' Antwort auf Christian Thomasius' Frage *Quid sit substantia*?, *Studia Leibnitiana* 11, 1979, 82–91

Wallis, J.: *Opera mathematica*, Bd. 3, Oxford, Theatrum Sheldonianum 1699

Wilson, C.: Leibniz and the Logic of Life, *Revue Internationale de Philosophie* 48, 1994, 237–253

5 Der mechanistische Denkstil in der Mathematik

Die[1] Mathematik des 17. Jahrhunderts hat durch physikalische und technische Probleme bekanntlich eine Reihe wichtiger Anregungen erhalten:

> Die Bindung an Fragestellungen der Mechanik insbesondere war im Bewußtsein fast aller Mathematiker des 17. und des 18. Jh. ausgeprägt und läßt sich deutlich nachweisen (Wußing 1979: 140f.).

Um nur einige Beispiele zu nennen: Durch die Entwicklung der Seefahrt (vgl. Ross 1975) wurden die Probleme der Kartenherstellung und der Positionsbestimmung gestellt, zu deren Lösung mathematische und astronomische Theorien sowie die Verbesserung der Rechenhilfsmittel (Logarithmen) erforderlich waren. Keplers Berechnung des Volumens von Weinfässern und Galileis Studien zur Bewegung trugen zu der allmählichen Entstehung und Herausbildung infinitesimaler Methoden bei (Struik 1980: 110f.). Huygens entwickelte in seiner Untersuchung über Pendeluhren, mit denen er das Problem der Längenbestimmung auf See zu lösen hoffte, die mathematische Theorie der Evoluten und Evolventen ebener Kurven. Im Folgenden soll es jedoch nicht um die Frage gehen, inwieweit physikalische und technische Problemstellungen zu bestimmten Resultaten geführt und damit die Entwicklung der heutigen mathematischen Theorie befördert haben, sondern um einen Aspekt der spezifischen Eigenart der Mathematik des 17. Jahrhunderts, nämlich ihren mechanistischen Denkstil. Einige Bemerkungen zum Begriff des Denkstils mögen vorausgeschickt werden.

5.1 Denkstile in der Mathematik

Auf den ersten Blick scheint es in der Mathematik weniger als in jeder anderen Wissenschaft Platz für verschiedene Denkstile zu geben. Mathematische Sätze sind entweder bewiesen oder widerlegt oder es ist bisher noch nicht bekannt, ob ein Beweis existiert. Galileis Ansicht über die Mathematik mag hier zitiert werden, weil sie mit allem Pathos formuliert ist, dessen die Frühe Neuzeit überhaupt fähig war. Galilei vergleicht den Verstand Gottes und des Menschen. Quantitativ sei der menschliche Verstand ein Nichts im Vergleich zum göttlichen Verstand, hätte er auch tausend Wahrheiten erkannt, denn tausend ist im Vergleich zur Unendlichkeit nicht mehr als null. Der qualitative Vergleich fällt aber anders aus: Unter Berufung auf die Mathematik führt Galilei aus, „dass der menschliche Intellekt einige Wahrheiten so vollkommen begreift und ihrer so unbedingt gewiss ist", wie es überhaupt nur möglich sei. In der mathematischen Erkenntnis komme der Mensch „an objektiver Gewissheit der göttlichen Erkenntnis gleich" (Galilei 1982: 108), denn einen höheren Grad an Gewissheit als die Notwendigkeit eines mathematischen Beweises vermöge auch Gott nicht zu erreichen. Übrigens erregte Galilei unter anderem auch wegen dieser Ansicht bei der Inquisition Anstoß.

Auch Descartes war von der unbezweifelbaren Gewissheit der Mathematik überzeugt; er meinte jedoch, dass ihre Gültigkeit in gewisser Weise von der Willkür Gottes abhängig sei. Gott hätte es einrichten können, dass $1+2$ von 3 verschieden gewesen wäre, dass die Winkelsumme im Dreieck nicht gleich zwei rechten Winkel ist, dass die Strecken vom Mittelpunkt eines Kreises zu seiner Peripherie ungleich lang gewesen wären (Descartes 1897: 152; vgl. auch 1901: 118; 1903: 224). Dagegen wendete sich Leibniz: Die mathematischen Wahrheiten hängen nicht vom Willen Gottes ab, sondern von seinem Verstand (A VI, 4, 1533; vgl. auch GP VI, 614). Mit anderen Worten: Im Beweis mathematischer Sätze erkennt der Mensch die Struktur des göttlichen Verstandes.

Diese Auffassung von der Absolutheit der mathematischen Erkenntnis wurde jedoch durch ein schon seit der zweiten Hälfte des 19. Jahrhunderts geschärftes Bewusstsein für die Problematik der Grundlegung der Mathematik allmählich unterminiert. Es zeigte sich, dass die mathematische Strenge historischen Wandlungen unterworfen ist (Pierpont 1928). Nach Bertrand Russell war ein 1854 erschienenes Buch von Boole „das erste Buch, das jemals über die Mathematik geschrieben wurde" (zitiert nach Lakatos 1979: VIIIf.). Henri Poincaré bemerkte, dass eine Beweisführung ohne Strenge selbstverständlich hinfällig sei; diese Wahrheit dürfe man jedoch nicht zu wörtlich nehmen, denn sonst komme man zu der Ansicht, dass es vor 1820 keine Mathematik gegeben habe (Poincaré 1914: 22). Von solchen Gedanken ausgehend, hat Lakatos am Beispiel des Eulerschen Polyedersatzes ein wissenschaftstheoretisches Modell entworfen: Die mathematische Entwicklung vollzieht sich in einer Abfolge von Vermutungen, Beweisen, Widerlegungen durch Gegenbeispiele, Verbesserungen der Beweise oder Neudefinition von Begriffen sozusagen approximativ (Lakatos 1979). Mathematische Strenge ist demnach eine regulative Idee.

Während die Geschichte der Mathematik nach der Absolutheits-These schlechthin irrelevant ist, ist sie in dem Modell von Lakatos eine Komödie der Irrungen. Lakatos verbannt die Geschichte in die Fußnoten seiner Untersuchung, denn die wirkliche Geschichte sei häufig nur eine Karikatur der „rationalen Rekonstruktion" der Geschichte (Lakatos 1979: XII, 77 (Fußnote)). Offensichtlich verläuft die mathematische Entwicklung komplizierter, als es in Lakatos' Modell zum Ausdruck kommt (Hallett 1979; Spalt 1981). So hat etwa Fisher am Beispiel der Invariantentheorie gezeigt, wie eine vor 1900 blühende Theorie innerhalb weniger Jahrzehnte abstarb, weil sich das Interesse der Mathematiker auf die moderne Algebra verlagerte (Fisher 1974; Fisher 1966/67). Während Fisher vorwiegend soziologisch argumentiert, gibt Bos auch eine detaillierte Analyse der innermathematischen Überlegungen, die zum Aufstieg und Niedergang eines großen Forschungsgebietes, nämlich der Konstruktion von Gleichungen (1637–1750), führten (Bos

1984). Die Probleme dieses Forschungsgebietes waren weder unlösbar noch gelöst; der Niedergang war einfach dadurch bedingt, dass die Mathematiker diese Probleme nicht mehr als bedeutsam und interessant betrachteten. In einer gründlichen Studie zum Schließungsproblem von Poncelet haben Bos, Kers, Oort und Raven (1987: 361) auffallende Unterschiede im Stil der Beweise und der Konzeption mathematischer Objekte zwischen Poncelet und Jacobi einerseits und der heutigen Mathematik andererseits herausgearbeitet; die Autoren berichten, dass sie die Konfrontation mit dem mathematischen Stil des frühen 19. Jahrhunderts gelegentlich als einen „Kulturschock" empfunden haben.

Damit ist bereits das Wort „Stil" gefallen. In Analogie zum Stilbegriff in der Kunst (vgl. Poser 1987: 231; Bense 1949: 12–22; Spengler 1920: 90; Becker: IX–XV) kann man in der Mathematik von Denkstilen[2] sprechen, die das wachsende mathematische Wissen in jeweils unterschiedlicher historischer Form zum Ausdruck bringen. Die Dynamik der mathematischen Entwicklung ist in mancher Hinsicht eher mit dem künstlerischen Entwerfen oder technischen Erfinden als mit dem geographischen Entdecken zu vergleichen. Der systematische Aufbau der Mathematik, die als grundlegend angesehenen Begriffe (z. B. heute der Mengenbegriff), die Definitionen wichtiger Konzepte[3], die Ansprüche an die Strenge eines Beweises, die Beweismethoden (z. B. Beschränkung auf Konstruktionen mit Zirkel und Lineal) sowie die Abgrenzung des Bereichs der zulässigen mathematischen Objekte sind historischen Wandlungen unterworfen, so dass ein und derselbe Teil des mathematischen Gebäudes in unterschiedlicher historischer Beleuchtung erscheint, – wodurch es nun freilich schwierig oder gar unmöglich wird, die Rede von „ein und demselben Teil" zu präzisieren, ohne bereits den einen oder anderen Denkstil vorauszusetzen. Die Kategorie des Denkstils ermöglicht es, die Geschichtlichkeit der mathematischen Entwicklung ernst zu nehmen; sie ermöglicht sogar – wie im hier vorliegenden Aufsatz beabsichtigt – den Einfluss des Zeitgeistes auf die Mathematik zu untersuchen, ohne dass einem historischen Relativismus das Wort geredet würde. Mit Recht erheben wissenschaftliche Aussagen den Anspruch auf allgemeine Verbindlichkeit, aber jede Gesellschaft ist in der gegebenen historischen Epoche zur Formulierung wissenschaftlicher Aussagen an die ihr zur Verfügung stehenden geistigen Voraussetzungen und begrifflichen Hilfsmittel gebunden, auch wenn diese Voraussetzungen und Hilfsmittel in einem relativ langsamen Prozess weiterentwickelt werden können. Eine wissenschaftliche Erkenntnis, die im Denkstil einer früheren Epoche formuliert wurde, lässt sich durchaus in den Denkstil einer späteren Epoche übersetzen. Nur handelt es sich eben um eine Übersetzung, d. h. es werden bestimmte Uminterpretationen vorgenommen und es geht etwas vom Geist und der historischen Eigentümlichkeit des Originals verloren.

Solche oder ähnliche Überlegungen hat eine Reihe von Mathematikern angedeutet oder ausgeführt. Der berühmte Gruppentheoretiker Claude Chevalley hat den Veränderungen im mathematischen Stil einen Aufsatz gewidmet, in dem er schreibt: „Ebenso wie der literarische Stil ist auch der mathematische Stil beim Übergang von einer Epoche zu einer anderen wichtigen Wandlungen unterworfen" (Chevalley 1935: 375). Auch Hermann Weyls Überlegungen (1932) zu Topologie und Algebra als zwei alternativen Weisen des mathematischen Verstehens mögen hier erwähnenswert sein (Weyl 1968: 348–358). Bourbaki bezeichnet seine Strukturmathematik als eine neue Denkweise in der Mathematik; überhaupt sei die Mathematik einer großen Stadt vergleichbar, die sich ständig in das umgebende Land ausdehnt und in der das Zentrum von Zeit zu Zeit nach einem klarer gefassten Plan neu aufgebaut wird, „wobei die alten Viertel mit ihrem Labyrinth von Gassen niedergerissen werden“ (Bourbaki 1974: 156). Andere Mathematiker wie Davis und Hersh sprechen in einem ähnlichen Sinn von unterschiedlichen Denkweisen in der Mathematik (Davis/Hersh 1988: 260). Auch der rumänische Mathematiker Giuculescu hat den Begriff des Stils als Ariadne-Faden zum Verständnis wissenschaftlicher Dynamik in die Debatte gebracht (Giuculescu 1984: 325; Giuculescu 1985: 23f.). Eine Präzisierung des Stilbegriffs im Sinne eines wissenschaftstheoretischen Modells ist im Rahmen dieser historischen Fallstudie nicht beabsichtigt.

5.2 Das mechanistische Denken des 17. Jahrhunderts

Die Rolle des mechanistischen Denkens bei der Entstehung der neuzeitlichen Naturwissenschaft ist von verschiedenen Untersuchungen (Dijksterhuis 1956; Zilsel 1976; Harig 1983) hervorgehoben und erörtert worden. Es genügt hier, einige Charakteristika des mechanistischen Denkens in Erinnerung zu rufen. Grob gesprochen, hatten sich das Mittelalter und die Renaissance mit der Beobachtung und Beschreibung der in der Natur in mannigfacher Weise hervortretenden Qualitäten zufrieden gegeben; jeder Qualität wurde eine ihr spezifische Wirkungsweise zugeschrieben. Im 17. Jahrhundert finden dagegen Korpuskulartheorien, nach denen alles Materielle aus stofflich gleichartigen und sich nur durch ihre Gestalt unterscheidenden kleinen Teilchen besteht, weite Verbreitung. Was die Renaissance als Wirkung verschiedener Qualitäten gesehen hatte, erklären die hervorragenden Gelehrten des 17. Jahrhunderts durch verschiedene Arten des Zusammenwirkens kleiner Teilchen, die sich bewegen und Druck und Stoss aufeinander ausüben. Dieses mechanistische Weltbild lehrt die Subjektivität der Sinnesqualitäten: Schon Galilei (Galilei 1896: 347f.) postuliert, dass die Farben und Töne, Geruch und Geschmack nichts primäres, vielmehr subjektiver Schein sind, der in Wirklichkeit durch Bewegung von Materieteilchen erklärt werden muss. Gassendi behauptet zum Beispiel, die Atome der Kälte seien tetraedrisch. Nach Descartes bilden die weichen Materieteilchen den Schwefel, die schweren und runden das Quecksilber. Die verschiedenen Farben erklärt Descartes durch unterschiedliche Rotationsgeschwindigkeiten der Teilchen des Lichts. Einige Jahrzehnte später ist es für Leibniz – der übrigens kein Atomist ist – bereits selbstverständlich, dass alles in der Natur durch Größe, Gestalt und Bewegung zu erklären ist und dass sich alle neueren Gelehrten in diesem Streben nach mechanischer Erklärung der Natur einig sind (GP VII, 265: „ut explicentur per magnitudinem, figuram et motum, id est per *Machinam*“: vgl. auch GP IV, 210f.). Das Prinzip der mechanischen Erklärung ist weit entfernt, ein willkürliches Postulat zu sein; es gilt als gleichbedeutend mit der Verstehbarkeit der Natur (GP VII, 337: „omnia physica mechanice, id est intelligibiliter fieri“).

Wenn von „mechanistischem Denken“ die Rede ist, dann darf dabei nicht an Mechanik im heutigen Sinne gedacht werden; Newtons *Principia* erschienen erst 1687. Vielmehr ist Mechanik im Sinne von Statik plus Kinematik zu verstehen, insbesondere der Lehre vom statischen Gleichgewicht, vom Schwerpunkt und von Bewegung und Stoß. Die traditionelle Bedeutung von Mechanik als Maschinenlehre war im 17. Jahrhundert noch präsent. Die für das Denken der Gelehrten des 17. Jahrhunderts einflussreichste Maschine war die mechanische Uhr (Struik 1980: 108; Maurice/Mayr 1980; Grossmann 1935: 204–207, 212). Kepler, Descartes, Boyle, Leibniz u. a. ziehen die Uhr zur Erläuterung ihrer Ansichten heran. Die für uns kaum noch nachvollziehbare Faszination, die die Uhr auf die Menschen des 17. Jahrhunderts ausübte, wird in den folgenden Worten des berühmten Pädagogen Comenius deutlich:

> Was ist bewundernswert, wenn nicht dies ? Dass ein Metall, eine unbelebte Sache, so lebendige, konstante, regelmäßige Bewegungen hervorbringt ? Hätte man dies vorher nicht für ebenso unmöglich gehalten wie wandelnde Bäume und sprechende Steine ? (Comenius 1986: 92 oder Comenius 1657: Sp. 62)

Die Uhr war das Modell für eine verstehbare Naturerklärung; sie symbolisierte darüber hinaus die gleichmäßige Bewegung. Indem „gleichmäßige Bewegung" und „Zeit" technisch hergestellt werden können, wird die Anwendung dieser Begriffe auf sublunare Vorgänge möglich und überzeugend. Für das Mittelalter war Zeit noch mit qualitativen und inhaltlichen Momenten behaftet; man konnte Zeit etwa an der Anzahl der Vaterunser messen, die man beten konnte (Gockerell 1980), und selbst in den Anweisungen der Alchemisten finden sich solche Zeitangaben. Indem nun Zeit und Bewegung homogenisiert und ihrer qualitativen Momente entkleidet werden, werden sie als Grundbegriffe einer mathematischen Kinematik verfügbar.

Vermittels der Homogenisierung und Quantifizierung der Qualitäten zielt mechanistisches Denken auf die Mathematisierung der Natur. Für die Mathematisierung der Astronomie mochte ein pythagoräisches Denken wie bei Kopernikus (Zilsel 1976: 151–156) genügen; eine umfassende Mathematisierung konnte erst durch mechanistisches Denken bewirkt werden. Die traditionelle Auffassung wird 1554 von Tartaglia formuliert, wenn er einen Gegensatz zwischen einem mathematischen und einem natürlichen, d. h. physikalischen Vorgehen feststellt (Harig 1983: 102f.). Die Vereinigung von Mathematik und Maschinenlehre wird schon von Ingenieuren des 16. Jahrhunderts erstrebt; Besson fordert 1578, dass die Mechanik die Frucht der Geometrie und daher auch ihr Ziel sein solle (Boas 1965: 231). Galilei setzt die Mathematik bewusst als Waffe gegen die Aristoteliker ein (Harig 1983: 165f.). Die klassische Formulierung findet er 1623 im *Saggiatore*: Das Buch der Natur ist in mathematischer Sprache geschrieben, und seine Buchstaben sind Dreiecke, Kreise und andere geometrische Figuren (Galilei 1896: 232). Im Gegensatz dazu schreibt etwa der Jesuit Niccolo Cabeo in seiner *Philosophia magnetica*: „Der Magnet ist ein physischer Körper; einem mathematischen Gesetz gehorcht er nicht" (Cabeo 1629: 216). Zwei Jahrzehnte später ist der Kampf zwischen der mechanistischen und der scholastischen Weltanschauung unter Naturwissenschaftlern faktisch entschieden:

> Um die Mitte des 17. Jahrhunderts nahm jeder Naturphilosoph, der ausging, diese reale physikalische Welt zu finden, fest an, dass das, was er finden würde, etwas Mathematisches sein müsste (Crombie 1964: 530).

Die Sicherheit und die Präzision mathematischer Erkenntnis lieferte sozusagen das Siegel auf die neue und revolutionäre Denkweise der Mechanisten; die programmatisch geforderte Reduzierbarkeit der Qualitäten auf Quantitäten von Materie und Bewegung wurde im Laufe des 17. Jahrhunderts zu einem guten Teil empirisch bestätigt.

Dass mechanistisches Denken auf die Mathematisierung der Natur zielt, ist nach Dijksterhuis (1956: 556f.) sogar der wesentliche Aspekt des mechanistischen Denkens.

Um eine mathematische Naturwissenschaft schaffen zu können, war jedoch eine tiefgehende Umgestaltung der Mathematik selbst erforderlich; eine bloße Erweiterung der antiken Mathematik und der Mathematik der Renaissance wäre völlig unzureichend gewesen. Zweifellos haben technische und ökonomische Probleme und Erfordernisse die Mathematik des 17. Jahrhunderts immer wieder angeregt, aber eine regelrechte Umgestaltung der Mathematik konnte nicht von der Beschäftigung mit einzelnen Problemen herbeigeführt werden, – um so weniger, als diese Umgestaltung neue Kriterien für die Legitimität der mathematischen Schlussweisen und der Existenz mathematischer Objekte erforderlich machte. Vielmehr war das mechanistische Denken das Vermittlungsglied zwischen dem Wunsch der Mathematiker, anwendbare und nützliche Resultate zu liefern, und der tatsächlichen Entwicklung der Mathematik. In der Philosophie und der Naturwissenschaft wird das mechanistische Weltbild explizit als Vorbild genannt. In der Mathematik geschieht dies nicht, aber da das mechanistische Denken den Mathematikern des 17. Jahrhunderts voller Klarheit und Überzeugungskraft erscheint, hat es einen beträchtlichen Einfluß.

5.3 Die Abschaffung des Homogenitätsgesetzes

Einen Markstein in der Entwicklung der Mathematik bildet das Werk von François Viète (1540–1603). Es gehört noch dem 16. Jahrhundert an, bildet aber die Voraussetzung für die Umgestaltung der Mathematik im Laufe des 17. Jahrhunderts. Bis Viète bestand die Mathematik im Wesentlichen aus Geometrie. Nur in der Geometrie führte man überhaupt Beweise in unserem Sinne; in der Zahlentheorie und in der Gleichungslehre war es üblich, ein Zahlenbeispiel vorzurechnen, so dass daran das allgemeine Verfahren deutlich wurde. Indem Viète die bis dahin nur in Einzelfällen verwendete Buchstabenrechnung systematisch begründete und entwickelte, wurde die Algebra als ein regelrechter Zweig der Mathematik geschaffen: Man konnte jetzt algebraische Sätze algebraisch formulieren und beweisen[4]. Interessant ist Viète hier nicht wegen dieser Übereinstimmung mit der heutigen Mathematik, sondern wegen einer eigentümlichen Differenz. Er formuliert nämlich ein grundlegendes Gesetz:

> Das erste und beständig gültige Gesetz für Gleichheiten und Proportionen, das, weil es für homogene Größen konzipiert ist, Homogenitätsgesetz genannt wird, ist: Homogene Größen werden mit homogenen Größen verglichen. Denn was zueinander heterogen ist, von dem lässt sich, wie Adrastos gesagt hat, nicht erkennen, wie es untereinander in Beziehung steht (Viète 1646: 2).

Was Viète damit meint, mag durch ein Beispiel verdeutlicht werden. Eine Gleichung wie $A^3 + 3BA = C$ wäre für Viète schlicht unsinnig. Aufgrund der dominierenden Rolle der Geometrie innerhalb der damaligen Mathematik – noch am Ende des 17. Jahrhunderts bezeichnet „Geometria", „geometricus" das exakt Mathematische, während „Mathesis", „mathematicus" im weiteren Sinne (z. B. auch Astronomie, Optik, Musik, Mechanik umfassend) gebraucht wird – ist es für ihn selbstverständlich, was wir eine geometrische Interpretation der Gleichung nennen. Die Gleichung lautet daher: Ein Würfel mit der Kantenlänge A plus 3 Rechtecke mit den Seiten A und B sind gleich einer Strecke der Länge C. Dies ist in der Tat Unsinn. Viète schreibt daher: Würfel der Kantenlänge A plus Fläche B multipliziert mit der Strecke $3A$ ist gleich einem Körper C (A cubus $+B$ planum in $A3$ aequatur C solido). Damit ist das Homogenitätsgesetz gewahrt. Um es konsequent durchführen zu können, führt Viète eine geeignete Begrifflichkeit ein; ein achtdimensionaler Würfel heißt z. B. Quadrato-cubo-cubus, ein achtdimensionaler Körper heißt Plano-solido-solidum. Ausführlich werden die erforderlichen Rechenregeln konstatiert, wie z. B. Summe und Differenz homogener Größen sind homogen; die Summe von Körper und Würfel ist ein Körper; das Produkt eines Körpers und einer Fläche ergibt einen plano-solidum usw. Die Beachtung dieser Regeln stellt sicher, dass auf beiden Seiten einer Gleichung stets nur Gleichartiges steht[5].

Wie bereits zitiert, beruft sich Viète für das Homogenitätsgesetz auf einen antiken Autor. Den Griechen war das Homogenitätsgesetz selbstverständlich, jedenfalls soweit sie auf Exaktheit und Strenge Wert legten und nicht nur auf praktisches Rechnen zielten[6]. Unter homogenen Größen verstand man Größen derselben Gattung, von denen die eine durch Vervielfachung über die andere hinauswachsen kann, während z. B. eine Strecke auch durch beliebige Vervielfachung nie eine Fläche übertreffen kann (Cantor 1907: 387; vgl. auch Euklid V, Def. 3 und 4). Bei Theon von Smyrna wird zur Erläuterung ausgeführt, dass eine Länge mit einem Gewicht, ein Getreidemaß mit einem Flüssigkeitsmaß

> oder das Weiße mit dem Süßen oder mit dem Warmen nicht zusammengefasst oder verglichen werden [kann]. Bei homogenen Größen aber ist es möglich, wie z. B. Längen zu Längen, Flächen zu Flächen, Körper zu Körpern, Flüssiges zu Flüssigem, Geschüttetes zu Geschüttetem, Trockenes zu Trockenem, Zahlen zu Zahlen, Zeit zu Zeit, Bewegung zu Bewegung, Klang zu Klang, Geschmack zu Geschmack, Farbe zu Farbe und allgemein Dinge von gleicher Gattung oder von gleicher Art sich irgendwie zueinander verhalten (zitiert nach Reich/Gericke 1973: 24f.).

Wie diese Beispiele zeigen, ist das Homogenitätsgesetz Ausdruck einer an der Selbständigkeit von anschaulichen Qualitäten orientierten Denkweise, die nicht auf das Gebiet der Mathematik beschränkt ist. In der Statik haben Archimedes und seine mittelalterlichen Nachfolger in ihren Erörterungen über den Hebel nie den Begriff des statischen Moments (Produkt von Hebelarm und Gewicht) verwendet. Wie Bochner erläutert (Bochner 1966: 181f., 210f.), galt ein solches Produkt, das ja keine anschauliche Qualität ergibt, als bedeutungslos; das Hebelgesetz wurde vielmehr als Proportion zwischen gleichartigen Größen (die Gewichte verhalten sich umgekehrt wie die Hebelarme) formuliert. Demgegenüber ist Viète einen Schritt weiter gegangen, insofern er auch unanschauliche Qualitäten (wie das Produkt eines Körpers und einer Fläche) zulässt.

Das Homogenitätsgesetz wird von Descartes faktisch abgeschafft. Auf den ersten Seiten der *Géométrie* (1637) zeigt er, dass man das Ergebnis von Multiplikation, Division und dem Ausziehen einer Quadratwurzel als Strecke darstellen kann, wenn man eine Strecke der Länge 1 in geeigneter Weise verwendet. Das obige Beispiel wird dann zu $A^3 + 3BA$ (multipliziert mit einer Strecke der Länge 1) $= C$ (zweimal multipliziert mit einer Strecke der Länge 1). Da man das in der Klammer Stehende stets entsprechend hinzufügen kann, kann man es nach Descartes auch stets weglassen, – und eben dies tut Descartes. Ergänzend bemerkt er, dass er unter A^2 oder A^3 in der Regel Strecken verstehen wolle, auch wenn er die traditionelle Bezeichnung Quadrat, Kubus beibehalte (Descartes 1902: 370f.). Das Homogenitätsgesetz ist uns heute so fremd geworden, dass wir dazu neigen, seine Aufhebung für selbstverständlich zu halten. Wir übersehen dabei, dass es sehr wohl einer Erklärung bedarf, warum fast ein halbes Jahrhundert nach Viète der umfangreiche Begriffsapparat, den Viète für das Homogenitätsgesetz aufbaut, nun überflüssig geworden ist. Für den Mechanisten Descartes ist der jahrhundertealte Zwang, in irreduziblen Qualitäten zu denken, entfallen und nun umgekehrt durch das Programm ihrer Reduktion und Homogenisierung ersetzt worden. Die *Géométrie* ist als Anhang zum *Discours de la Méthode* erschienen, in dem Descartes die Existenz der verborgenen Qualitäten der Scholastiker bestreitet und die Gesetze der Natur für identisch mit denen der Mechanik erklärt (Descartes 1902: 42f., 54.).

Trotz der faktischen Abschaffung geriet das Homogenitätsgesetz nicht sogleich in völlige Vergessenheit. 1682 veröffentlicht Tschirnhaus in den *Acta eruditorum* eine Tangentenmethode für Polynome[7]: Man bilde einen Bruch, dessen Zähler aus der Summe aller Glieder besteht, wobei jedes Glied mit dem Exponenten der Konstanten dieses Glieds multipliziert wird. Der Nenner besteht aus der Summe aller Glieder, wobei jedes Glied mit dem Exponenten von x dieses Glieds multipliziert und durch x dividiert wird. Addiert man die Abszisse x zu diesem Bruch, so erhält man die Subtangente und kann damit die Tangente bestimmen. Der Tschirnhaus-Biograph Weissenborn (1856: 78 sowie Weissenborn 1866: 130) glaubte, dass diese Methode nur in einigen Spezialfällen gültig sei. Tatsächlich ist die Methode aber allgemeingültig: Während für Tschirnhaus das Homogenitätsgesetz so selbstverständlich war, dass er es nicht einmal erwähnte, war es in der späteren Mathematik so unbekannt, dass Weissenborn einen groben Fehler bei Tschirnhaus zu finden glaubte.

Für Tschirnhaus' Briefpartner Leibniz war die Richtigkeit dieser Tangentenmethode offenbar sofort erkennbar (A III, 3, 656–657). Leibniz sieht das Homogenitätsgesetz nicht mehr als zwingend an[8]. Jedoch war er ebenso wie Tschirnhaus stark an kombinatorischen Symmetrien interessiert (A III, 2, N. 171, N. 301, N. 372). Daher findet Leibniz das Homogenitätsgesetz (GM VII, 65f.) in einem eher rechentechnischen Sinne natürlich, jedenfalls soweit die Bequemlichkeit des Rechnens nicht leidet. Als zusätzliche Begründung führt er die dadurch ermöglichte Fehlerkontrolle an (die Summe der Exponenten muss in jedem Summanden gleich sein). Die rechentechnische Intention wird noch dadurch unterstrichen, dass Leibniz im Gegensatz zu Viète auch die Zahlen in das Homogenitätsgesetz einbeziehen will (GM VII, 65f.). Von der weltanschaulichen Schwergewichtigkeit des Homogenitätsgesetzes in der Antike und bei Viète findet sich bei Leibniz keine Spur. Im Gegenteil: In einem Scholium zur Definition des Begriffs der Homogenität bemerkt er, dass „die Kraft der wahren Universalmathematik" (GM VII, 38) gerade darin bestehe, nicht nur Raum und Zeit, sondern auch die Qualitäten und Wirkungen zu quantifizieren.

5.4 Der Bewegungsbegriff in der Mathematik

Von Bewegungen in der Geometrie lässt sich in verschiedenen Bedeutungen sprechen. Insofern Euklid Kongruenzüberlegungen anstellt, wird die Bewegbarkeit geometrischer Objekte von ihm vorausgesetzt. In Cavalieris Konzeption der „omnes lineae" spielt Bewegung eine erzeugende Rolle (Andersen 1985). Diese und ähnliche Bedeutungen von „Bewegung" sind hier nicht gemeint, da sie einen fast noch metaphorischen Charakter haben. Stattdessen soll es im Folgenden um Fälle gehen, in denen zwei gleichzeitige Bewegungen (typischerweise zweier Punkte oder einer Gerade und eines Punktes) stattfinden, wobei es wesentlich auf das Verhältnis der Geschwindigkeiten ankommt. Solche gedanklichen Bewegungen werden im 17. Jahrhundert verwendet, um die Existenz neuer mathematischer Objekte (zunächst Kurven, dann auch Größen und später als Folgewirkung Zahlen) und neuer Schlussweisen zu legitimieren. Da diesen Bewegungen regelrecht eine Geschwindigkeit zukommt[9], handelt es sich zweifellos um eine physikalische Vorstellung; sie ist sowohl der klassischen Geometrie Euklids als auch unseren heutigen Vorstellungen von Geometrie fremd. Für mechanistisches Denken ist aber kaum etwas so klar – und insofern für überzeugendes Argumentieren und damit für eine Umgestaltung der Mathematik geeignet – wie die Vorstellung von Punkten, die sich mit gewissen Geschwindigkeiten auf mathematischen Linien bewegen.

Einige antike Mathematiker hatten schon größeren Wert auf Resultate als auf die Rechtfertigung der verwendeten Mittel gelegt und sich daher von den euklidischen Anforderungen an geometrische Strenge gelöst. Archimedes hatte eine neue Kurve dadurch definiert, dass er einen Halbstrahl sich mit gleichförmiger Geschwindigkeit um einen festen Punkt drehen ließ, während gleichzeitig auf diesem Halbstrahl ein beweglicher Punkt mit konstanter Geschwindigkeit läuft; die Bahn des beweglichen Punktes ist dann eine (archimedische) Spirale[10]. Mit Hilfe dieser Spirale hatte Archimedes dann die Fläche eines Kreises konstruiert. Wie noch 1676 der junge Leibniz bemerkt, genügt diese Kreisquadratur nicht den Ansprüchen geometrischer Strenge, da die Spirale nicht geometrisch definiert ist[11]. Tatsächlich ist ja die Kreiszahl π durch die mechanische Definition (Drehung des Halbstrahls) gewissermaßen eingeschmuggelt worden. In einer Methodenschrift hat Archimedes dargelegt (vgl. Schneider 1979: 35–43, 109f.), dass er mehrere seiner mathematischen Resultate zunächst durch mechanische Überlegungen gefunden und dann auf mathematische Weise bewiesen hat. Da die Spirale nicht mit Zirkel und Lineal konstruierbar ist, hatte er es in diesem Fall bei der mechanischen Erzeugung der Kurve belassen müssen. Für die Mechanisten des 17. Jahrhunderts musste Archimedes der meistbewunderte Mathematiker der Antike werden (Dijksterhuis 1956: 401; Schneider 1979: 170–172; Bell 1950: 23; GM VII, 15, 214).

Abb. 5.1: Definition des Logarithmus

1614 hat John Napier (1614: 3f.) den Logarithmus auf der Grundlage des Bewegungsbegriffs eingeführt: Auf der Strecke AB mit der Länge 1 und auf der Halbgeraden mit Anfangspunkt C bewegen sich zwei Punkte, die gleichzeitig in A bzw. C gestartet sind. Die Entfernung des ersten Punktes von B heiße x, die des zweiten Punktes von C heiße y. Die Geschwindigkeit des ersten Punktes verhält sich zur Geschwindigkeit des zweiten Punktes wie x zu AB (= 1). Dann ist in heutiger Notation

$$x = x : AB = \frac{d(AB - x)}{dt} : \frac{dy}{dt} = -\frac{dx}{dy}$$

Bis auf das Vorzeichen ist dann y der Logarithmus von x. Die Logarithmen waren besonders für die Astronomen zur Erleichterung ihrer Rechenarbeit nützlich; wegen der Definition mittels sich bewegender Punkte blieb aber z. B. Keplers Lehrer Mästlin skeptisch. Kepler versuchte ihn durch die Argumentation zu überzeugen, dass es sich bei den Logarithmen weder um Linien noch um Bewegungen, sondern um Relationen und geistige Größen, ähnlich den Proportionen, handele (Kepler 1960: 355, 463f.). Wie sehr Napier Neuland beschritten hatte, wird verständlich, wenn man bedenkt, dass es am Anfang des 17. Jahrhunderts keine Möglichkeit gab, beliebige oder variable Exponenten auszudrücken, – ganz zu schweigen vom Funktionsbegriff oder der Definition vermittels einer unendlichen Reihe oder einer Differentialgleichung.

1637 entwickelte Descartes in der *Géométrie* neue Kriterien für die Legitimität geometrischer Objekte und geometrischer Beweismittel (Descartes 1902: 389–392; Bos 1981). Er gibt nicht nur die euklidischen Kriterien (Konstruierbarkeit mit Zirkel und Lineal) auf, auch die Einbeziehung der schon in der Antike untersuchten Kegelschnitte genügt ihm nicht. Der Gegenstandsbereich der Geometrie soll durch den Bewegungsbegriff umfassend erweitert werden, wobei freilich der Bewegungsbegriff immerhin so streng gefasst werden muss, dass er sich als exakt legitimieren lässt. Descartes geht davon aus, dass nur das als geometrisch bezeichnet werden darf, was genau und scharf ist; alles andere gilt als mechanisch. Als geometrisch definiert er dann solche Kurven, die durch aufeinanderfolgende stetige Bewegungen beschrieben werden können, vorausgesetzt, dass jede dieser Bewegungen durch die vorhergehende vollkommen bestimmt ist. Die archimedische Spirale genügt dieser Bedingung nicht, denn ihre Definition beruht auf der Proportionalität zwischen einer geradlinigen und einer kreisförmigen Bewegung. Es lässt sich aber gar nicht feststellen, ob eine solche Proportionalität vorliegt, denn dazu müsste man das Verhältnis von Kreisumfang und Kreisdurchmesser kennen oder irgendwie mittels bekannter Größen oder Verfahren angeben oder konstruieren können. Dies ist aber nicht möglich, das Verhältnis ist nur approximativ bestimmbar (und kann daher erst recht nicht – wie für uns heute selbstverständlich – als eine Zahl angesehen werden). Auch der Logarithmus ist keine geometrische Kurve, denn die beiden Bewegungen in Napiers Definition lassen sich nicht nacheinander ausführen. Als „Ersatz“ für Zirkel und Lineal gibt Descartes ein neues Konstruktionsgerät an, mit dessen Hilfe sich nun zumindest viele der für legitim erklärten Kurven konstruieren lassen. Es handelt sich um ein System gegeneinander drehbarer und verschiebbarer Lineale. Die jetzt legitimen Kurven sind gerade diejenigen, die seit Leibniz als algebraisch bezeichnet werden, d. h. in deren Gleichung lediglich Summen, Produkte, Potenzen und Wurzeln von x, y und konstanten Größen auftreten. Alle anderen Kurven gehören in die Mechanik; ihre Untersuchung mag in diesem oder jenem Zusammenhang nützlich oder interessant sein, kann aber keinerlei Anspruch auf geometrische Strenge erheben. Entsprechend sind die Beweise, die andere Objekte verwenden (wie z. B. die Kreisquadratur von Archimedes), unzulässig bzw. bloße Näherungsverfahren. Descartes' Kriterium für mathematische Legitimität blieb ein halbes Jahrhundert (bis Leibniz) anerkannt; es wurde auch von den Mathematikern nicht bestritten, die mit der mathematischen Strenge pragmatisch umgingen und Probleme und Methoden bevorzugten, die nach Descartes der Mechanik zuzuordnen waren.

Torricelli benutzte den Bewegungsbegriff zur Tangentenbestimmung (Zeuthen 1966: 321f.) z. B. an die Parabel. Ausgehend von Galileis Untersuchung der Wurfparabel denkt sich Torricelli die Parabel als durch die Zusammensetzung einer Fallbewegung und einer waagerechten Wurfbewegung entstanden, also $y = at^2$ und $x = bt$. Dann ist die Tangente die Diagonale im Parallelogramm der beiden gleichzeitig wirkenden Geschwindigkeiten $2at$ und b, also:

$$\frac{2at}{b} = \frac{2at^2}{bt} = \frac{2y}{x}$$

Mit der gleichen Methode bestimmte Torricelli die Tangente an die Zykloide, eine im Sinne von Descartes mechanische Kurve. Ebenso berechnete Roberval mit dieser Methode die Tangente an die Konchoide, die archimedische Spirale, die Quadratrix, die Cissoide usw. (Zeuthen 1966: 322f.; Whiteside 1960/62: 352f.). Ohne auf weitere Einzelheiten einzugehen, sei nur erwähnt, dass sich Argumentationen mit sich bewegenden Punkten auch bei de Witt (Easton 1963), Wallis (1695: 560), Fabry (Fellmann 1959: 12, 73), Gregorius a S. Vincentio (Whiteside 1960/62: 254) und Gregory (Whiteside 1960/62: 352f.) finden.

Besonderer Erwähnung bedarf Isaac Barrow, der in seinen *Lectiones geometricae* die erste Vorlesung dem Bewegungs- und dem Zeitbegriff widmet. Er entwickelt dort den neuplatonischen Begriff der absoluten Zeit, wie er sich später in Newtons *Principia* findet, als Voraussetzung seiner Mathematik. Mit Hilfe des Bewegungsbegriffs beweist er den wichtigen Satz, dass Flächen- und Tangentenbestimmungen zueinander reziprok sind (in heutiger Terminologie: den Hauptsatz der Differential- und Integralrechnung) (Zeuthen 1966: 352f., vgl. auch Whiteside 1960–1962: 352 (Fußnote), 353). Die vielseitige Verwendbarkeit des Bewegungsbegriffs mag an einem einfachen Beispiel illustriert werden[12]. Die Summe der geometrischen Reihe

$$1 + \frac{1}{3} + \frac{1}{9} + \frac{1}{27} + \cdots$$

berechnet Barrow, indem er zwei Punkte auf einer Halbgeraden laufen lässt.

A B C D P

Abb. 5.2: Summe der geometrischen Reihe

Der erste Punkt startet in A und hat eine dreimal so große Geschwindigkeit wie der zweite Punkt, der gleichzeitig in B startet (wobei die Strecke AB die Länge 1 hat). Ist der erste Punkt in B, so ist der zweite Punkt in C. Hat der erste Punkt C erreicht, so der zweite Punkt D. In P holt der erste Punkt den zweiten ein. Dann ist AP die Summe der unendlichen geometrischen Reihe, und die zurückgelegten Strecken AP und BP ($= AP - 1$) müssen sich wie $3 : 1$ verhalten. Daraus folgt $\frac{3}{2}$ als Summe der Reihe. Barrows Beweis ist überzeugend, aber nicht mathematisch. Die Konvergenz der Reihe wird nicht mathematisch bewiesen, sondern physikalisch gewusst: sie ist gleichwertig mit der Tatsache, dass der schnellere Punkt den langsameren einholt.

5.5 Das Rektifikationsproblem

Schon in der Antike war bekannt, dass es krummlinig begrenzte Flächen (die Kreismöndchen) gibt, zu denen sich mit Zirkel und Lineal ein flächengleiches Rechteck konstruieren lässt (Zeuten 1896: 72–75). Die prinzipielle Vergleichbarkeit von geradlinig und krummlinig begrenzten Flächen stand also fest. Dagegen gab es keine Lösung eines Rektifikationsproblems. Aristoteles (1983: 248b, 249a) formulierte diesen Sachverhalt mit der Feststellung, dass eine Kreislinie und eine Gerade qualitativ verschieden sind und nicht miteinander verglichen werden können. Er folgerte weiter, dass auch eine geradlinige und eine kreisförmige Bewegung nicht miteinander verglichen werden können.

Wiederum war es Archimedes, der einen ersten Schritt zur Unterminierung dieser strengen klassischen Auffassung tat. Er stellte das für Bogenlängen wie für Flächen geltende Axiom auf, dass bei konvexen ebenen Figuren, denen ein Polygonzug einbeschrieben oder umbeschrieben wird, das Eingeschlossene kleiner ist (Hofmann 1974: 101; Schneider 1979: 51f.). Ferner konnte mit Hilfe seiner mechanisch definierten Spirale eine Rektifikation des Kreises gegeben werden (Schneider 1979: 128). In der mittelalterlichen Archimedes-Überlieferung (Clagett 1979: XI, 43, 47–48; Schneider 1979: 164) wurde gelegentlich schlicht festgestellt, dass es zu jeder Kurve eine gleich lange gerade Linie gibt. Die Bewusstheit dieser Kommentatoren für den Unterschied zwischen Geometrie und Mechanik darf jedoch nicht überschätzt werden; die Vergleichbarkeit des Geraden und des Krummen wurde z. B. damit begründet, dass ein Haar oder ein Seidenfaden um die Kurve gelegt und anschließend zu einer geraden Linie gestreckt werden könne. Eine andere Argumentation berief sich auf das Abrollen eines Kreises, wodurch die Gleichheit des Kreisumfanges mit einer geraden Linie gezeigt werde. Andere mittelalterliche Autoren unterstützten Aristoteles; der berühmte Philosoph Averroes konstatierte sogar, dass sich zwischen zwei verschiedenen Kurvenbögen kein Verhältnis angeben lasse (Hofmann 1974: 101). Nikolaus von Kues bemerkte, dass sich ein Kreisbogen beliebig genau durch gerade Linien approximieren lasse, dass es jedoch keine exakte Rektifikation gebe (Hofmann 1974: 102). Am Ende des 16. Jahrhunderts wird die Unvergleichlichkeit des Geraden und des Krummen z. B. auch von dem Astronomen und Trigonometer Jakob Christmann vertreten (Kästner 1796: 498).

Besonders interessant ist Viète, der 1593 im *Supplementum Geometriae* die Kreisrektifikation von Archimedes für nicht hinreichend begründet erklärt (Viète 1646: 240; vgl. auch 398). Die Angabe von Polygonzügen, deren Länge größer bzw. kleiner als der Kurvenbogen ist (wobei die Differenz zwischen der Länge der Polygonzüge beliebig klein gemacht werden kann), beweise nicht die Existenz einer geraden Linie, deren Länge dem Kurvenbogen gleich ist. Der apagogische Beweis von Archimedes verletze die euklidische Strenge, z. B. folge aus der Existenz von spitzen und stumpfen Winkeln nicht schon die Existenz eines rechten Winkels. In der Tat setzen apagogische Beweise eine Art Kontinuitäts- oder Vollständigkeitsprinzip (Lückenlosigkeit des Kontinuums) voraus. Aber selbst wenn man nicht die Konstruierbarkeit mit Zirkel und Lineal verlangt, sondern sich wie Descartes mit der Konstruktion der algebraischen Punkte auf einer algebraischen Kurve begnügt, verbleiben „Löcher“ auf den geometrischen Linien, nämlich die nur näherungsweise angebbaren transzendenten Punkte.

Viètes Argumentation bezieht sich auf antike Diskussionen und leitet zu anderen Themen über, die hier nur kurz erwähnt werden können. Der Sophist Bryson hatte die Möglichkeit der Kreisquadratur damit begründet, dass es zu einem gegebenen Kreis größere und kleinere Quadrate gebe, also müsse es auch ein dem Kreis gleiches Quadrat geben. Dem hielt Aristoteles (Aristoteles 2012: Bd. 1, 75b; Bd. 2, 171b) entgegen, dass dieses Argument nicht geometrisch (d. h. wohl: nicht mit Zirkel und Lineal geführt) sei. Im Mittelalter stimmte Albert von Sachsen dem Argument von Bryson zu (Clagett 1979: XI, 55), bemerkte jedoch, dass man nicht in allen Fällen so schließen dürfe: zu einem Kontingenzwinkel[13] gibt es größere und einen kleineren Winkel mit geraden Schenkeln, jedoch keinen gleichen Winkel mit geraden Schenkeln. Wegen der Kontingenzwinkel bestritt Clavius (Euklid 1607: 266f.) in seiner Euklid-Ausgabe das Kontinuitätsprinzip: „Wenn man von einem Kleineren zu einem Größeren übergeht, muss es ein Gleiches geben". Diese, zwar schon unter Clavius' Zeitgenossen umstrittene, aber doch eher traditionelle Auffassung stieß Jahrzehnte später auf heftigste Ablehnung bei Hobbes und Wallis[14]; nach Leibniz (GM V, 191f., vgl. auch GM VII, 22 und Hofmann 1974: 12f.) hat Clavius mit dieser Auffassung Hobbes eine Gelegenheit geboten, die Mathematiker zu verhöhnen. Für vollentwickeltes mechanistisches Denken war das Bestreiten der obigen Fassung des Kontinuitätsprinzips offenbar eine Provokation; die gedankliche Zusammenfassung und Erzeugung von zunächst statisch nebeneinanderliegenden Objekten (wie es bei Clavius schon durch das Wort „übergehen" geschieht) wird nach dem Modell der sich bewegenden Punkte gedacht.

Doch zurück zum Anfang des 17. Jahrhunderts und zum Rektifikationsproblem. Auch Kepler erklärte Kurve und Gerade für unvergleichbar[15]; zwar gebe es ein Größeres und ein Kleineres und folglich auch ein Gleiches, aber dieses Gleiche entziehe sich der Kenntnis des Menschen. Galilei erörtert in den *Discorsi* (Galilei 1638: 21–26. Vgl. auch Lasswitz 1890: 48f. sowie A VI, 2, 267) ein Paradoxon (Rad des Aristoteles), das die Tücken eines Vergleichs von Geradem und Krummem zeigt: Zwei miteinander fest verbundene Kreise verschiedener Größe rollen gleichzeitig auf geraden Linien ab; es entsteht der Schein, dass beide Kreisumfänge gleich lang sind. Galilei versucht das Paradoxon dadurch zu erhellen, dass er die Kreise durch Polygone (mit zunehmender Anzahl der Ecken) ersetzt; er gelangt dadurch zu der Annahme, dass geometrische Linien (in diesem Fall: die Gerade, auf der sich der kleinere Kreis bewegt) unendlich viele Lücken haben können. Schon Giordano Bruno hatte übrigens die Ansicht vertreten, dass geometrische Linien Lücken enthalten (Michel 1964). Galileis Argumentation ist insofern selber paradox, als er die Gültigkeit einer Fassung des Kontinuitätsprinzips (Approximierbarkeit des Kreises und seiner Eigenschaften durch Polygone) voraussetzt und damit die Ungültigkeit einer anderen Fassung des Kontinuitätsprinzips zeigen will. Für Galilei ist sein Resultat das geometrische Analogon zu der arithmetischen Tatsache, dass es ebenso viele Quadratzahlen (zwischen denen ja Lücken liegen) gibt wie natürliche Zahlen insgesamt.

Für Descartes (1898: 383 sowie 1904: 46) bestätigen Galileis Erörterungen nur, dass sich das Unendliche nicht verstehen lässt. Die cartesische Reform der Geometrie von 1637 ändert für das Rektifikationsproblem nichts: Das Verhältnis zwischen Geradem und Krummem ist – so Descartes[16] – nicht bekannt und wird wohl nie von den Menschen erkannt werden. Freilich lässt sich in der Mechanik das Gerade und das Krumme vergleichen: Descartes wusste (Descartes 1898: 360), dass sich bei einer logarithmischen Spirale (definiert durch Drehung einer Geraden in einer Ebene um einen festen Punkt und gleichzeitige Bewegung eines Punkts auf dieser Geraden mit einer Geschwindigkeit, die dem Abstand vom festen Punkt proportional ist) die Beträge der Radiusvektoren wie die entsprechenden Bogenlängen verhalten. Der Proportionalitätsfaktor ist jedoch transzendent, d. h. nicht konstruierbar oder durch einen algebraischen Ausdruck angebbar, mithin für Descartes nur approximativ zu bestimmen. Unabhängig von Descartes hatte auch Torricelli (Hofmann 1974: 103) die Rektifikation der logarithmischen Spirale aus ihrer mechanischen Definition gefolgert. Angeregt durch Hobbes, zeigte Roberval (Mersenne 1644: 129–131; Krieger 1970: 13–16; Hofmann 1974: 103) 1642/1643, dass die Parabel und die archimedische Spirale gleiche Bogenlänge haben. Roberval erzeugte beide Kurven durch sich bewegende Punkte und verglich die in gleichen Zeiten zurückgelegten Wege. Dazu bemerkte Huygens 1656, dass ein solcher Beweis nicht streng sei.

> Aber den werde ich für einen großen Geometer halten, der einen wirklich geometrischen Beweis dafür erdenken wird, denn den Satz selbst halte ich für wahr (Huygens 1888: 524).

Als Huygens dies schrieb, hatte kurz zuvor die entscheidende Phase begonnen, in der sich innerhalb weniger Jahre die Ergebnisse plötzlich zu überstürzen schienen. Nach J. E. Hofmann (1974: 105f., 108) war es Thomas Hobbes, der durch eine falsche Parabelrektifikation in *De corpore* (1655) und die sich anschließende, gegen Wallis gerichtete polemische Schrift *Six Lessons* (1656) dem Rektifikationsproblem breite Aufmerksamkeit verschaffte, so dass sich fast alle bedeutenden Mathematiker diesem Problem zuwandten. Im Methodenkapitel von *De corpore* basiert Hobbes die Geometrie auf den Bewegungsbegriff (Hobbes 1961: Bd. 1, 63, 65); er ignoriert sowohl die euklidischen als auch die cartesischen Kriterien für geometrische Strenge. In den folgenden Kapiteln 14 (über Geraden und Kurven) und 16 (über Bewegung) wird zielstrebig die Parabelrektifikation in Kapitel 18 als Frucht konsequent mechanistischen Denkens vorbereitet. In den *Six Lessons* berichtet er, dass er das geometrische Verhältnis von Linien über den Bewegungsbegriff definiert habe, um so die Vergleichbarkeit verschiedener Linien zu erreichen, und er fügt hinzu: „Ich bin der erste, der die Grundlagen der Geometrie fest und kohärent gemacht hat" (Hobbes 1845: 242). Davon kann keine Rede sein: weder war der Bewegungsbegriff neu noch konnte er (wie Huygens' Bemerkung zeigt) von den Geometern akzeptiert werden. Außerdem war Hobbes' Parabelrektifikation falsch, und sein Denken selbst für Barrow, der den Bewegungsbegriff durchgehend verwendete, zu radikal: Barrow beschwört den Schatten des Vièteschen Homogenitätsgesetzes, um Hobbes' These, geometrische Linien und die Zeit seien vermöge ihrer Quantitäten zueinander homogen, als Irrtum zu verwerfen; eine Linie kann nach Barrow nicht zur Zeit in einem Verhältnis stehen (Hobbes 1845: 198 sowie Barrow 1860: 233, 260–267. Vgl. auch Windred 1933: 132).

Aber gerade die Konsequenz und innere Stringenz von Hobbes' Denken dürfte als produktive Provokation auf die Mathematiker gewirkt haben. 1659 veröffentlicht Pascal (vgl. Krieger 1970: 21–24) den von Huygens gewünschten geometrischen Beweis für Robervals Resultat, – der erste strenge Nachweis der Vergleichbarkeit zweier verschiedener Kurvenbögen. 1658 findet Wren (Hofmann 1974: 109) die Bogenlänge der mechanisch (durch Abrollen eines Kreises) definierten Zykloide. Auf beide Ergebnisse bezieht sich der durch seine Tangentenregel namhafte Mathematiker Sluse, wenn er in einem Brief an Pascal schreibt (Pascal 1914: Bd. 8, 145), er bewundere die Ordnung der Natur, weil es offenbar nicht möglich sei, eine gerade Linie zu finden, die einer gegebenen Kurve gleich ist, außer wenn man zuvor die Gleichheit einer anderen Kurve mit einer geraden Linie vorausgesetzt habe. Pascal sieht darin eine „schöne Bemerkung“ (Pascal 1914: Bd. 9, 201). 1657 zeigt Huygens und unabhängig davon veröffentlicht Fermat 1660, dass die Bestimmung der Bogenlänge einer Parabel und die Bestimmung der Fläche einer Hyperbel äquivalente Probleme sind (Hofmann 1974: 106f., 111; Krieger 1970: 25–29). Man wusste bereits, dass sich die Hyperbelfläche durch den Logarithmus berechnen lässt; da aber dieser keine geometrisch zulässige Kurve liefert, war die These, dass exakte Rektifikationen unmöglich sind, noch immer nicht widerlegt. So schreibt Fermat in einer Abhandlung von 1660, sehr gelehrte Mathematiker (gemeint sind Sluse und Pascal) verkündeten es als Gesetz und Ordnung der Natur, dass geometrische Rektifikationen unmöglich sind (Fermat 1891: 211f.). Immerhin schreibt Sluse, als er von Huygens' Ergebnis erfährt: „Ich kann nicht sagen, wie sehr mir das gefällt“ (Huygens 1889: 437). Unterdessen war aber auch zumindest das Ergebnis von Heuraet bekannt geworden waren: Neil (1657), Heuraet (1659) und Fermat (1660) hatten unabhängig voneinander gezeigt, dass die semikubische Parabel $ay^2 = x^3$ eine algebraisch angebbare Bogenlänge besitzt (Hofmann 1974: 107f., 113f.). Wenn man den cartesischen Kriterien für mathematische Strenge das archimedische Axiom „Das Eingeschlossene ist kleiner“ hinzufügte, dann war jetzt streng bewiesen, dass es geometrische Kurven gibt, die mit einer geraden Linie vergleichbar sind.

5.6 Fluxionen und Transzendentes

Ein bis zwei Jahrzehnte später entwickelten Newton seine Fluxions- und Leibniz seine Infinitesimalrechnung, wodurch eine Fülle von Vorarbeiten der vorangehenden Jahrzehnte systematisch zusammengefasst und eine Methode zur Lösung weiterer Probleme angegeben wurde. Die Fluxionsrechnung knüpft an Barrows Verwendung des Bewegungsbegriffes an; Kurven und geometrische Größen werden von Newton als durch Zuwächse erzeugt gedacht, wobei diese größer, gleich oder kleiner sind, je nach dem, ob die Geschwindigkeit des erzeugenden Punktes größer, gleich oder kleiner ist (Newton 1971: 422 sowie Einleitung, 410f.; vgl. auch Newton 1969: 72). „Solche Erzeugungen gibt es in der Natur der Dinge, sie werden täglich in der Bewegung von Körpern vollführt und zeigen sich vor den Augen“ (Newton 1981: 106). Alle Schwierigkeiten in der Kurvenlehre – so schreibt Newton 1671 in *Methodus fluxionum* – lassen sich auf zwei Probleme reduzieren, nämlich:

> 1. Wenn die Länge des Wegs stets (d. h. zu jedem Zeitpunkt) gegeben ist, die Geschwindigkeit der Bewegung zu jedem beliebigen Zeitpunkt zu finden. 2. Wenn die Geschwindigkeit der Bewegung stets gegeben ist, die Länge des zurückgelegten Weges zu jedem beliebigen Zeitpunkt zu finden (Newton 1969: 70).

In moderner Terminologie würden wir sagen: Wenn die Funktion gegeben ist, die Ableitung zu finden, und umgekehrt. Um ohne unendlichkleine Größen auszukommen, basierte Newton die Fluxionsrechnung in späteren Abhandlungen auf dem Begriff des „letzten“ Verhältnisses verschwindender Größen. Mathematisch mochte dieser Begriff recht unbefriedigend sein, physikalisch war er jedoch völlig klar, – so klar wie „augenblickliche

Geschwindigkeit“ oder „Geschwindigkeit, mit der ein Körper einen bestimmten Punkt erreicht“ (Scott 1960: 152). Der Bewegungsbegriff als Grundlage der Differentialrechnung findet sich noch im 18. Jahrhundert bei englischen Mathematikern (Pierpont 1928: 24–26).

Leibniz nennt seinen Infinitesimalkalkül, in dem Geschwindigkeiten keine Rolle spielen, gelegentlich die Analysis des Transzendenten (GM V; 306–308) im Gegensatz zur cartesischen Mathematik als einer Analysis der algebraischen Kurven. Mit der Einführung des Transzendenten (Breger 1986) in die Mathematik lässt Leibniz der cartesischen Reform eine zweite und letztlich noch tiefergehendere Reform folgen, die freilich durch den pragmatischen Umgang anderer Mathematiker mit der geometrischen Strenge schon vorbereitet worden war und die nun von Leibniz durch die explizite Legitimierung des Transzendenten ausdrücklich vollzogen wurde. Bis dahin galten Probleme wie die oben erwähnte Rektifikation der Parabel durch die Rückführung auf die Berechnung der Hyperbelfläche (d. h. auf die Berechnung des Logarithmus) nicht als gelöst, weil der Logarithmus im Sinne von Descartes nicht exakt angebbar war. Leibniz stellt nun ein neues Kriterium für die Zulässigkeit mathematischer Objekte und Beweisverfahren auf:

> Wenn ich ein problema Transcendens dahin reduciret, dass es a logarithmis vel Arcubus circuli, und also Tabulis Canonicis, oder quod eodem redit, quadratura Circuli et Hyperbolae dependiret, so halte ich es pro absoluto. Und kan ein mehrers darinn nicht geschehen (A III, 5, 117–118).

Leibniz muss ein neues Wort, transzendent, bilden, weil die bis dahin als mechanisch bezeichneten Kurven diesen die mathematische Illegitimität zum Ausdruck bringenden Namen jetzt nicht mehr tragen sollen. Der Einführung transzendenter Kurven folgte in der Konsequenz die Einführung transzendenter Zahlen. Noch 1682 schrieb Leibniz, dass es für die Fläche des Viertelkreises vom Radius 1 keine Zahl gibt (GM V, 120) – obwohl er eben dafür eine unendliche Reihe (die „Leibniz-Reihe“) angegeben hatte. 1686 spricht er aber schon von transzendenten Zahlen (GM VII, 208).

Für die Einführung des Transzendenten waren zwei miteinander verschränkte Motive maßgeblich: die Anwendbarkeit und die Vollständigkeit des neuen Kalküls. Da die meisten Integrationen auf transzendente Kurven führen, liess sich ein einheitlicher Kalkül der Differential- und Integralrechnung nur durch die Einbeziehung des Transzendenten aufbauen (GM V, 228). Dieses innermathematische Argument erhält sein besonderes Gewicht durch den Blick auf die Anwendungen. Die meisten physikalischen Probleme führen nämlich nach Leibniz auf transzendente Größen, und die Physik ist nichts anderes als die auf die Materie angewandte Geometrie (GM VII, 10), – ein durch und durch mechanistischer Gedanke, denn für nicht-mechanistisches Denken gibt es durchaus physikalische Größen (z. B. die elektrische Ladung), die nicht auf Größe, Gestalt und Bewegung reduzierbar sind.

Freilich scheinen die beiden genannten Motive allein nicht zureichend, um eine so massive Verschiebung der Grenzen zwischen Mathematik und Mechanik zu rechtfertigen. Für die Anwendung ist es letztlich gleichgültig, ob der Logarithmus als geometrische oder mechanische Kurve bezeichnet wird, und die Vollständigkeit des Kalküls, d. h. die Lösbarkeit der im Kalkül auftretenden Probleme durch hemmungslose Abschwächung der an eine exakte Lösung zu stellenden Bedingungen zu erreichen, ist nicht von vornherein und in jedem Fall ein plausibles Vorgehen. Dass Leibniz diesen Mangel empfunden hat, ergibt sich aus einer ganzen Reihe verschiedenartiger Versuche, den Bruch mit den cartesischen Kriterien für Exaktheit und Strenge möglichst klein erscheinen zu lassen (Breger 1986:

123, Fußnote 23, 127, 129; vgl. auch H. Bos 1988). Teils bemühte er sich, alle transzendenten Kurven durch eine Gleichung zu beschreiben (wobei der Unterschied zu Descartes nur darin bestehen sollte, dass in den Exponenten auch Variable zugelassen sind); teils versuchte er, mittels Evoluten, der Kettenline, der Traktrix oder durch punktweise Konstruktion Konstruktionsverfahren für transzendente Kurven anzugeben. Während die Zusammenfassung aller transzendenten Kurven in einem einheitlichen Gleichungstyp scheiterte, ging es Leibniz mit den Konstruktionsverfahren wohl eher um den Nachweis einer prinzipiellen Möglichkeit als darum, sich wirklich auf ein bestimmtes Verfahren zur Erzeugung transzendenter Kurven festzulegen, – schließlich war die Klasse der neuen Kurven, die als Integral über eine algebraische Kurve gewonnen werden konnten, noch nicht überschaubar.

So gründet sich die Plausibilität des neuen Kriteriums für mathematische Exaktheit letztlich auf den Bewegungsberiff schlechthin. Die geometrischen Kurven werden als Wege von sich stetig bewegenden Punkten definiert[17]. Die Idee der Bewegung zählt nach Leibniz zu den ewigen Formen; die Erzeugung einer Parabel durch einen Wurf ist daher nicht schlechter als ihre Erzeugung als Schnitt von Kegel und Ebene (GM VII, 324). Auch wenn sich bewegende Punkte in der Leibnizschen Mathematik im Allgemeinen keine Rolle spielen, hat der Bewegungsbegriff doch die wichtige Funktion, das Transzendente zu legitimieren. In einer Aufzeichnung zu den metaphysischen Grundlagen der Mathematik definiert Leibniz zunächst die Gleichzeitigkeit, das Vorher und das Nachher sowie die Zeit[18]; erst danach werden Raum, Ausdehnung, Lage, Quantität und schließlich die geometrischen Linien als Wege von sich stetig bewegenden Punkten definert.

5.7 Schluss

Der mechanistische Denkstil der Mathematik des 17. Jahrhunderts, dem „wahrscheinlich wichtigsten Jahrhundert in der Geschichte der Mathematik" (Scott 1960: 104), weist weitere Facetten auf. Torricelli, Guldin und andere untersuchten Körper, die durch eine Rotation erzeugt werden. Huygens entwickelte 1673 seine Theorie der Evoluten mittels Fäden, die um eine Kurve herum- oder von ihr abgewickelt werden; mit dieser Theorie war es auch möglich, weitere rektifizierbare Kurven zu finden. Während Leibniz 1676 solche Verwendung von Fäden für geometrisch unzulässig hielt, hat er sie später, nach seiner Einführung des Transzendenten, akzeptiert (GM V, 94; A III, 5, 646–648). Die Gestalt eines als schwer betrachteten Fadens zu bestimmen, bildete das Problem der Kettenlinie, mit dem sich Galilei, Huygens (1646 und 1691), Leibniz und Johann Bernoulli befassten. In zahlreichen Untersuchungen wurden Flächenstücke als schwer gedacht; schon Archimedes hatte seine Parabelquadratur dadurch gewonnen, dass er ein Parabelstück gedanklich an einen Waagebalken hing und auswog (Schneider 1979: 110–121; vgl. auch Stein 1965). Eine reale Wägung führte Galilei durch, um das Verhältnis der Flächen einer Zykloide und ihres erzeugenden Kreises zu bestimmen. Das Resultat liess ihn vermuten, dass das Verhältnis inkommensurabel sei, und er verzichtete daher auf eine nähere mathematische Untersuchung (Cantor 1913: 886). Bei Cavalieri (Andersen 1985: 347f.), Guldin, Pascal, Fermat, Huygens und anderen spielten Schwerpunktbetrachtungen eine wichtige Rolle;

Leibniz entwickelte den Symbolismus der Infinitesimalrechnung im Zusammenhang mit Schwerpunktbetrachtungen (Hofmann 1966: 433). In einem Scholium zur Definition der Homogenität erwähnt Leibniz neben Fäden und Bewegungen auch Galileis reale Wägung sowie Volumenbestimmungen durch Einfüllen von Wasser (GM VII, 37f), – nicht als mathematisches Verfahren, sondern um überzeugend plausibel zu machen, dass alles und jedes homogen und quantifizierbar ist.

Das Thema dieses Kapitels ist so umfassend, dass vieles nur angedeutet werden konnte und sicherlich weiterer Untersuchung bedürfen wird. Eine große Anzahl anderer und bedeutender Aspekte der Mathematik des 17. Jahrhunderts wurde hier nicht erwähnt, obwohl sie zur Umgestaltung der Mathematik des 17. Jahrhunderts wesentlich beitrugen: infinitesimale Überlegungen bei zahlreichen Mathematikern, Cavalieris Indivisiblen-Konzept und die Ductus-Methode des Gregorius a S. Vincentio, Wallis' pragmatischer Umgang mit dem Unendlichen, Interpolationen, unendliche Reihen von Mercator, Gregory und Newton usw. Es war hier nicht beabsichtigt, ein auch nur annähernd vollständiges Bild der Mathematik des 17. Jahrhunderts zu zeichnen, sondern eine wesentliche – und wahrscheinlich die wichtigste – treibende Kraft für die konzeptionelle Umgestaltung der Mathematik dieses Jahrhunderts vorzustellen. Die Tendenz zur Homogenisierung, das Zurückdrängen einschränkender geometrischer Konstruktionsbedingungen und der Bewegungsbegriff haben einen tiefgreifenden Einfluss auf die mathematische Denkweise des Jahrhunderts auch dort ausgeübt, wo sie nicht explizit erwähnt werden. So ist der Einfluss des Bewegungsbegriffs auf die Entwicklung des Funktionsbegriffs offenkundig (Youschkevitch 1976/77: 53–55). Parallel und in enger Verbindung mit dem Bewegungsbegriff war eine weitere wesentliche Triebkraft der Mathematik des Jahrhunderts wirksam: die langsame, aber unverkennbare Tendenz des analytischen Formelausdrucks, sich von der Geometrie zu emanzipieren (Le Noir 1974). Im Laufe des Jahrhunderts wächst allmählich die Neigung, Kurven nicht oder nicht nur geometrisch, sondern durch eine Gleichung anzugeben, wozu freilich eine erhebliche Erweiterung der Formelschreibweise (zunächst algebraische Formeln, später transzendente Funktionen wie Logarithmus und Sinus als selbständige Ausdrücke, ferner unendliche Reihen, gebrochene Exponenten, schließlich Variable im Exponenten usw.) und die schrittweise Legitimierung solcher Formelausdrücke erforderlich war. Der Bewegungsbegriff hat nicht nur beim Rektifikationsproblem, bei der Einführung des Transzendenten und als Mittel zur Untersuchung von Grenzprozessen eine wegweisende Rolle gespielt, er hat überhaupt dazu beigetragen, das Kontinuum (und damit letztlich auch die infinitesimalen Methoden) zu legitimieren. Der Bewegungsbegriff macht es unplausibel, dass das Kontinuum Löcher haben könnte. Das mechanistische Denken lässt die geometrischen Linien als homogen und alle Punkte auf ihnen als gleichberechtigt erscheinen: Die Beschränkung auf Punkte und Linien, die auf die eine oder andere Weise konstruierbar sind, erscheint nun nicht mehr als notwendige Bedingung von Exaktheit, sondern eben als unnatürliche Beschränkung, die durch eine neue Grenzziehung zwischen Mathematik und Mechanik überwunden wird. Der Bewegungsbegriff verschwindet später wieder aus der Mathematik. Am Ende des 17. Jahrhunderts hat die Mathematik ein großes Gebiet von der Mechanik erobert, aber nur dadurch, dass die Mathematik sich vom eroberten Gebiet tiefgehend umgestalten ließ.

Anmerkungen

[1] Erstdruck: Der mechanistische Denkstil in der Mathematik des 17. Jahrhunderts, in: *Gottfried Wilhelm Leibniz im philosophischen Diskurs über Geometrie und Erfahrung*. Hrsg.: Hecht, Berlin, Akademie-Verlag 1991, 15–46. Henk Bos (Utrecht) möchte ich für einige Diskussionsbemerkungen danken.

[2] Der Begriff wurde von Fleck 1935 in die wissenschaftstheoretische Debatte eingeführt, jedoch nicht auf die Mathematik angewendet.

[3] Vgl. z. B. für den Stetigkeitsbegriff und den Zwischenwertsatz Spalt 1988.

[4] Reich/Gericke 1973: 1–10. Die Dominanz der Geometrie blieb freilich zunächst bestehen.

[5] Der Vergleich mit dem Rechnen mit Maßeinheiten bei physikalischen Gleichungen drängt sich auf. Interessant ist, dass es in dem früher gebräuchlichen cgs-System keine elektrische Grundgröße gab; die elektrischen Größen wurden „mechanistisch" auf Länge, Masse und Zeit reduziert.

[6] Cantor 1913: 630; Becker 1965: XVIII; Zeuthen 1896: 44f. Soweit antike Autoren das Homogenitätsgesetz nicht beachtet haben, werden sie von Viète ausdrücklich kritisiert (Viète 1646: 2).

[7] Tschirnhaus 1682: 391–393. Vgl. auch Giusti 1986: 33f. Allerdings ist Giustis elegante Wiedergabe der Methode der Intention von Tschirnhaus nicht ganz angemessen: Die Konstante a kann, braucht aber nicht eine Einheit zu sein (A III, 3, 636–637). Ferner können durchaus mehrere Konstanten $a,b,c\ldots$ vorkommen.

[8] A III, 2, 927f. – Ohnehin verliert es ja seine Bedeutung, wenn man, wie es seit Leibniz geschieht, transzendente Ausdrücke zulässt.

[9] Dies kann verschleiert werden, wenn ein neues Konstruktionsgerät eingeführt wird (vgl. Descartes 1902: 389–392). Die Geschwindigkeit, mit der das Konstruktionsgerät bedient wird, ist mathematisch belanglos. Von mathematischer Bedeutung ist aber das Verhältnis dieser Geschwindigkeit zur Geschwindigkeit, mit der sich gleichzeitig ein anderer Teil des Konstruktionsgeräts bewegt.

[10] Vgl. Schneider 1979: 124–139. Andere mechanisch definierte Kurven der Antike waren die Quadratrix des Hippias von Elis und die Konchoide des Nikomedes.

[11] Vgl. GM V, 94. Später hat Leibniz selbst die Anforderungen an geometrische Strenge gelockert, vgl. weiter unten.

[12] Barrow 1860: 48f. – Die Reihensumme war seit Archimedes bekannt, es geht hier lediglich um die Schlussweise.

[13] Winkel zwischen Kreisbogen und Tangente. Bei Euklid sind solche Winkel zugelassen; Euklid 1933: III, 16 wird bewiesen, dass sich zwischen Kreisbogen und Tangente keine weitere gerade Linie ziehen lässt.

[14] Vgl. Wallis 1693: 630; Hobbes 1961: Bd. 4, 169. – Um das Kontinuitätsprinzip nicht zu verletzen, wurde Euklids Winkeldefinition dahingehend geändert, dass Kontingenzwinkel keine Winkel mehr sind.

[15] Kepler 1870: 174. In seinen Infinitesimalbetrachtungen, die er selbst nicht für streng hielt, hat Kepler ein unendlichkleines Kurvenstück einer unendlichkleinen geraden Linie gleichgesetzt (vgl. Wußing 1979: 167–168).

[16] Descartes 1902: 412. Entsprechend sind Fäden (Gärtnerkonstruktion der Ellipse) nur zulässig, insoweit sie entlang gerader Linien gezogen werden.

[17] GM V, 183, 229, 290, 294f. sowie GM VII, 20, 51, 273, 292. Einfache Erzeugungsweisen (und insofern Konstruktionsverfahren) werden bevorzugt, vgl. GM II, 165; GM VII, 373.

[18] GM VII, 18. So wird übrigens der gedankliche Übergang von der Monadenlehre zur Mathematik vollzogen, denn die Quelle des Zeitbegriffs ist die ungleichmäßige Abfolge der Perzeptionen einer Monade, vgl. A VI, 6, 152.

Literaturverzeichnis

Andersen, K.: Cavalieri's Method of Indivisibles, *Archive for History of Exact Sciences* 31, 1985, 291–367

Aristoteles: *Physikvorlesung* (= *Werke*, Hrsg.: Flashar, Bd. 11), Darmstadt, Wissenschaftliche Buchgesellschaft 1983 (4. Aufl.)

Aristoteles: *Kategorien. Lehre vom Beweis* (= *Philosophische Schriften*, Bd. 1), Hamburg, Meiner 2012; *Topic. Sophistische Widerlegungen* (= *Philosophische Schriften*, Bd. 2), Hamburg, Meiner 2012

Barrow, I.: *The Mathematical Works*, Bd. 1, Cambridge, University Press 1860

Becker, O.: Vorwort, in: *Zur Geschichte der griechischen Mathematik*, Hrsg.: O. Becker, Darmstadt, Wissenschaftliche Buchgesellschaft 1965

Bell, A. E.: *Ch. Huygens*, London, Arnold 1950

Bense, M.: *Konturen einer Geistesgeschichte der Mathematik*, Bd. 2, Hamburg, Claassen & Goverts 1949

Boas, M.: *Die Renaissance der Naturwissenschaften 1450–1630*, Darmstadt, Mohn 1965

Bochner, S.: *The Role of Mathematics in the Rise of Science*, Princeton, New Jersey, Princeton University Press 1966

Bos, H. J. M.: On the representation of Curves in Descartes' Géométrie, *Archive for History of Exact Sciences* 24, 1981, 295–338

Bos, H. J. M.: Arguments on Motivation in the Rise and Decline of a Mathematical Theory: the „Construction of Equations", 1637–ca. 1750, *Archive for History of Exact Sciences* 30, 1984, S. 331–380

Bos, H. J. M.: Tractional Motion and the Legitimation of Transcendental Curves, *Centaurus* 31, 1988, 9–62

Bos, H. J. M./Kers, C./Oort, F./Raven, D. W.: Poncelet's closure theorem, *Expositiones Mathematicae* 5, 1987, S. 289–364

Bourbaki, N.: Die Architektur der Mathematik, in: *Mathematiker über die Mathematik*, Hrsg.: M. Otte, Berlin, Heidelberg, New York, Springer 1974

Breger, H.: Leibniz' Einführung des Transzendenten, *Studia Leibnitiana*, Sonderheft 14, Stuttgart, Franz Steiner 1986, 119–132

Cabeo, N.: *Philosophia magnetica*, Ferrara, Succius 1629

Cantor, M.: *Vorlesungen über Geschichte der Mathematik*, Bd. 1, Leipzig, Teubner 1907; Bd. 2, Leipzig, Teubner 1913

Chevalley, C.: Variations du style mathématique, *Revue de Metaphysique et de Morale* 42, 1935

Clagett, M.: *Studies in Medieval Physics and Mathematics*, London, Variorum Reprints 1979

Comenius, J. A.: *Opera didactica omnia*, Amsterdam, de Geer 1657

Comenius, J. A.: *Opera omnia*, vol. 15/I, Prag, Academia 1986

Crombie, A.: *Von Augustinus bis Galilei*, Köln, Berlin, Kiepenheuer & Witsch 1964

Davis, P. J./Hersh, R.: *Descartes' Traum*, Frankfurt/Main, Krüger 1988

Descartes, R.: *Œuvres*, Hrsg.: Adam/Tannery, Bd. 1, Paris, Cerf 1897; Bd. 2, Paris, Cerf 1898; Bd. 4, Paris, Cerf 1901; Bd. 5, Paris, Cerf 1903; Bd. 6, Paris, Cerf 1902; Bd. 7, Paris, Cerf 1904

Dijksterhuis, E. J.: *Die Mechanisierung des Weltbilds*, Berlin, Göttingen, Heidelberg, Springer 1956

Easton, J. B.: Johan de Witt's kinematical constructions of the conics, *The Mathematical Teacher* 56, 1963, 632–635

Euklid: *Elementa*, Hrsg.: Clavius, Frankfurt/Main, Hoffmann 1607

Euklid: *Die Elemente*, Hrsg.: Clemens Thaer, 5 Teile, Leipzig, Akademische Verlagsgesellschaft 1933, Reprint Leipzig 1984

Fellmann, E. A.: Die mathematischen Werke von Fabry, *Physis* 1, 1959

Fermat, P.: *Œuvres*, Bd. 1, Paris, Gauthier-Villars 1891

Fisher, Ch. S.: The Death of a Mathematical Theory: a Study in the Sociology of Knowledge, *Archive for History of Exact Sciences* 3, 1966/67, 137–159

Fisher, Ch. S.: Die letzten Invariantentheoretiker, in: *Wissenschaftssoziologie*, Hrsg.: P. Weingart, Bd. 2, Frankfurt/Main, Athenäum-Fischer 1974, 153–183

Fleck, L.: *Die Entstehung und Entwicklung einer wissenschaftlichen Tatsache*, Basel, Schwabe 1935

Galilei, G.: *Discorsi*, Leiden, Elsevir 1638

Galilei, G.: *Opere*, Bd. 6, Florenz, Barbèra 1896

Galilei, G.: *Dialog über die beiden hauptsächlichen Weltsysteme*, Hrsg.: R. Sexl und K. von Meyenn, Darmstadt, Wissenschaftliche Buchgesellschaft 1982

Giuculescu, A.: Intensional versus extensional mathematics, *Revue roumaine des sciences sociales*, série de Philosophie et Logique, 28, 1984, 317–326

Giuculescu, A.: L'Architectonique du savoir scientifique, *Diogène* 131, Juli – September 1985

Giusti, E.: Le problème des tangentes de Descartes à Leibniz, *Studia Leibnitiana*, Sonderheft 14, Stuttgart, Franz Steiner 1986, 26–37

Gockerell, N.: Zeitmessung ohne Uhr, in: *Die Welt als Uhr*, Hrsg.: K. Maurice/O. Mayr, München, Berlin, Deutscher Kunstverlag 1980, 133–145

Grossmann, H.: Die gesellschaftlichen Grundlagen der mechanistischen Philosophie und die Manufaktur, *Zeitschrift für Sozialforschung* IV/2, 1935, 161–231

Hallett, M.: Towards a Theory of Mathematical Research Programmes, *British Journal for the Philosophy of Science* 30, 1979, 1–25, 135–159

Harig, G.: *Schriften zur Geschichte der Naturwissenschaften*, Berlin, Akademie-Verlag 1983

Hobbes, Th.: *The English Works*, Bd. 7, London, Bohn 1845

Hobbes, Th.: *Opera philosophica*, Hrsg.: Molesworth, Bd. 1, Aalen, Scientia 1961; Bd. 4, Aalen, Scientia 1961

Hofmann, J. E.: Leibniz als Mathematiker, in: *Leibniz. Sein Leben, sein Wirken, seine Welt*, Hrsg.: W. Totok/C. Haase, Hannover, Verlag für Literatur und Zeitgeschehen, 1966, 421–458

Hofmann, J. E.: *Leibniz in Paris*, London, Cambridge University Press 1974

Huygens, Ch.: *Œuvres complètes*, Bd. 1, La Haye, Martinus Nijhoff 1888; Bd. 2, La Haye, Martinus Nijhoff 1889

Kästner, A. G.: *Geschichte der Mathematik*, Bd. 1, Göttingen, Rosenbusch 1796

Kepler, J.: *Opera omnia*, Hrsg.: Ch. Frisch, Bd. 8, Frankfurt/Main, Heyder & Zimmer 1870

Kepler, J.: *Gesammelte Werke*, Hrsg.: F. Hammer, Bd. 9, München, Beck 1960

Krieger, H.: *Bestimmung bogengleicher algebraischer Kurven in historischer Sicht*, Dissertation, Tübingen 1970

Lakatos, I.: *Beweise und Widerlegungen*, Braunschweig, Wiesbaden, Vieweg und Teubner 1979

Lasswitz, K.: *Geschichte der Atomistik vom Mittelalter bis Newton*, Bd. 2, Hamburg, Leipzig, Voss 1890

Le Noir, T.: *The Social and Intellectual Roots of Discovery in Seventeenth Century Mathematics*, Dissertation, Indiana University 1974

Maurice, K./Mayr, O. (Hrsg.): *Die Welt als Uhr*, München, Berlin, Deutscher Kunstverlag 1980

Mersenne, M.: *Cogitata physico-mathematica*, Paris, Bertier 1644

Michel, P. H.: Les notions de continu et de discontinu dans les systèmes physiques de Bruno et Galilée, in: *Mélanges Alexandre Koyré*, Bd. 2, Paris, Hermann 1964, 346–359

Napier, J.: *Mirifici Logarithmorum Canonis descriptio*, Edinburgh, Hart 1614

Newton, I.: *The Mathematical Papers*, Hrsg.: D. T. Whiteside, Bd. 3, Cambridge, University Press 1969; Bd. 4, Cambridge, University Press 1971; Bd. 8, Cambridge, University Press 1981

Pascal, B.: *Œuvres*, Bd. 8, Paris, Hachette 1914; Bd. 9, Paris, Hachette 1914

Pierpont, J.: Mathematical Rigor: Past and Present, *Bulletin of the American Mathematical Society* 34, 1928, S. 23–53

Poincaré, H.: *Wissenschaft und Methode*, Leipzig, Berlin, Teubner 1914

Poser, H.: Tagungsbericht, *Berichte zur Wissenschaftsgeschichte* 10, 1987, 230–232

Reich, K./Gericke, H.: Einführung, in: Viète: *Einführung in die neue Algebra*, München, Fritsch 1973, 3–33

Ross, R.: The social and economic causes of the revolution in the mathematical sciences in mid-seventeenth century England, *Journal of British Studies* 15, 1975, 46–66

Schneider, I.: *Archimedes*, Darmstadt, Wissenschaftliche Buchgesellschaft 1979

Scott, J. F.: *A History of Mathematics*, London, Taylor & Francis 1960

Spalt, D.: *Vom Mythos der mathematischen Vernunft*, Darmstadt, Wissenschaftliche Buchgesellschaft 1981

Spalt, D.: Das Unwahre des Resultatismus. Eine historische Fallstudie aus der Analysis, *Mathematische Semesterberichte* 35, 1988, 6–37

Spengler, O.: *Der Untergang des Abendlandes*, Bd. 1, München, Beck 1920

Stein, W.: Der Begriff des Schwerpunktes bei Archimedes, in: O. Becker (Hrsg.): *Zur Geschichte der griechischen Mathematik*, Darmstadt, Wissenschaftliche Buchgesellschaft 1965, 76–99

Struik, D. J.: *Abriß der Geschichte der Mathematik*, Berlin, Deutscher Verlag der Wissenschaften 1980

Tschirnhaus, E. W. von: Nova Methodus tangentes curvarum expedite determinandi, *Acta eruditorum*, Dezember 1682, 391–393

Viète, F.: *Opera Mathematica*, Leiden, Bonaventura & Elsevir 1646

Viète, F.: *Einführung in die Neue Algebra*, Hrsg.: K. Reich/H. Gericke, München, Fritsch 1973

Wallis, J.: *Opera Mathematica*, Bd. 1, Oxford, Theatrum Sheldonianum 1695; Bd. 2, Oxford, Theatrum Sheldonianum 1693

Weissenborn, H.: *Die Principien der höheren Analysis in ihrer Entwicklung von Leibniz bis auf Lagrange*, Halle, Schmidt 1856

Weissenborn, H.: *Lebensbeschreibung des E. W. Tschirnhaus*, Eisenach, Baerecke 1866

Weyl, H.: *Gesammelte Abhandlungen*, Bd. 3, Berlin, Heidelberg, New York, Springer 1968

Whiteside, D. T.: Patterns of mathematical Thought in the later Seventeenth Century, *Archive for History of Exact Sciences* 1, 1960/1962, 179–388

Windred: The history of mathematical time, *Isis* 19, 1933, 121–153

Wußing, H.: *Vorlesungen zur Geschichte der Mathematik*, Berlin, Deutscher Verlag der Wissenschaften 1979

Youschkevitch, A. P.: The Concept of Function up to the Middle of the 19th Century, *Archive for History of Exact Sciences* 16, 1976/77, 37–85

Zeuten, H. G.: *Geschichte der Mathematik im Altertum und Mittelalter*, Kopenhagen, Höst 1896

Zeuthen, H. G.: *Geschichte der Mathematik im 16. und 17. Jahrhundert*, New York, Stuttgart, Johnson 1966 (Erstauflage 1903)

Zilsel, E.: *Die sozialen Ursprünge der neuzeitlichen Wissenschaft*, Frankfurt/Main, Suhrkamp 1976

6 God and Mathematics in Leibniz's Thought

6.1 Introduction

Unlike[1] many other philosophers, Leibniz published no major work in which he expounded on his philosophical system. His thought has to be reconstructed from numerous remarks scattered throughout several books and a number of published articles as well as from a huge number of letters and drafts in his Nachlass. Nevertheless, the result of such a reconstruction is fairly coherent.

Leibniz believed in the God of Christianity and he also had an extraordinarily high esteem for reason and its capabilities. One might try to develop part of his thought on the topic from these two suppositions. Firstly, it follows that there is a concept of God, not just a vague imagination of him. This concept must evidently be that of "the most perfect being" (A VI, 4B, 1531). The most perfect being is necessarily the most rational being. The principle of sufficient reason ensures us that for all decisions and acts of God there is a rational reason. Since knowledge is a perfection[2], the most perfect being must be omniscient. As being active is more perfect than being passive, God has to be all-powerful. To be more precise, the most perfect being has to be almighty insofar as it is logically possible to be almighty. In other words, the definition of "almighty" should not be contradictory. Intellectual conundrums such as discussing the question whether God can create a stone which is so heavy that he himself cannot lift it, do not fit into Leibniz's style of thought. As for the moral dimension, Leibniz is firmly convinced that there is a close connection between rationality and goodness: The most perfect being will always act according to the maximum of goodness which is characteristic of him. This necessarily implies that God will create the best of all possible worlds (A VI, 4B, 1533–1534), because otherwise he would either not be almighty, or not be absolutely good or not be omniscient. Leibniz seems to be aware of the imperfections of this world we live in, but the principle of the best possible world is a direct consequence of his high esteem of rationality. Incidentally, Leibniz anticipates how a mathematician might possibly object: A mathematician faced with an increasing infinite sequence knows that there need not be a maximum. So Leibniz states: If it were true that for every good possible world there exists a better possible world, then God would not have created any world at all, because in this case there would not have been sufficient reason for selecting and creating this particular world which exists (GP VI, 107, 364). The absolutely rational being will never act arbitrarily.

Before we continue with this consideration of God, two remarks might be useful. Firstly, Leibniz's project of a characteristica universalis should be discussed briefly. Leibniz was well aware of the fact that our philosophical reasoning often lacks the cogency of mathematical reasoning (GP IV, 468). There are no Euclidists and Archimedians in mathematics, as there are Aristotelians and Platonists in philosophy (A VI, 4A, 695). Whereas mathematicians have their own means of discovering possible mistakes, philosophers, who do not have such means at their disposal, should adopt rigorous reasoning all the more (A VI, 4A, 705; A II, 1, 475, 478; GP IV, 469). Rationality should be such as to allow for a mathematisation of our thought; just as mathematicians have introduced letters and other symbols to designate mathematical objects and rules for operating with them, Leibniz proposed finding symbols and rules, in order to formalize a considerable part of our thought (Scheibe 1989; Jaenecke 2002). Then two philosophers with different opinions on a philosophical topic would no longer need to quarrel; they could say to each other "calculemus" ("let's calculate") (A VI, 4A, 493). Therefore, Leibniz's invention of a calculating machine had a strong philosophical relevance. And besides, Leibniz tells us, this characteristica universalis will be an efficient means of converting pagans, because the true religion is the most rational religion, and it is impossible to resist rational arguments; in addition, apostasy will no longer occur, just as a mathematical truth, once understood, is never rejected[3].

Leibniz made several efforts to find suitable symbols for the representation of our thought. A very simple and nonetheless very interesting one was his idea that there are primary or irreducible notions and composite notions. If this is true, a map from notions to natural numbers can be defined mapping primary notions to prime numbers and the relation "implies" between notions to the relation "is divisible by" between numbers. For illustration's sake, Leibniz gives the example of the traditional definition of the human being as the rational living being; If the notion "rational" is mapped to the number 2 and the notion "being alive" to the number 3, the notion "being a human being" has to be mapped to the number 6 (A VI, 4A, 182, 201–202). As there is an infinite number of prime numbers, the model is more powerful than it might seem at first glance. In other drafts, Leibniz maps every notion to an ordered pair of a positive and a negative integer (A VI, 4A, 224–256). As Leibniz is aware, even with such a characteristica universalis the deduction of an individual statement like "Caesar is murdered on the ides of March" would be impossible, because such a statement involves an infinity of causes and an individual notion like Caesar is composed of an infinity of elements.

The use of numbers for a characteristica universalis even has a metaphysical foundation. Leibniz quotes (A VI, 4A, 263; cf. also A I, 12, 72 and GP VI, 604) the well-known statement (Plato, Philebos 55e; Sapientia Salomonis 11, 21) that God made everything according to measure, number and weight. Admittedly, he continues, some entities do not have weight, and some entities do not have parts and therefore lack measure. But there is nothing which does not allow of number. So number is "quasi figura quaedam metaphysica" (A VI, 4A, 264), and arithmetic is therefore a doctrine for the exploration of the powers of things, and thereby the perfection of God's creation.

The second remark concerns the difference between human and divine reason. According to Descartes, if God had wanted, he could have decided that the radii of a circle have different lengths, that the sum of 1 and 2 is different from 3, or that the sum of the angles in a rectangular triangle is different from two right angles (Descartes 1987: 145, 152; Descartes 1989: 118). Leibniz argues that mathematical truths are not fictions, on the contrary, they do exist in the region of ideas (GP VII, 305), which is nothing other than God's reason (GP VI, 614; GP II, 304–305; A VI, 6, 447). They do not depend upon his will (A VI, 4A, 1532–1533; GP VI, 226, 614); God would not be able to change the necessary truths without abolishing himself (Bodemann 1899: 310). One might interpret this as mathematics being autonomous. In finding mathematical truths, human beings discover part of God's reason. This is not only valid for mathematics and logics, but also for a number of truths in metaphysics, including some statements on goodness, justice and perfection. Leibniz calls these truths necessary or eternal truths as opposed to contingent truths. Necessary truths are valid in every possible world, whereas contingent truths depend on the particular structure of this world which God created and which he could have created otherwise. So Kepler's laws, Galilei's law for bodies falling in a vacuum, and the proposition "Caesar was murdered" are all contingent truths.

That part of reason which human beings possess is compatible with the whole; it differs from the whole only as a drop of water differs from the ocean, or more precisely, as the finite differs from the infinite (GP VI, 84). Thus reason is a property common to God and man; it is not only the link of all human society and of friendship, but also the link between God and man (Mahnke 1939/40: 10–11).

> The true quietness which can be found in the Holy Scriptures, in the writings of the Church Fathers and in reason is achieved through liberation from the external pleasures of the senses, in order to listen to God's voice, that is, the inner light of eternal truths.[4]

In this respect, doing mathematics seems to be a way of listening to God's voice and might even be comparable to divine service, although of course the active endeavour for the welfare of others would be indispensable for a Christian anyway (Heinekamp 1988: 194–195, 202–203).

6.2 The best of all possible worlds

Now imagine God considering all possible worlds in order to decide which one is to be created (this formulation is not meant to imply a temporal order, because God does not exist in time). There must be a rational basis for God's decision. Given the fundamentally mathematical structure of thought for Leibniz, God's reasoning about possible worlds must be precise and, in principle, understandable for a mind of sufficiently high capabilities. God must be a perfect mathematician (A VI, 4B, 1616; GP II, 105; GP III, 52; GP IV, 571), calculating all possible worlds and selecting the best one. The ancient idea of God being a mathematician (Ohly 1982) is given an emphatically new meaning by Leibniz. "As God calculates and executes thought, the world comes into being"[5]. The act of creation is done by "divine mathematics" ("Mathesis quaedam Divina" (GM VII, 304)), and is nothing other than the solution of an extreme value problem. Among all the possibilities,

God selects the maximum of essences compatible to each other. This selection is much more complicated than it might seem; it does not simply mean a maximum of material objects, but rather the essences of all living creatures having all possible courses of life; moreover all kind of perfections such as moral goodness, justice, ontological variety and so on have to be taken into account. For example God decided to create lions although they are dangerous to human beings, but without any lions the world would have been less perfect (GP VI, 169). Moreover, there is the temporal dimension; there might have been a possible world which would have been better up to the present time, but which would have contained less possibilities for future progress and therefore was not selected (GP VI, 237). Obviously we cannot understand how God calculated all this. But in all things, Leibniz argues, there is a principle of determination, which is the maximum of effect achieved with a minimum of expenditure (GP VII, 303). Time and space, or generally the capacity of the world, are to be considered as expenditure or terrain to erect the building of the world, whereas the variety of its forms, the number and elegance of its rooms constitute the effect. To elucidate the principle of determination Leibniz poses that a triangle has to be made; if no constraints are given, an equilateral triangle will be the wise man's choice (A VI, 4B, 1617). If two points are to be connected, the shortest line will be the best solution. Liquids in heterogeneous matter tend to form spheres, which are the most voluminous shapes. These are just a few examples for the principle of determination (GP VII, 304). To create a maximum of essences requires using very simple laws for their interaction; otherwise God would have been like an architect using round bricks, which cost more space than they take up (A II, 1, 478).

As God created this world according to this construction principle, Leibniz can state the fundamental rule of his philosophy, or in other words, the fundamental rule for our knowledge of this world: The reason of things is the same everywhere, but the forms and degrees of perfection vary infinitely (A VI, 6, 71, 72, 472, 490). The philosopher should think of the unknown or only vaguely known objects according to the same pattern as the distinctly known objects; thus philosophy becomes easy with respect to the reason of things, and it will be very rich with respect to the different manners of execution. Nature varies these manners infinitely with as much order and decoration as can ever be imagined.

Three hundred years later we tend to have questions such as this: Is it really possible that mathematics, even divine mathematics, can solve the huge problem of calculating all possible worlds ? As every individuality implies an infinity of aspects (A VI, 6, 289–290), it must be very difficult to calculate the life of one single person alone. We know that there are systems of differential equations which cannot be solved formally, and thus God, being bound to proven mathematical results, could not solve them either. In fact, Leibniz himself indicates a kind of limitation for God's capacity of calculation by exposing an analogy between real numbers on the one side and all truths on the other (A VI, 4B, 1616, 1657–1658). The necessary truths correspond to the rational numbers; the necessary truths can be proved in a finite number of steps just as the rational numbers can be calculated in a finite number of steps producing a finite or a periodical decimal representation. The contingent truths correspond to the irrational numbers; the contingent truths could be proved only in an infinite number of steps, just as the irrational numbers can be calculated only in an infinite number of steps giving an infinite non-periodical decimal representation. For Leibniz there is only a potential infinity in mathematics (Breger 1986, 320–323); therefore even God cannot finish an infinite calculation: the impossibility of ever being finished is the very essence of infinity. So Leibniz makes it unmistakably clear that God cannot calculate in a strict sense the infinity of contingent truths for each possible world. Admittedly, in some cases a finite calculation might be sufficient: Although we are not able to execute an infinity of additions in order to find the sum of the geometrical series, we are nevertheless able to calculate the sum. But here, Leibniz does not refer to this fact; evidently he accepts the impossibility of the calculation of contingent truth in general (incidentally this impossibility has some advantage for Leibniz's theory of freedom). This does not imply that God does not know what he is doing, because he possesses of the ability of vision: God sees at once the result of an infinity of calculations, although even he would not be able to finish all the steps one after the other. So our questions are not really answered, but at least it is difficult to raise further objections in this respect.

The discussions about the paradoxes of set theory suggest further objections. The totality of all possible worlds does not seem to be well defined; it seems possible to give analogies of Russell's paradox and Richard's antinomy for possible worlds. If this is true, Leibniz's God cannot overcome these difficulties, and Leibniz would have to reformulate his theory of possible worlds, using neither Cantor's nor Zermelo-Fraenkel set theory (*Leibniz: Le meilleur des mondes* 1992: 103–105).

6.3 The binary system and creation

There is another relation between mathematics and the act of creation. In a letter to Duke Rudolf August of Wolfenbüttel in 1697 Leibniz suggested stamping a medal to demonstrate the analogy between the creation of the world out of nothing and the binary number system (A I, 13, 116–125; cf. also A I, 12, 66–72). The medal was to carry the words "image of creation", "To develop everything out of nothing, unity is sufficient" and "One is necessary"[6]; furthermore some numbers in binary notation would be shown and an example of addition as well as of multiplication. In the 17th century, the Latin word "nullum" meant "zero" as well as "nothing". The words "One is necessary" may be considered as an allusion to Jesus's words to Martha (Luke 10, 42; A I, 13, 119, line 24–25; 120, line 6–7; Zacher 1973, 49), but they probably also refer to Leibniz's notion of God as the necessary being; we will return to this later in the discussion of Leibniz's proofs for the existence of God.

In his letter to Rudolf August, Leibniz explains that void and darkness (Genesis 1, 1) correspond to zero and nothingness, whereas the spirit of God hovering above the waters (Genesis 1, 1) correlates with the Almighty One[7]. The analogy goes further than might at first be expected; Leibniz repeatedly states that all creatures have their perfection from God and their imperfection from themselves (GP VI, 603, 613; GP IV, 476; cf. also GM VII, 239; A I, 15, 560). In a slight change of terminology, Leibniz claims in a tract on mystical theology that all creatures derive from God and nothing; their "essence" is from God, whereas their "nothingness" or "bad condition" is from themselves[8]. This is demonstrated by numbers in a wonderful way, as Leibniz continues, and the essence of all things is equal to numbers[9]. Any creature has some nothingness, otherwise it would be God. The lack of perfection in the creatures is darkness in knowledge, vacillation in will, passion, limitation of their essence. On the other hand, in our essence there is infinity, a footprint, even an image of God's omniscience and omnipotence (Vonessen 1967: 128, 130), and sometimes Leibniz even compares human beings to small gods (A VI, 6, 389; GP II, 125; GP IV, 479). In other words: The creatures might by analogy be considered as certain mixtures of 1 and 0.

The analogy with the binary system illustrates not only the creation out of nothing, but also the beauty and the perfections of the world (A I, 13, 117; A I, 12, 69–70). In the decadic number systems regularities are not so easily seen; in the binary system every column has its own periodicity, if the numbers are written one beneath each other. Similarly, the disorder which seems to be present in God's creation disappears if the right perspective is found; then beauty and harmony prevail (another example for this would be the Copernican system (GP VII, 120)). In the same way, periodicities can be found if for example the square numbers or the cubes or the multiples of any natural number are written beneath each other (Zacher 1973: 245, 255–256).

In another letter Leibniz takes the analogy even further: 0 denotes the void which preceded the creation. At the beginning of the first day of creation, there was 1, that is God. At the beginning of the second day there was two, that is heaven and earth, which had been created before. Finally, at the beginning of the seventh day, everything had been created, and that is why this day is the most perfect day or the sabbath; the seven is 111 in the binary system and thus shows immediately the perfection of the seventh day, which is the sacred day. Moreover, the sign 111 refers to the trinity (Zacher 1973: 285).

Evidently, Leibniz is entering here, if not earlier, the region of traditional number mysticism. Some other examples of relations to traditional mysticism may be mentioned. In some passages Leibniz seems to agree to a traditional mystical saying, according to which God is like a circle the centre of which is everywhere whereas the periphery is nowhere (A VI, 1, 531; Leibniz 2002: 31, 49; GP VI, 604, cf. also GP IV, 562; Beeley 1996, 24–25). Leibniz could have read this in the writings of Pascal, More and others (Mahnke 1937: 19–34).

Leibniz's remark "God enjoys odd numbers"[10] in his publication of the later so-called Leibniz series for π divided by four might seem to be another example of number mysticism. But this is a quotation from Vergil (Eclogae 8, 75; Zacher 1973: 41), and it seems rather natural for an educated scholar of the 17th century to refer to this classical statement on such an occasion.

The Italian mathematician Grandi had also tried to illustrate the creation of the world out of nothing by mathematical means. He discussed the diverging infinite series $1-1+1-1+1\ldots$, remarking that $1+(-1+1)+(-1+1)\ldots=1$ and $(1-1)+(1-1)+\ldots=0$. In a similar way, God might have created something out of nothing. Leibniz considered this a not inelegant illustration, but he objects that the mere repetition of an infinity of zeros is not comparable to God's creation, which really brings about a new reality (GM V, 382). Evidently, Leibniz did not agree to every possible analogy in this field. Mahnke (1939/40: 21) claimed Pythagoreanism to be a fundamental trait of Leibniz's metaphysics. It is true that Leibniz's quest for a characteristica universalis has its ultimate origin in ideas of Rosicrucians or other religious mystics (Mahnke 1939/40: 19; Heinekamp 1988: 191). On the other hand, Leibniz generally liked to give mathematical analogies for philosophical statements (GP II, 112, 258; GP III, 635; GP VI, 261–262, 508); these analogies were not necessarily related to (Neo-)Pythagoreanism. And Leibniz liked to combine as many thoughts of other people as possible in his own thinking; he repeatedly made statements like "I have the general maxim to despise few things and to benefit from the good everywhere"[11].

When Leibniz was asked by one of his correspondents whether it would be possible to compose a tract on theology using mathematical methods, he confirmed this, but on the condition that at least the relevant part of philosophy had been formulated with mathematical method before (A I, 13, 551). For Leibniz, mathematics, physics, philosophy and theology are like the steps of a staircase leading to God. Let us have a look at these interconnected steps of human knowledge.

6.4 A staircase leading to God

Knowledge of God is the foundation or origin of all knowledge and wisdom (GP III, 54; Vonessen 1967: 128). Every newly found truth, every experiment or theorem is a new mirror for the beauty of God (A IV, 1, 535). Perfection of the mind, which results from the progress of our knowledge, unites man with God (A II, 1, 270). Mathematics is particularly suitable for entering the realm of ideas (GP IV, 571); it pleases us by giving us a glimpse of God's ideas (GP VI, 262). It is a divine science, a test for our thought, and Leibniz confesses that he has an immoderate love for it (A II, 1, 475, 433). An important mathematical achievement is the surest sign of a sound mind (A II, 1, 492). Leibniz hoped that his mathematical achievements would help to draw attention to his philosophical and theological statements (A I, 13, 556–557; A II, 1, 433–434, 491–493; cf. also A I, 13, 516, line 24–25). Here there is evidently a parallel to Pascal; and whatever Descartes's intentions may have been, there is little doubt that his mathematical achievements supported him as a philosopher. On the other hand, in a letter to the mathematician L'Hôpital, Leibniz complains about philosophical and theological discussions, which were taking up his time (GM II, 219). He certainly had a genuine interest in mathematics and science, as for example his attitude towards the Jesuit missionaries in China showes. They tried to use the superiority of European mathematics and astronomy in order to impress the Chinese and to persuade them of the superiority of Christian religion. Leibniz did not disapprove of this – according to him (Leibniz 2002), the ideas of the Chinese were fairly close to a reasonable Christianity anyway – , but he was concerned that the Jesuits might thereby fail to learn from the Chinese as much as they would otherwise do (A I, 13, 516; A III, 4, 409–416; Leibniz 1768: IV, part 1, 82).

Cartesian mathematics dealt only with algebraic problems, but most scientific problems are transcendental and therefore need infinitesimal calculus. Leibniz gave a philosophical explanation for this fact: In nature everything bears the signature of an author with an infinite nature; therefore infinitesimal calculus, which is a science of the infinite, is essential for any application of mathematics in natural science (GM V, 308). The difference between nature and art (that is, engineering) is not a quantitative, it is a qualitative one: Whereas every machine made by man only has a finite number of organs, a living being has an infinite number, thus exhibiting the infinite power and wisdom of its creator (GP IV, 396, 482, 505).

Moreover, as Leibniz explains, the principle of continuity derives from infinity. Being the foundation of infinitesimal calculus, it is absolutely necessary in mathematics, but it is also successfully applied in physics, because the author of all things acts as a perfect mathematician. In particular, the principle implies that Descartes's laws of impact must be wrong (GP II, 105; GP III, 52), because the prerequisites of one of the laws can be transformed into the prerequisites of another of the laws by continual change, but the consequences would not be transformed into each other by this change.

The demon of Laplace has a precursor in Leibniz's writings: Everything in nature takes place mathematically, that is, as Leibniz explains, inevitably. Someone with sufficient insight and memory and reason to calculate would be a prophet and would be able to see the future in the present (GP VII, 118; GP IV, 557).

Not only is the world as a whole the solution of an extreme value principle, but the same is true for several of its parts. A mathematical example may be given for this: If the line of quickest descent (the brachystochrone) between two points has been determined, then the same line is the line of quickest descent for any other two points situated on the original curve. In fact, the world as a whole is most perfect only because it is most perfect in all its parts (GP VII, 272–273). Leibniz seems to have changed his opinion later; he states elsewhere, a certain amount of disorder in parts is possible (GP III, 636), and the part of a beautiful thing need not be beautiful (GP VI, 245–246). There are not only natural laws which state a relation between cause and effect, but also principles of finality. A mechanical system is in a stable state if the centre of gravity is as low as possible (GP VII, 304). In optics, catoptrics and dioptrics, there is the principle of the easiest way: light will always take the path with the least resistance (GP VII, 273–278; GP IV, 506). Leibniz's thoughts on this topic are superior to those of a later mathematician as Maupertuis, in so far as Leibniz claims only the existence of a most determinate case (a maximum or a minimum) (GP VII, 270), whereas Maupertuis postulated a principle of God's economy, implying that in all processes of nature action always takes a minimum (which is wrong).

Objections might be raised here from the point of view of today's philosophy of science. Whatever the causal laws of nature may be, it is probably always possible to express them as principles of finality, with this or that physical expression becoming an extreme value (*Leibniz: Le meilleur des mondes*, 106–109). So the existence of finality principles in physics is probably due rather to the efforts of physicists than to God's wise creation.

After mathematics and physics, philosophy is the next step of the staircase to God. Mathematicians ought to be philosophers, just as philosophers ought to be mathematicians (GP I, 356); in this quotation, "mathematician" (as opposed to geometer) probably includes physicists. "My fundamental considerations revolve round u n i t y and i n f i n i t y"[12], Leibniz declares, the individual souls being the unities and material bodies being infinities, for the investigation of which infinitesimal calculus would be necessary. In the draft of a letter to L'Hôpital, Leibniz even contends "My metaphysics is completely mathematical so to speak or could become so"[13]; evidently he was thinking of his project of a characteristica universalis when making this statement. Leibniz confessed that he would prefer to have metaphysics proven than find a treasure (A II, 1, 475). In another letter Leibniz uses only slightly different terms: Mathematics is closely related to the art of making new inventions, which is true logic, and metaphysics is hardly different from this art; metaphysics is natural theology, and God is the origin of all our knowledge (A II, 1, 434; cf. also A I, 13, 554).

The next step is the step from philosophy to theology. "I start as a philosopher, and I end up as a theologian"[14]. Knowledge of God can be gained if philosophy has a firm foundation in mathematics. This epistemological claim is defended against Descartes, who had maintained that finite beings cannot know anything about the infinite (Descartes 1905: 14–15]. Yet mathematics proves the contrary. Not only do we know about asymptotes and the sum of infinite series, but also about infinite geometrical figures (like Torricelli's infinite solid) having a finite volume (GP IV, 360, 570). The philosopher F. M. van Helmont had argued that the Messiah was a being between God and man. Had he known more about mathematics, Leibniz argued, he would not have said that: Anything between the finite and the infinite must itself be either finite or infinite. Admittedly, there are different degrees of infinity (as is indicated by second differentials etc.), but there is an infinity of these degrees, so there should be an infinity of Messiahs, which is absurd (A I, 11, 18–19).

6.5 The existence of God

It will not come as a surprise that Leibniz trusted in being able to demonstrate the existence of God. I will mention only two of these demonstrations, both related to my topic, without trying to go into difficult details. The first one is the so-called ontological proof, originating from Anselm of Canterbury and agreed to by Descartes. Its main idea is roughly this: God is the most perfect being; lack of existence would imply lack of perfection, therefore the most perfect being must exist. Leibniz's criticism of this reasoning (and his efforts to improve upon it) may remind mathematicians of the discussion about the paradoxes of set theory at the beginning of the 20th century. According to Leibniz the ontological proof is correct, if in addition proof is given that the notion of most perfect being is consistent (GP VI, 614; GP VII, 310; GP IV, 405–406; A VI, 4B, 1531). The second proof starts with the statement that there are eternal or necessary (in the sense of being valid in every possible world) truths, the huge majority of them being truths of mathematics and logics. The reality of these truths must be founded in something actually existing, that is, it must be founded in the existence of a necessary being whose essence implies existence, in other words: for which existence is the consequence of being possible (GP VI 614; GP VII, 305).

A particular problem of theology was of course that of trinity. Leibniz neither denied trinity, as Newton did, nor could he accept that the doctrine of trinity implied a contradiction. The Athanasian creed states that there are three persons but only one God. With reference to this creed, Leibniz comments: If B is A, and C is A, and B is not C, and C is not B, then there are two A. The analogue of this statement for three entities B, C, D, all of them being A but being different from each other, is also valid. He continues: "And this is the origin of numbers"[15]. Leibniz's solution is that the notion "A" (that is, "God") is used in two different senses: God in an essential sense denotes the divine essence, which is one and of which the three persons partake, whereas God in a personal sense denotes any one of the trinitarian persons.

In other passages, he compares the problem with a mind reflecting upon itself. The reflecting entity and the entity it is reflecting on are active or passive, respectively, and therefore different, but they are nonetheless the same. In a similar way the difference within the trinity might be derived from the three fundamental roots of all rational action, namely power, knowledge and will, all of them belonging to the same essence (Bodemann 1899: 313; cf. also A VI, 4B, 1461; A VI, 4C, 2292). So for Leibniz the doctrine of trinity is not contrary to reason, although it is above reason, because we do not completely understand it. Leibniz does not try to prove trinity – as he claims to have proven monotheism –, but rather to refute the charge of inherent contradiction made against trinity. Not everything in religion can be explored by reason, but religion must be founded on reason, otherwise it would be superstition (Bodemann 1899: 309; cf. also A VI, 6, 494). Leibniz is careful not to provoke criticism from orthodox theologians, but the general impression is that he always stressed the common ground between catholicism and protestantism, and that he also stressed the common ground with the Mosaic religion, Islam, and what he considered to be Chinese religion.

6.6 Concluding remark

The topic of this article has led us to concentrate on Leibniz's rationalism. But there are some tendencies in his thought which should at least be mentioned in order to avoid a biased view. In particular the idea of individuality is certainly as important in his thought as rationality. There is no uniformity in the world, not only every living being is different from every other, but any two leaves, any two eggs, and in general any two bodies are different from each other (GP IV, 554). So the power of rational abstraction and similiarity everywhere is supplemented by the infinite variety of individual entities. The importance of "small perceptions" in his philosophical thought may be another example. Finally, Leibniz's idea of an infinity of living creatures in every particle of matter might even shock today's rationalists. And one does not expect a typical rationalist to argue for mathematical investigation of games by saying: "The human mind shows itself more clearly in games than in serious matters"[16].

Notes

[1]Reprinted from *Mathematics and the divine: A historical study*, ed. by T. Koetsier and L. Bergmans, Amsterdam etc., Elsevier 2005, 485–498 with permission of Elsevier.

[2] Qualities which do not have a maximal degree – like velocity or number – cannot be considered to be perfections (GP IV, 294; A VI, 4B, 1531).

[3] A VI, 4A, 269; A II, 1, 491. Nearly twenty years later Leibniz was more sceptical: there are people who even reject indisputable arguments (A I, 13, 553–554).

[4] A I, 5, 600: "La veritable Quietude qu'on trouve dans la Sainte Écriture, dans les Peres, et dans la raison est de se detourner des plaisirs exterieurs des sens, afin de mieux écouter la voix de Dieu, c'est à dire la Lumiere interieure des Verités eternelles."

[5] "Cum Deus calculat et cogitationem exercet, fit mundus" (A VI, 4A, 22).

[6] "Imago creationis", "Omnibus ex nihilo ducendis sufficit unum", "Unum est necessarium".

[7] Leibniz was not the only one in the 17th century to compare God with the number 1 (Radbruch 1997: 30–31).

[8] "Selbstwesen" or "Unwesen" (Vonessen 1967: 130); the latter word means the negation of existence as well as evil essence. Leibniz was an adherent of the traditional theory authored by Plotin according to which evil is a privation, a lack of perfection, instead of anything positive.

[9] In other passages Leibniz refers to this famous saying from the Pythagorean tradition in a weaker sense, namely: the essence of all things is as if it were numbers (A I, 12, 66, 71; cf. also Zacher 1973: 43–48).

[10] GM V, 118–122, drawing 23 in the appendix: "Numero Deus impare gaudet"; cf. also A I, 12, 66.

[11] GP III, 384: "J'ay cette Maxime generale de mepriser bien peu de choses et de profiter de ce qu'il y a de bon par tout." Cf. also GP III, 620; GP II, 539; GP VI, 19; GM VI, 236.

[12] A I, 13, 90: "Mes Meditations fondamentales roulent sur deux choses, sçavoir sur l' u n i t é et sur l' i n f i n i."

[13] A III, 6, 253: "Ma metaphysique est toute mathematique pour dire ainsi ou la pourroit devenir."

[14] Bodemann 1895: 58: "Je commence en philosophe, mais je finis en theologien."

[15] "Atque haec origo est Numerorum" (Antognazza 2001: 2, 10 (footnote 7); cf. also A VI, 4A, 552, 2291–2292 and GP VI, 63–64.

[16] A VI, 6, 466: "l'esprit humain paroissant mieux dans les jeux que dans les matieres les plus serieuses." Cf. also GP IV, 570; GP VI, 639.

References

Aiton, E. J.: *Leibniz. A Biography*, Bristol, Boston, Hilger 1985

Antognazza, M. R.: Leibniz de Deo Trino: philosophical aspects of Leibniz's conception of the Trinity, in: *Religious Studies* 37, 2001, 1–13

Beeley, P.: Points, extension, and the mind-body problem. Remarks on the development of Leibniz's thought from the Hypothesis physica nova to the Système nouveau, in: *Leibniz's 'New System'*, ed.: R. S. Woolhouse, Firenze, Olschki 1996, 15–35

Bodemann, E.: Ein Glaubensbekenntnis Leibnizens, *Zeitschrift des Historischen Vereins für Niedersachsen*, 1899, 308–315

Bodemann, E.: *Die Leibniz-Handschriften der Königlichen öffentlichen Bibliothek zu Hannover*, Hannover, Leipzig, Hahn 1895

Breger, H.: Leibniz, Weyl und das Kontinuum, in: *Beiträge zur Wirkungs- und Rezeptionsgeschichte von Gottfried Wilhelm Leibniz*, ed.: A. Heinekamp, Stuttgart, Franz Steiner 1986, 316–330

Descartes, R.: *Œuvres*, ed. by Adam/Tannéry, vol. I, Paris, Vrin 1987; vol. IV, Paris, Vrin 1989; vol. VIII, Paris, Cerf 1905

Grundriss der Geschichte der Philosophie. Die Philosophie des 17. Jahrhunderts, vol. 4, ed.: H. Holzhey and W.Schmidt-Biggemann, Basel, Schwabe 2001, chapter on Leibniz, 995–1159

Heinekamp, A.: Leibniz und die Mystik, in: *Gnosis und Mystik in der Geschichte der Philosophie*, ed.: P. Koslowski, Darmstadt, Wissenschaftliche Buchgesellschaft 1988, 183–206

Jaenecke, P.: Wissensdarstellung bei Leibniz, in: *Leibniz und die Gegenwart*, ed.: F. Hermanni and H. Breger, München, Fink 2002, 89–118

Leibniz: Le meilleur des mondes, ed.: A. Heinekamp and A. Robinet (*Studia Leibnitiana*, Sonderheft 21), Stuttgart, Franz Steiner 1992

Leibniz: *Discours sur la theologie naturelle des Chinois*, ed.: W. Li/H. Poser, Frankfurt/Main, Klostermann 2002

Leibniz: *Opera omnia*, ed.: L. Dutens, 6 volumes, Genève, De Tournes 1768

Mahnke, D.: *Unendliche Sphäre und Allmittelpunkt. Beiträge zur Genealogie der mathematischen Mystik* (= *Deutsche Vierteljahresschrift für Literaturwissenschaft und Geistesgeschichte*, vol. 23), Halle 1937

Mahnke, D.: Die Rationalisierung der Mystik bei Leibniz und Kant, *Blätter für deutsche Philosophie*, vol. 13, 1939/40, 1–73

Ohly, F.: Deus Geometra, in: *Tradition als historische Kraft*, ed.: N. Kamp and J. Wollasch etc., Berlin, New York, de Gruyter 1982, 1–42

Radbruch, K.: *Mathematische Spuren in der Literatur*, Darmstadt, Wissenschaftliche Buchgesellschaft 1997

Scheibe, E.: Calculemus ! Das Problem der Anwendung von Logik und Mathematik, in: *Leibniz. Tradition und Aktualität. Vorträge des V. Internationalen Leibniz-Kongresses*, vol. 2, Hannover, Gottfried-Wilhelm-Leibniz-Gesellschaft 1989, 341–349

Vonessen, F.: Reim und Zahl bei Leibniz. Zwei kleine philosophische Schriften von Leibniz, *Antaios* 8, 1967, 99–133

Zacher, H. J.: *Leibniz' Hauptschriften zur Dyadik*, Frankfurt/Main, Klostermann 1973

7 Mathematics as the substructure of Leibniz's metaphysics

It[1] is generally known that philosophy and mathematics are closely interconnected in Leibniz's works. But, as far as I am aware, the relations have almost always been explained using isolated examples and have been demonstrated with individual, repeatedly quoted statements. I would like to attempt to sketch out a larger and connected view.

7.1 Preliminary remarks

A number of preliminary remarks are necessary. In what follows, I will try to adhere to the usual methodological rules for interpreting such an unusually comprehensive oeuvre. The individual statements are to be read in their own appropriate context. If the exponent meets with a contradiction, then this is not the case of the exponent winning on points against Leibniz; on the contrary it could be a sign that the exponent has not yet understood something. It might be that Leibniz has changed his opinion in the course of his life. It can also be the case that when writing to a variety of correspondents or in documents that served different purposes he expressed himself differently. For example, when corresponding with Catholics, Leibniz often emphasizes, as an advantage of his metaphysics (as opposed to the Cartesian), the fact that his doctrine is perfectly compatible with transubstantiation; when writing to Protestant scholars such remarks are missing. In addition, Leibniz expressly remarks that a Copernican can also make use of an everyday way of speaking and may talk of the sun moving. Similarly, Leibniz continues (A VI, 6, 74), under certain circumstances the philosopher can also make use of an everyday manner of speaking, refraining, in other words, from metaphysical stringency. This manner of doing things can of course give rise to apparent contradictions in Leibniz's writings. Finally, one should note that, as a rule, greater importance is attached here to texts published by Leibniz himself than to those he jotted down only for his own use, perhaps also just as a kind of trial thinking. On the other hand, one cannot also maintain that it must always be possible to find perfect correspondence in Leibniz's comments on a topic, i.e. without contradiction. Michel Fichant pointed out that Leibniz's philosophical development is characterized by a continual productivity, "une continuelle invention" (Fichant 2004: 17; cf. Rudolph 2006 too).

Leibniz noticeably changed his philosophical positions a number of times when he was younger. Therefore, with few exceptions, I will only be concerned in what follows with texts from 1679 onwards. Even though his reflections are principally more stable from this point onwards, this certainly does not mean that there were no longer any noticeably recognisable changes after 1679.

A few preliminary remarks about the title of my essay are also necessary. On the one hand one can argue that the title perhaps promises too much. In the document Initia rerum mathematicarum metaphysica (GM VII, 17–29) of 1714, Leibniz begins with space, time and motion, thence deriving position, magnitude and similarity as well as curves from motions. According to this, mathematics itself needs to be grounded on philosophy and cannot be regarded rigidly as being the substructure of philosophy. Another notion points in the same direction. Some of the elements of the substructure presented here are terms taken from the philosophy of mathematics rather than from mathematics. On the other hand one can also argue the opposite. The title of this essay promises too little, since Leibniz, at least in several of his comments, connects mathematics and his philosophy much more closely with one another than is suggested by the term "substructure".

Leibniz's intentions would also allow this article to be constructed in completely different ways altogether. On the one hand one might start with those of Leibniz's remarks introduced further below, according to which his whole metaphysics could be or become mathematical. Then mathematics would be primary. Alternatively, one might also begin with a central theorem from Leibnizian metaphysics, namely with the proof of God's existence as the essential being. From this one would then, arguing with Leibniz, be able to derive the existence of essential truths in God's reason and thus of mathematics. Both approaches appear to me to be equally viable, and in my view it is not correct to oppose the two approaches; on the contrary, they complement each other. Here, I have chosen a third, a descriptive, approach so to speak, one that is perhaps sooner characteristic of the mentality of a mathematician than of that of a metaphysician.

Finally I would like to make it clear that I am not concerned with the question of whether or how much his mathematics influenced his philosophy (or vice versa). I am only concerned with determining and specifying the relationship between the two.

7.2 Mathematical success and success in philosophy

If one wants to take a closer look at the relationship of mathematics and philosophy in Leibniz's works, one has to start with Descartes. Descartes published his *Discours de la méthode* in 1637 and, among other things, added *La Géométrie* to the appendix as a sample of his method's fruitfulness. The Latin translation, *Geometria*, of 1659 – which contains in addition a series of commentaries and explanations by other mathematicians – became the "Bible of 17th century mathematics" (Hofmann 1972: 225). The extraordinary success of this book probably played no small part in disseminating and establishing Descartes's philosophy.

Leibniz attempts to associate himself with this success. In a letter to Elizabeth, the Countess Palatine, he first lists his mathematical achievements to prepare her for taking in his philosophical reflections (A II, 1, 2nd ed., 660–662). Strategic importance can be attributed to the Countess Palatine Elisabeth, so to speak; in another letter, Leibniz observes, Descartes wrote that he had met no one apart from the Countess Palatine Elisabeth who understood both his mathematics and his philosophy; but Descartes's metaphysics, Leibniz writes, was not as good as his geometry (A I, 7, 48–49).

The high esteem in which mathematics was held in the 17th century and its generally recognised significance for clear thought and philosophical soundness is the context of a remark in a letter to Duke Johann Friedrich: "une invention d'importance en mathematiques est la marque la plus asseurée d'un esprit solide" (A II, 1, 2nd ed., 761). Leibniz expresses the same hope in a letter to an English correspondent:

> J'espere que mes decouvertes de Mathematiques, dont le public est déja instruit maintenant, et qui ont esté même applaudies des plus excellens hommes de vostre Isle (où pourtant les sciences Mathematiques sont dans leur trône), contribueront quelque chose à donner du credit à mes meditations philosophico-theologiques (A I, 13, 556).

Leibniz continues, this time introducing Pascal by way of comparison and as a model.

> Ainsi, si les belles productions de Mons. Pascal dans les sciences les plus profondes devoient donner du poids aux pensées qu'il promettoit sur la verité du Christianisme; j'oserois dire que ce que j'ay eu le bonheur de decouvrir dans les mêmes sciences ne feroit point tort à des meditations que j'ay encor sur la religion (A I, 13, 557).

Leibniz, however, was presented with a problem that Descartes and Pascal had not had. His most important mathematical achievement, the infinitesimal calculus, was soon after to be at the centre of interest of philosophical discussions about infinitely small magnitudes and thus also about the composition of the continuum. Leibniz reacted to this in two ways. On the one hand he emphasized the independence of his manner of calculation from philosophical assumptions (just as Cavalieri had done so in a similar situation); in 1702, in a letter to Varignon, he writes: "mon dessein a esté de marquer, qu'on n'a point besoin de faire dependre l'analyse Mathematique des controverses metaphysiques" (GM IV, 91; GP IV, 435). In 1712 he writes:

> Les Mathématiciens cependant n'ont point besoin du tout des discussions métaphysiques, ni de s'embarrasser de l'existence réelle des points, des indivisibles, des infiniment petits, et des infinis à la rigueur (GP IV, 569. Cf. also the comment of 1686 in A VI, 4B, 1543 and A II, 2, 116, 122 and GM III, 836).

But elsewhere Leibniz underlines the fact that both sciences are interdependent. Thus he writes to Malebranche in 1699: "Les Mathematiciens ont autant besoin d'estre philosophes que les philosophes d'estre Mathematiciens" (GP I, 356). In 1696, vis-à-vis Fardella he expressly claims that infinitesimal calculus would be understood better through his philosophy and even lent it greater credibility (Leibniz 1857: 328: "haec nova inventa mathematica partim lucem accipient a nostris philosophematibus, partim rursus ipsis autoritatem dabunt").

Leibniz also stresses the connection between metaphysics on the one hand and mathematics and physics on the other hand in a critique directed at Pascal, Steno and Swammerdam: They despised the sound (mathematical and scientific) knowledge that Leibniz elsewhere calls mankind's greatest treasure (A VI, 4, 702) and were all too prone to be influenced by "des spiritualistes outrés" (GP IV, 570), because they had not linked physics and mathematics to true metaphysics.

7.3 The characteristica

The significance of metaphysics for mathematicians and scientists is on the other hand balanced out by the importance of the mathematician for philosophy: After publishing his *Système nouveau* (1695), Leibniz asks the Marquis de l'Hôpital for his opinion, for:

> Ce sont les mathematiciens qu'il faut demander pour juges, et non pas le volgaire des philosophes (A III, 6, 451).

It is remarkable that here, in this letter, i.e. in a letter to a mathematician, the word "monad" crops up for the first time, as far as we know at present. At least half a year earlier Leibniz had expressed a famous and repeatedly quoted sentence in a letter to L'Hôpital: "Ma metaphysique est toute Mathematique pour dire ainsi, ou la pourroit devenir" (A III, 6, 253). Which type of mathematics was meant here? The letter deals with infinitesimal calculus and devotes only two sentences to the analysis situs. Clearly the Characteristica universalis is meant here as a kind of universal mathematics, into which metaphysics is supposed to resolve. Now, it is unclear whether a higher mathematics than the infinitesimal calculus is meant here or the usual divisibility of whole numbers, as is the case in some of his reflections to be mentioned shortly, and Leibniz presumably deliberately left it unclear. At any rate this was a project he stuck to the whole of his life. As can be seen in a letter to Johann Georg Pritz dated 2nd July 1715, even at an advanced age he still considered the project realizable. When he has more time, he will expound his reflections on the highest things – such as God and mind, on the laws of material nature, on happiness and duties – with mathematical certainty[2]. Likewise he writes to Biber in March 1716:

> mon grand ouvrage historique m'empeche d'executer la pensée que j'ay de mettre la philosophie en demonstrations ... car je voy quil est possible d'inventer une caracteristique generale, qui pourroit faire dans toutes les recherches capables de certitude ce que l'Algebre fait dans les Mathematiques (Bodemann 1889: 15–16).

One might call the Characteristica the unfulfilled heart of Leibnizian philosophy.

His references to the mathematical character of the Characteristica universalis are frequent and cannot be overlooked. Order and harmony are also essentially mathematical, and justice is a particular kind of order (A I, 13, 11). Philosophical reasoning often lacks the cogency of mathematical argument (GP IV, 468). In philosophy there are Aristotelians and Platonists, but in mathematics there are no Euclideans and Archimedeans (A VI, 4, 695; GP IV, 312). By means of the Characteristica universalis, the century-old philosophical disputes will become the object of a "calculemus" (GP VII, 26; A VI, 4, 443, 450, 493, 913). Metaphysics is no less self-evident than mathematics if conducted correctly (GM III, 83: "Metaphysica non minus evidentia sunt quam mathematica, si recte tractentur.").

The proofs of the Characteristica universalis are as stringent as mathematical proofs, they are even superior to them because they can prove much that those take for granted

(A VI, 4, 442–443). On a number of occasions Leibniz emphasizes that stringent proofs were more important in philosophy than in mathematics (A VI, 4, 705; GP IV, 469; A II, 1, 2nd ed., 721, 725; A VI, 3, 665). In mathematics one can argue somewhat more casually ("un peu plus familierement"), for there are well-known methods of proving and confirming there that are not yet to be found in metaphysics; as long as we have no exact proofs, our thoughts are confused; in metaphysics the smallest error can have serious consequences und be difficult to discover. One is not mindful enough of Augustine's warning, who demanded that one should not believe one had found truth in philosophy if one had not recognised truth in the same way as the tenet that the sum of the first four natural numbers was 10 (A VI, 4, 705).

Leibniz saw one means of developing this "alphabetum cogitationum humanarum" (A VI, 4, 265) in the theory of numbers. For the Pythagoreans there had been numerical representations for the male and female, for friendship and for a horse. When remarking that, according to an old saying, God made all things by weight, measure and number, Leibniz is harking back to this tradition as well as to the *Wisdom of Solomon* 11, 20 (A VI, 4, 263; A I, 13, 11). Numbers and shapes are also to be found in the colours, sounds and contacts (GP VI, 501). There is a famous remark by Leibniz in his letter to Christian Goldbach of 17th April 1712: "Musica est exercitium arithmeticae occultum nescientis se numerare animi" (Leibniz 1768: 437). All in all, one can say that there is nothing that is not subject to numbers; the number is, as it were, a metaphysical figure, and arithmetic is the statics of the universe, with which the degrees of things are investigated (A VI, 4, 264). The suggestion of a universal alphabet has often been made, with which people of various mother tongues can communicate, but Leibniz would like to propose a general system of signs – one that at the same time serves to find and judge truths. So the signs of this system of notation would accomplish for general thinking what the arithmetical and algebraic symbols do in arithmetic and algebra (A VI, 4, 264). As is generally known, Leibniz thought of assigning the prime numbers to the basic concepts (those are the concepts that were not divisible any further and in the existence of which Leibniz believed) and assigning the composite numbers to the composite concepts. For example, the prime number 2 could be assigned to the concept of living beings and the prime number 3 to that of reasonableness; number 6 would then be assigned to the idea of the human being, traditionally defined as the reasonable living being (A VI, 4, 182, 196). This approach appears primitive; but it is not so easily dismissed because there are infinitely many prime numbers. From time to time Leibniz attempted to conduct a similar idea using pairs of numbers (A VI, 4, 224).

But the Characteristica universalis is more than part of the theory of numbers. In an answer to Bayle, Leibniz observes:

> ... les Mathématiques font une partie du monde intellectuel, et sont les plus propres pour y donner entrée. Mais je croy moy même que son intérieur est quelque chose de plus. J'ay insinué ailleurs, qu'il y a un calcul plus important que ceux de l'Arithmétique et de la Géométrie, et qui dépend de l'Analyse des idées. Ce seroit une Caracteristique universelle (GP IV, 571).

Leibniz's notion of the ability of his philosophy to be mathematized finds a basis in the quasi-mathematical structures of his metaphysics. Leibniz has put forward several proofs of the existence of God; one of them incidentally starts out with the existence of necessary truths, among other things, in mathematics. From God's existence one can deduce in just a few steps that this world must be the best of all possible worlds. We will return later to the relations between the doctrine of the monad and mathematical thought.

7.4 Philosophy and the continuum

The continuum belongs to both philosophy and infinitesimal calculus. But philosophically speaking this matter is fraught with difficulties. In 1415 the Council of Constance had declared John Wyclif to be a heretic, proclaiming among other things his theory of the continuum, according to which the continuum consists of points, to be a philosophical error. Reflections put forward by Kepler and Galilei, but above all Cavalieri's theory of indivisibility, had made it clear how relevant the theory of the continuum was for solving the most important mathematical questions of the 17th century. In contrast, Fromond, viewing it from a Catholic perspective, recalled its official condemnation by the Council of Constance and damned Wyclif's doctrine as materialism (Fromond 1631). Only the Aristotelian theory of the continuum was regarded as orthodox. According to this, the continuum does not consist of points; rather, it exists as a whole and is characterized by the possibility of being divided any number of times. Points and parts are first caused by division; points are borders of lines (so they derive from part-continua). Two parts of the continuum, which together constitute the whole continuum, have in common either a (further) part-continuum or at least a point.

The difficulty of how the continuum was composed played a role in the mathematical and philosophical debates around the middle of the 17th century. For the innovators it was obvious enough to understand the continuum as composed of its parts; thus the continuum was thought of in much the same way as the innovators conceived matter, namely as composed of its parts. However, from the point of view of the Roman-Catholic church's doctrine of the Eucharist, laid down at the Council of Trent, this was very problematic. For the Roman-Catholic church, Aristotelian philosophy was more appropriate, not only in relation to the theory of matter and the continuum, but also in relation to the theory of the soul. This is made particularly evident by Hobbes' opposing position, voiced very stridently. While Aristotle spoke about parts of the soul, which however do not exist alongside one another like, say, the stones of a house, Hobbes explained that the whole and the entirety of its parts were one and the same. According to Hobbes one may only call something a whole that is composed of parts and can be divided into parts. If the soul has no parts existing alongside one another, then it can have no parts at all and is therefore not a whole (Hobbes 1655, 59 (pars 2, caput VII, § 8, § 9)). The seemingly innocuous topic of how the continuum was composed was thus related to some highly charged topics; Fromond's reproach of materialism by no means seemed to be just plucked out of the air. Cavalieri made every effort to remove from this danger zone his theory of the indivisibles, which had played a very important role in the run-up to creating differential and integral calculus: in 1639 he writes in a letter to Galilei that he had not dared to say that the continuum consisted of points (Galilei 1906: 67).

But alongside the ideological problems there were also objective difficulties that conflicted with a non-Aristotelian concept of the continuum: The most well-known and simplest problem was that of the square of the diagonal. In a square with the side length of 1, the diagonal has a length of 1.414..., so it is clearly longer. If the continuum consists of points, one should thus expect there to be more points on the diagonal than on the side of the square. But one can draw a straight line, parallel to the adjoining side, from every point of the square's side that cuts the diagonal at exactly one point. So there is a one-to-one map between the points on the square's side and the points on the diagonal. As long as one has no theory of infinite sets, this seems to be a contradiction and a serious argument against the non-Aristotelian theory of the continuum.

Leibniz knew Fromond's book (A II, 1, 2nd ed., 179; A VI, 3, 475; A VI, 4 C, 2466; A VI, 6, 225); his famous formulation of the two labyrinths of the human mind (freedom and continuum) (A VI, 4, 1654) is presumably inspired by Fromond. Leibniz adopted the Aristotelian theory of the continuum (cf. page 127 seqq. in this volume). As already mentioned, he did not describe the relationship of this theory to his infinitesimal calculus consistently. But he does at least use this theory to argue against Descartes' philosophy:

> les difficultés *de compositione continui* ne se resoudront jamais, tant qu'on considerera l'etendue comme faisant la substance des corps, et nous nous embarrassons de nos propres chimeres (A II, 2, 187; GP II, 262).

So the argument against Descartes is very simple: if extension is a substance, something real, then one cannot escape the aporias relating to the composition of the continuum (such as the aforementioned paradox of the square's diagonal); one can only solve these aporias by understanding the continuum as something ideal. Matter seems to be a continuum, but it is not a continuum (GP VII, 564; GP II, 278; A VI, 4, 1988). In fact matter is infinitely divided (GP II, 282; A VI, 6, 59; GP I, 416); unlike the continuum, it is characterized not by the possibility of being divided, but by its actual state of being divided.

According to Leibniz, Descartes' problems with the relationship between body and soul derived from his erroneous belief that bodies were substances (A VI, 4 B, 1467). Consequently, the false notion of the continuum also led Descartes to errors about the relationship of body and soul.

In the same way, Newton's theory of absolute space and of absolute time was untenable[3]. The source of the confusions about the composition of the continuum came from regarding matter and space as substances. But material things were simply well-ordered phenomena; time and space were simply orders of things. The parts of time and space only existed in the potentiality like fractions in the whole. If one regarded all possible points as really existent, then one would lose oneself in a labyrinth (GP III, 612). Geometry alone could provide us with the thread in the labyrinth of the continuum, Leibniz had once explained during his time in Paris; only those who used this as a basis might arrive at sound metaphysics (A VI, 3, 449). And thirty years later he again emphasizes the fundamental role of the continuum: the theory of the continuum contributed to the insight that only the monads and their perceptions truly existed, i.e. were more than just phenomena (GP II, 281–282).

7.5 God, necessary truths and freedom

In epistemology, mathematical truths played a role inasmuch as they were necessary truths. The sense organs could only deliver inductions, which could never underpin a statement's general cogency (GM IV, 169; A VI, 6, 80). In contrast, historical truths were contingent. Mathematical truths were true in every possible world. This is the basis for one of the Leibnizian proofs of the existence of God (GP VI, 614 (Monadologie, § 44)).

There are further aspects to the relationship between God and mathematics. According to Descartes, God could have ordered the world in such a way that the radii of one and the same circle had different lengths. God could also have decided that the principle of contradiction was invalid (Descartes 1897: 145, 152; 1901: 118). For Leibniz this is by no means acceptable. Mathematical truths did not depend on God's will, they depended on his reason (GP VI, 226; GP IV, 428). God's behaviour was oriented towards mathematical points of view; Leibniz already wrote on a number of occasions in the 1680s "l'Auteur des choses agit en parfait géometre" (A II, 2, 220. Cf. also GP III, 52; A VI, 4, 1616). And in 1712 he is still saying "Dieu exerce la Géométrie" (GP IV, 571). But that does not necessarily mean that Leibniz always viewed God's role in the same way during this period. Up to the second half of the 1680s, Leibniz is of the opinion that all truths can be proved (at least by God); for contingent truths an infinite proof may be necessary (A VI, 4, 760). However, from 1688 onwards, Leibniz considers such a proof impossible even for God.

> Just as incommensurable proportions are subject to geometric science and we also have proofs of infinite progressions, the contingent or infinite truths are all the more subject to divine knowledge, and He knows them, admittedly not by way of a proof (that would be a contradiction), but through infallible vision[4].

This shift from mathematical proof to divine vision, which it is clearly extra-mathematical, is characteristic of God's limitations concerning mathematics. It seems very dubious whether the famous and often cited observation of 1677 – "Cum Deus calculat et cogitationem exercet, fit mundus." (A VI, 4, 22) – still reflected Leibniz's opinion after 1688; divine calculations and divine vision were evidently different. One might try to get round this by claiming that divine vision is in fact part of a divine mathematics, but it is at any rate clearly something completely unknown to us, which no longer demonstrates the typical features of mathematics as we know it. When, in 1712, Leibniz talks of God practising geometry, as quoted above, then one cannot exclude the fact that this means that He also, but not only, practises geometry.

Closely connected with the unprovability of contingent statements is Leibniz's theory of freedom. Leibniz describes how this question placed him in a dilemma and how he had great difficulty in finding a theory that would convince him.

> At long last a new and unexpected light appeared to me from an angle from which I had least expected it, to be precise from mathematical observations on the nature of the infinite. There are namely two labyrinths for the human mind, one concerns the composition of the continuum, the other the nature of freedom; both derive from the same source of the infinite[5].

Inasmuch as the contingent truths (though perceived) cannot be proved by God himself as well, human freedom can be reconciled with God's omniscience. Leibniz's theory of human freedom is a great deal more complicated; but here we are only concerned with its relationship to the theory of the continuum. In an answer to Bayle, Leibniz introduces a predecessor, so to speak, of Laplace's demon (Laplace 1886: VI–VII): he maintains

> qu'un esprit assés penetrant pour cela pourroit, à mesure de sa penetration, voir et prevoir dans chaque corpuscule ce qui se passe et se passera dans ce corpuscule, ce qui se passe et se passera par tout, et dans ce corpuscule et au dehors (GP IV, 557).

This mind is clearly equipped with the superhuman ability of sight; in contrast to Laplace, the skill of calculating cannot be meant here.

7.6 Deductive structure and mathematical analogies

Are there also links between the metaphysics of substances and mathematics? We have already mentioned Leibniz's observation that the theory of the continuum contributes to the insight that only the monads and their perceptions are real. However, there are further connections.

In his Discours de metaphysique of 1686, Leibniz had grounded the theory of the simple substance on the complete concept of an individual (on the following, in greater depth, cf. Fichant 2004). By means of this bold invention, the field of logic is vastly expanded and metaphysics almost becomes a branch of logic. In his *Specimen dynamicum* and his *Système nouveau* of 1695, the simple substances become points of force. By introducing the notion of the monad, Leibniz drafts a third version of his metaphysics: the existence of simple substances is explained by the relationship of the whole and the part. While the theory of the complete concept has not been proved in the later Leibniz, the monad version and the force version of metaphysics are certainly to be found simultaneously (Leibniz 1860: 138–139).

If we now turn to the Monadology treatise of 1714, it is noticeable that it has a deductive structure, at least at the beginning. It begins in § 1 with a definition of the monad. In § 2 the existence of monads is proved; we do not need to concern ourselves here with the fact that the proof has its problems that have their roots in the "entre" (GP VI, 607). In the third paragraph it is deduced that monads possess neither extension nor shape nor divisibility. In the next paragraphs the conclusion is drawn that the monads are indestructible. This is followed by the conclusions that monads cannot arise in a natural way either. In § 7 it is argued that monads have no windows. In the later text, too, he repeatedly attempts to deduce the statements from what had been said previously, although not always successfully. In § 8, § 9, § 12 he writes "il faut"; in § 11 "Il s'ensuit" etc. Christian Wolff reports that Leibniz told him the theory of monads could be proved just as stringently as Euclid's *Elements* (Eckhardt 1982: 215, footnote; Leibniz 1748: fol.)(3 recto).

Paul Rateau has pointed to several fundamental aspects of Leibniz's philosophical writings (Rateau 2008: 430–431). Leibniz explains that his philosophical writings are intended for those who want to reflect on the topics dealt with there and who are in a position to pursue them further (GP III, 300, 436). In particular Leibniz writes:

> Je n'écris jamais rien en philosophie que je ne le traite par définitions et par axiomes, quoique je ne lui donne pas toujours cet air mathématique qui rebute les gens, car il faudrait parler familièrement pour être lu des personnes ordinaires (GP III, 302).

And elsewhere: it is the aim to present

> les plus grands vérités d'une manière qui sera aussi familière que des dialogues et aussi exacte que des raisonnements géométriques (A I, 12, 625).

Alongside his inclination to make deductions, Leibniz repeatedly draws analogies between philosophical and mathematical statements. These analogies have also occasionally been overrated and been taken for more than mere analogies. Nevertheless, the analogies demonstrate something of the manner in which Leibniz thought and of which relevance the mathematical had for his philosophy. For the concept of expression, Leibniz at once offers several mathematical analogies (Gurwitsch 1974: 304–305, 325). He mentions the perspective projection (A II, 2, 231, 240) as well as the sequences or curves, the beginnings of which are sufficient to determine their continuation (GP II, 258). And the life of a living being is just as subject to a uniform law as a geometric curve with its extremes and points of inflection (GP III, 635. Cf. also GP VI, 507–508).

Leibniz justifies the use of mathematical analogies as follows: in mathematics, it seems, there are apparent irregularities, which however are then revealed to be components of a more underlying order; if metaphysical problems are explained by mathematical comparisons, which, as we know, can always be unravelled exactly, then this gives us the "jouir, pour ainsi dire, de la veue des idées de Dieu" (GP VI, 261–262). Mathematical analogy may be a mere analogy, but by using it, the suggestion is made that in metaphysics, too, everything might be revealed to be part of a more underlying order.

Leibniz's most famous mathematical analogy is the one between the binary system of numbers and the creation of the world from nothing (A I, 13, 116–125; A I, 12, 66–72. Cf. also page 83 seqq. in this volume). The analogy is based first of all on the identical use of the Latin word nullum for zero and nothing. According to the understanding of Leibniz's time, the use of one single word was due to the factual identity of the two notions, while for us today zero is a number just like any other, and not the same as nothing. Key expressions of the analogy are "one is necessary" and "unity suffices to develop everything out of nothing". There are several suggestions that Leibniz considered it possible that it might have been more than a mere analogy. At first he emphasizes the possibility of there being only a few basic terms:

> Yes, this is not only possible, it is credible and probable, for nature takes care to achieve as much as possible with as little as possible, i.e. it takes care to work in the simplest manner[6].

This is then followed by unity being assigned to God and nought to lack or privation:

> It is possible that 'one' alone is understood by itself, namely by God himself, and, in addition to this, 'nothing' or the lack of anything, which I will explain by a wonderful similarity[7].

In the next step all creatures are viewed so to speak as mixtures of perfections and imperfections: all creatures have their perfection from God and their imperfection from themselves (GP VI, 603); all creatures derive from God and from nothing: They have their essence from God and their nothingness or bad condition ("Unwesen") from themselves. This is then followed by a reference to the binary system (Vonessen 1967: 130. Cf. also GM VII, 239). In 1679, however, Leibniz explained, referring to the binary system, that there was no hope for man to reduce everything into pure being and nothing (A VI, 4, 158). And he continues: so we are content to derive the enormous variety from the few, the potential of which can be taken for granted and postulated or alternatively demonstrated by experiment[8].

7.7 Theodicy

In the *Théodicée* one finds the most well-known of Leibniz's reflections on perfection and evil. Leibniz follows Plotinus by regarding evil as a lack of perfection. Another topic in the *Théodicée* is optimization. In contrast to Descartes, Leibniz permits in physics not only explanations based on efficient causes. On the contrary, everything can be explained in two ways: through the realm of force (in other words by means of efficient causes) and through the realm of wisdom (in other words by means of final causes)[9]. This explicability by means of final laws is grounded on the fact that God established everything in a physical sense, and not only in a moral sense, in accordance with the Principle of the Best. One can safely assume that the nature of things has always chosen the simplest constructions for all problems[10]. According to notes from 1697, the means of achieving this during the creation of the world was a "Mathesis quaedam Divina" (GP VII, 304), expressly meaning a higher kind of mathematics unknown to us. But normal mathematics too is of use in the Théodicée, albeit only in the shape of an analogy; mathematics helps to shape more exact concepts of contingence, freedom and God (A III, 7, 249–250). Leibniz's comment in the *Théodicée* – if there had been no best world, God would not have created any world (GP VI, 232) – points to a mathematical background, since the difference between the lowest upper bound and the maximum, with which the mathematician is so familiar, is not common in everyday speech or in philosophical speaking.

The close relationship between mathematics and philosophy does however bring with it serious problems, in particular for the Theodicy. God may perhaps have divine mathematics at his disposal, but what was shown to be unsolvable in the mathematics known to us cannot be solvable in such a divine mathematics either; at the most, God could recognise the solution (assuming there is one) in a divine vision. Various difficulties with the Principle of the Best have already been discussed elsewhere (Breger 1992); I would just like to mention here those of the simultaneous differential equations, Richard's paradox regarding possible worlds and a cosine law for the refraction of light. A further problem lies in the possibility of mathematizing or at least semi-mathematizing moral criteria for comparing possible worlds. Leibniz establishes:

> il est seur que Dieu fait plus de cas d'un homme que d'un lion; cependant je ne say si l'on peut assurer que Dieu prefere un seul homme à toute l'espece des lions à tous égards (GP VI, 169).

If God compares infinitely many possible different worlds to find the best, then he must have a yardstick to determine how many humans the existence of lions is worth – a question that seems absurd in any human mathematics.

Finally, I would like to mention one further important distinction: in addition to the data of the senses, Leibniz also distinguishes imaginabilia and intelligibilia (A I, 21, 330–331); among the former he reckons the concepts of arithmetic and Cartesian geometry, among the latter for example the concept of myself. The imaginable appears closer to us, but some things can only be recognized or grasped, not imagined[11]. Descartes' concept of matter (extension) as well as his principle of the conservation of quantity of motion are grounded on the imaginatio, but extension and motion do not suffice to explain the phenomena of material bodies (GP III, 48; GM VI, 235). Now, the infinitesimal calculus, which is derived from the innermost source of philosophy, has raised mathematics above the hitherto normal concepts, i.e above the imaginabilia[12]. In nature everything bears the sign of the infinite creator, which is why calculating infinitesimals is indispensable in science (GM V, 308; Leibniz 1857: 327). He supports his criticism of Descartes' and Newton's philosophies from this angle, too. Descartes' concept of substance and Newton's theories of space and time have fallen victims to the enticements of the imaginable.

Notes

[1] This is the revised version of a lecture given to the conference "'Mathesis metaphysica quadam': Leibniz between Mathematics and Philosophy" on March 8, 2010 in Paris.

[2] LBr 743 fol. 4; transcription currently http://www.gwlb.de/Leibniz/Leibnizarchiv/Veroeffentlichungen/1715ReiheI.pdf.

[3] GP II, 282; GP III, 612, 622–623. At the last-mentioned place the Gerhardt edition has a printing error; it should read "La continuité n'est qu'une chose ideale".

[4] A VI, 4, 1658: "Interim quemadmodum proportiones incommensurabiles subjiciuntur scientiae Geometrae, et de seriebus quoque infinitis demonstrationes habemus, ita multo magis veritates contingentes seu infinitae subeunt scientiam Dei, et ab eo non quidem demonstratione (quod implicat contradictionem), sed tamen infallibili visione cognoscuntur." Likewise A VI, 4, 1656: "Deo solo vidente non quidem finem resolutionis, qui nullus est, sed tamen connexionem terminorum".

[5] A VI, 4, 1654: "Tandem nova quaedam atque inexpectata lux oborta est unde minime sperabam; ex considerationibus scilicet Mathematicis de natura infiniti. Duo sunt nimirum Labyrinthi Humanae Mentis, unus circa compositionem continui, alter circa naturam libertatis, qui ex eodem infiniti fonte oriuntur".

[6] A VI, 4, 158: "Imo id non tantum possibile sed et credibile seu probabile est, nam natura solet quam maxima efficere quam paucissimis assumtis, id est operari simplicissimo modo."

[7] A VI, 4, 158: "Fieri potest, ut non nisi unicum sit quod per se concipitur, nimirum Deus ipse, et praeterea nihilum seu privatio, quod admirabili similitudine declarabo."

[8] A VI, 4, 159: "Quoniam vero non est in potestate nostra perfecte a priori demonstrare rerum possibilitatem, id est resolvere eas usque in Deum et nihilum, sufficiet nobis ingentem earum multitudinem revocare ad paucas quasdam, quarum possibilitas vel supponi ac postulari, vel experimento probari potest."

[9] GM VI, 243: "omnia in rebus dupliciter explicari posse: per regnum potentiae seu causas efficientes, et per regnum sapientiae seu per finales".

[10] GM VII, 324–325: "Illud enim pro certo habendum est, naturam rerum simplicissimas problematum constructiones semper elegisse."

[11] GP II, 451; GP III, 622–623: "dum imaginari libenter vellemus, quae tantum intelligi possunt."

[12] Leibniz 1857: 327–328: "... de nostra hac analysi infiniti, ex intimo philosophiae fonte derivata, qua mathesis ipsa ultra hactenus consuetas notiones, id est ultra imaginabilia, sese attolit".

References

Bodemann, E.: *Der Briefwechsel des Gottfried Wilhelm Leibniz in der Königlichen öffentlichen Bibliothek zu Hannover*, Hannover, Hahn 1889 (Reprint Hildesheim, Olms 1966)

Breger: Schwierigkeiten mit der Optimalität, in: *Leibniz: Le Meilleur des Mondes* (=*Studia Leibnitiana* Sonderheft 21), eds.: Heinekamp/Robinet, Stuttgart, Franz Steiner 1992, 99–111

Descartes: *Œuvres*, eds.: Adam/Tannery, vol. I, Paris, Cerf 1897; vol. IV, Paris, Cerf 1901
Eckhardt, J. G. von: Lebensbeschreibung, in: Eberhard/Eckhart: *Leibniz-Biographien*, Hildesheim, Zürich, New York, Olms 1982
Fichant, M.: Introduction, in: Leibniz: *Discours de métaphysique. Monadologie*, ed.: Fichant, Paris, Gallimard 2004
Fromond, L.: *Labyrinthus sive de compositione continui liber unus*, Antwerpen, Moret 1631
Galilei, G.: *Opere*, vol. 18, Florence, Barbèra 1906
Gurwitsch, A.: *Leibniz. Philosophie des Panlogismus*, Berlin, New York, de Gruyter 1974
Hobbes, T.: *De corpore*, London, Crook 1655
Hofmann, E. J.: Bombellis Algebra, *Studia Leibnitiana* 4, 1972, 196–252
Laplace, P.-S.: *Œuvres*, vol. VII, Paris, Gauthier-Villars 1886
Leibniz: *Nova Methodus*, Leipzig, Halle, Krug 1748, Vorrede von Christian Wolff
Leibniz: *Opera omnia*, ed.: Dutens, vol. 3, Geneva 1768
Leibniz: *Nouvelles Lettres et Opuscules inédits*, ed.: Foucher de Careil, Paris, Durand 1857 (Reprint Hildesheim, New York, Olms 1971)
Leibniz: *Briefwechsel mit Christian Wolff*, ed.: Gerhardt, Halle, Schmidt 1860 (Reprint Hildesheim, Olms 1963)
Leibniz: letter to Johann Georg Pritz, 2nd July 1715; LBr 743 fol. 4; transcription currently http://www.gwlb.de/Leibniz/Leibnizarchiv/Veroeffentlichungen/1715ReiheI.pdf
Rateau, P.: *La question du mal chez Leibniz*, Paris, Champion 2008
Rudolph, H.: Die Phänomenologie der Leibniz-Handschriften und Folgerungen für das Verständnis des Philosophen, in: *Einheit in der Vielheit. VIII. Internationaler Leibniz-Kongress.*, Vorträge, eds: Breger/Herbst/Erdner, Hannover, Gottfried-Wilhelm-Leibniz-Gesellschaft 2006, vol. 2, 880–886
F. Vonessen: Reim und Zahl bei Leibniz. Zwei kleine philosophische Schriften von Leibniz, *Antaios* 8, 1966, 99–120

8 Die mathematisch-physikalische Schönheit bei Leibniz

8.1 Die „belles curiosités“

Der[1] These von der besten Welt hat Leibniz auch eine ästhetische Formulierung gegeben: Gott hat alles nach der vollkommensten Schönheit, die möglich ist, geschaffen (GP VII, 74, 76). Insoweit der Mensch schöne Wahrheiten begreift, ist er ein Spiegel der Schönheit Gottes (GP VII, 114). Es ist selten beachtet worden, mit welchem Pathos Leibniz über die Schönheit in der Mathematik und der Naturwissenschaft sprechen konnte:

> Die Schönheit der Natur ist so groß und deren betrachtung hat eine solche süßigkeit . . . , daß wer sie gekostet, alle andern ergözlichkeiten gering dagegen achtet (GP VII, 89).

In einer anderen Aufzeichnung berichtet Leibniz, dass er sich nach theologischen und juristischen Studien den mathematischen Wissenschaften zugewandt habe: „gustata semel dulcedine doctrinae pellacis, prope ad Sirenum scopulos obhaesi“ (A VI, 3, 155). Welche Lust ein schönes Theorem hervorruft, so fährt Leibniz fort, kann nur der beurteilen, der jene innere Harmonie mit geläutertem Geist zu erfassen vermag (A VI, 3, 155). Die Schönheit mathematisch-physikalischer Theorien und Sätze, die nicht mit der berechenbaren Schönheit etwa beim Goldenen Schnitt gleichgesetzt werden darf, ist um so überraschender und faszinierender, als sie innerhalb der formalen Wissenschaften ein Gespür für ein Etwas voraussetzt, das nicht formalisierbar und nicht exakt definierbar ist. Der Mathematiker weiß also gewissermaßen mehr, als er explizit mitteilen kann (Breger 1990b). So ist die mathematische Schönheit nicht nur ein zentrales Thema der Leibnizschen Philosophie, sondern ebenso eine Herausforderung für die gegenwärtige Wissenschaftstheorie. Henri Poincaré und andere (Poincaré 1908: 15–17, 25–26; von Neumann: 8; Le Lionnais 1986: 436, 458) haben im Streben nach Schönheit ein Hauptmotiv des Mathematikers gesehen: nach Polanyi (Polanyi 1962: 145, 149, 189) ist die Forschung des Mathematikers durch eine intellektuelle Leidenschaft für die Schönheit motiviert.

In der Tat darf man wohl davon ausgehen, dass die Erkenntnis schöner Wahrheiten zu den mächtigsten Triebkräften in Leibniz' Denken zählt. Auf der einen Seite hatte Leibniz durchaus Sinn für jede Schönheit, die in der bunten Mannigfaltigkeit zu finden ist. Es ist bemerkenswert, dass er ausgerechnet in dem nach strengen geometrischen Symmetrien aufgebauten Herrenhäuser Gärten die These vertrat, dass keine zwei Blätter sich bei hinreichend gründlicher Untersuchung als genau gleich erweisen (GP VII, 563). Auf der anderen Seite ist die Individualität alles Seienden für ihn keine irreduzible Gegebenheit, sondern selber noch aus einem höheren Prinzip (maximale Realität in der besten Welt) herleitbar. So ist seine Konzeption der Schönheit eher intellektuell: Schönheit ist oft erst für den Wissenden erkennbar, wie im Falle der Planetenbewegungen, die dem Unwissenden chaotisch erscheinen (GP VII, 120). Nach Belaval (1964: 75, 60; vgl. auch GP VII, 87) ist Schönheit für Leibniz nichts anderes als Harmonie, die ihrerseits als identitas in varietate definiert ist. Die Harmonie ist etwas Mathematisches und besteht insofern letztlich in bestimmten Proportionen (Leibniz 1948: 379). So liegt die Definition der Musik nahe: „Musica est exercitium arithmeticae occultum nescientis se numerare animi" (Leibniz 1768: 437).

Dass der Schönheit empfindende Geist unbewusst Zahlen und Proportionen erkennt, lässt sich zwar für die Musik, nicht jedoch in allen Fällen plausibel machen. Die Reduktion aller Schönheit auf identitas in varietate musste bei Leibniz unerfülltes Programm bleiben. „Le plaisir esthétique enveloppe toujours le confus d'un ‚je ne sais quoi' " (Belaval 1964: 76; GP IV, 423). Die Schönheit wird empfunden, auch wenn sich nicht angeben lässt, worin sie besteht (GP VII, 86). Wenn die Schönheit, die *nur* empfunden wird, in Leibniz' System auf eine Begrenztheit des menschlichen Erkenntnisvermögens verweist, so bezeichnet sie gleichzeitig eine der Stellen, an der das auf Logizität, Formalisierung und Explizierung zielende Denken an seine Grenzen trifft (Boullart 1983: 76).

Während der Gedanke an Harmonie zu Kepler, in die Renaissance und bis zu den Pythagoräern zurückreicht, scheint die Konzeption der mathematischen und naturwissenschaftlichen Schönheit ihren Aufschwung erst etwa in der Mitte des 17. Jahrhunderts zu nehmen (vgl. beispielsweise Galilei 1638: 92; Fermat 1891: 136, 152, 281; Pascal 1914: 201). Noch Descartes zeigt kein Interesse an der mathematisch-naturwissenschaftlichen Schönheit, doch für Huygens und Leibniz ist das Schöne offenkundig ein Leitstern ihrer Forschungen. Eine genauere Untersuchung dieses Prozesses steht noch aus, aber es scheint, dass der Aufschwung um die Mitte des 17. Jahrhunderts nicht nur einer quantitativen Erweiterung des bisher vorwiegend auf numerische Harmonien beschränkten Interessengebietes, sondern unter anderem auch einem sozialen Wandel zu verdanken ist. Die „belles curiosités" finden in der zweiten Hälfte des 17. Jahrhunderts bei einem Publikum gebildeter Laien und insbesondere an vielen Fürstenhöfen ihre Liebhaber und eine Zeitschrift wie der *Mercure galant* findet dort ihre Leserschaft. Leibniz meint das naturwissenschaftliche Interesse des hannoverschen Herzogs Johann Friedrich, wenn er ihn „un prince qui entend et qui aime les belles choses" (A III, 2, 572) nennt, und in einem Empfehlungsbrief zur Aufnahme in die Académie des Sciences stellt er Tschirnhaus als einen Mann mit „beaux sentimens" und „belles connoissances" vor, der viele „belles choses" weiß (A III, 3, 604. Vgl. auch Franke 1990). Wenn Leibniz schließlich den Phosphor eine der schönsten Entdeckungen des 17. Jahrhunderts (A I, 8, 367, 392) nennt, so scheint er dabei weniger dessen Bedeutung für die chemische Theorie der Elemente (A III, 3, 662) im Auge zu haben, als vielmehr die überraschenden, vielseitigen, mit Vergnügen und Sinnenreiz verbundenen Anwendungsmöglichkeiten. Leibniz' Diener Brandshagen berichtet von einer Vorführung am dänischen Hofe, die den König offenbar sehr amüsiert hat (A

III, 540): Man kann mit Phosphor Holz in Brand setzen, und man kann sich den im Dunkeln leuchtenden Stoff ins Gesicht schmieren. Leibniz versäumt nicht, darauf hinzuweisen, dass ein solch außergewöhnlicher Stoff wie der Phosphor „belles inventions pour les ballets et comedies“ (A III, 2, 505; vgl. auch A III, 2, 577–580) ermöglicht. Die ganze Breite des Interessenspektrums des Hofes und des Publikums gebildeter Laien wird in Leibniz' Aufzeichnung Drole de Pensee, touchant une nouvelle sorte de representations vorgestellt: Durch öffentliche Darbietungen der „belles curiositez“ (Leibniz 1906: 246) soll sowohl die Tätigkeit der Erfinder als auch die curiositas (Blumenberg 1973) des Publikums stimuliert werden; raffinierte Spiegelungen, Fontänen, eine Nachbildung des Planetensystems, seltene Pflanzen und Tiere, Maschinen, Vakuum-Experimente sollen ebenso gezeigt werden wie Tänze, Komödien und Zirkus-Darbietungen wie gefährliche Sprünge oder Feuerschlucken. Kurz, das wissenschaftlich und technisch Neue soll Vergnügen und Bewunderung hervorrufen: „Les dames de qualité mêmes voudroient y estre menées, et cela plus d'une fois.“ (Leibniz 1906: 251) Mit diesen Vorführungen könnte eine Akademie finanziert werden, die beständig „des belles choses“ (Leibniz 1906: 251) hervorbringen würde. Es wäre gewiss zu eng, wollte man darin nur das Amüsement der Zeit sehen, die den Fernsehapparat noch nicht kannte: In der Verblüffung über das Neue, der Freude am Unbekannten und Überraschenden, in der Bewunderung für einen Flugapparat oder ein Gerät zur Fortbewegung unter Wasser genießt und bewundert das Zeitalter sich selbst als ein Zeitalter eines nie gekannten Aufschwungs des Wissens über die Natur und des Könnens in den mechanischen und chemischen Künsten. Wenn sich die zweite Hälfte des 17. Jahrhunderts an der naturwissenschaftlichen Schönheit vergnügt, so schwingt dabei die Hoffnung auf den künftigen Fortschritt mit: Jeder Erfolg ist immer auch ein Versprechen weiterer Erfolge und deshalb immer auch schöner, als er es für sich allein genommen wäre.

Die Schönheit der „belles curiosités“ sieht veraltet und naiv aus; vom Standpunkt des 20. Jahrhunderts scheint ein übertriebenes (das heißt für einen Naturwissenschaftler unpassendes) emotionales Engagement vorzuliegen (Bachelard 1938). Nun gewiss, aber im Empfinden naturwissenschaftlicher Schönheit lässt sich oft ein historisches Moment aufzeigen, so dass die Schönheiten der Vergangenheit mitunter die Trivialitäten der Gegenwart sind. Leibniz jedenfalls machte die feine Beobachtung, dass die schönsten Erfindungen im Allgemeinen gerade die Eigenschaft haben, nachträglich leicht und fast selbstverständlich auszusehen (GP VII, 36). Das Empfinden naturwissenschaftlicher Schönheit scheint oft eng verbunden mit überraschender Natürlichkeit, verborgener Selbstverständlichkeit oder Einfachheit von einem neuen Gesichtspunkt aus, wobei dieser neue Gesichtspunkt manchmal eine höhere Abstraktionsstufe darstellt. Wenn die neue Sichtweise späteren Generationen vertraut oder banal geworden ist, so dass sie vielleicht gar als einzig mögliche Sichtweise erscheint, verliert die Empfindung der Schönheit viel von ihrer ursprünglichen Intensität. Mitunter verschwindet oder verringert sich das Empfinden der Schönheit auch, wenn das ursprünglich als schön Bewunderte sich nachträglich als notwendige Folgerung aus anerkannten Prämissen erweist (Le Lionnais 1986: 441, 444). So können wir Leibniz' Bewunderung für die Schönheit des kopernikanischen Planetensystems (C 591–592; GP VII, 120) zwar noch nachempfinden, aber doch nur in abgeschwächter Form, denn das kopernikanische Planetensystem ist für uns nur die notwenige Folge der Newtonschen Mechanik, deren Schönheit uns tiefer und umfassender zu sein scheint. Doch auch diese Schönheit ist unterdessen veraltet und von der noch abstrakteren und umfassenderen

Schönheit der Relativitätstheorie abgelöst, die auch jene Abweichungen erklären kann, die die Schönheit des kopernikanischen Systems und der Newtonschen Mechanik stören. Ferner kann das Empfinden von Schönheit an grundlegende theoretische Voraussetzungen einer Epoche geknüpft sein, die von einer späteren Epoche nicht mehr geteilt werden. So ist die Emphase, mit der die Renaissance den Kreis gegenüber anderen geometrischen Figuren auszeichnet, für uns erheblich weniger überzeugend, als sie es noch für Kepler war. Ein besonders deutliches Beispiel für die historische Wandelbarkeit der mathematisch-naturwissenschaftlichen Schönheit findet sich in einer Aufzeichnung von Leibniz zur Dynamik (GM VI, 228; Fichant 1991). Leibniz stellt drei grundlegende Gleichungen auf, obwohl sich die eine leicht aus den beiden anderen herleiten lässt. Für diese Verletzung unseres heutigen Empfindens von Einfachheit und Schönheit beruft Leibniz sich geradezu auf die Schönheit und die Harmonie: Von den drei Gleichungen ist jeweils eine von der ersten, der zweiten und der dritten Dimension, so dass es schöner ist, drei Gleichungen zu haben als nur zwei. Vor dem Hintergrund der seit Viète im 17. Jahrhundert mitunter angestellten Dimensions- und Homogenitätsübungen (vgl. Seite 62–64 in diesem Band) ist das Argument plausibel, für den Physiker des 20. Jahrhunderts wiegt es jedoch die Verletzung des Einfachheitspostulats nicht auf. Schließlich bietet die Technikgeschichte eine Fülle überzeugender Beispiele für die Wandelbarkeit des Schönheitsempfindens. Wir lassen uns von der Schönheit der jeweils neuesten technischen Erzeugnisse faszinieren, während uns manch technisches Erzeugnis, das nur wenige Jahrzehnte alt ist, als plumpes Ungetüm erscheint. Für uns ist es erstaunlich, dass Leibniz die Schraube des Archimedes als schön rühmt[2].

8.2 Physikalische Schönheit

Wenden wir uns nun der physikalischen Schönheit zu. Für den heutigen Physiker ist Schönheit eine Eigenschaft der Theorie, für Leibniz ist sowohl die Theorie als auch die Natur selbst schön. Die Schönheit der Natur können wir als Menschen nur begrenzt und jedenfalls nur allmählich erkennen (GP VII, 122). Die Schönheit der Natur beginnt damit, dass die Natur überhaupt Gesetze hat (GP VII, 120), insbesondere ist es schön, dass ihre Gesetze mathematisch fassbar sind (GP VII, 118). Auch die Übereinstimmung einer Hypothese mit den Phänomenen kann schön sein (GP II, 168). Vor allem aber zeigt sich die Schönheit in den architektonischen Prinzipien. Leibniz unterscheidet geometrische und architektonische Bestimmungen (GP VII, 278): Während die geometrischen Bestimmungen logisch notwendig sind (und insofern keine oder nur eine abgeleitete Schönheit besitzen), entspringen die architektonischen Bestimmungen dem Prinzip des Besten, das heißt ihre Negation wäre logisch möglich, aber unvollkommen. Sieht man für einen Augenblick von den metaphysischen Implikationen bei Leibniz ab, so wird der Schönheit von Leibniz eine ähnliche Rolle zugewiesen wie der Einfachheit von Wissenschaftstheoretikern der Gegenwart: Es ist das letzte Argument, um jene fundamentalen Theoriebestandteile zu rechtfertigen, die anders nicht mehr zu rechtfertigen sind. Es sind vor allem drei architektonische Prinzipien, die Leibniz immer wieder hervorhebt: das Prinzip der Krafterhaltung, das Kontinuitätsprinzip und die Finalprinzipien. Das Kontinuitätsprinzip ist ein schönes Gesetz der

Natur und, wie die Kritik an den cartesianischen Stoßgesetzen beispielhaft zeigt, ein Prüfstein für naturwissenschaftliche Theorien (GP VII, 279; GM VI, 129). Das Prinzip von Gleichheit von Ursache und Wirkung ist ein sehr schönes metaphysisches Axiom (A III, 1, 586). Als Kernstück seiner Dynamik findet der enge Zusammenhang zwischen diesen beiden „belles loix" (GM VI, 229) die besondere Wertschätzung von Leibniz. Es ist die Elastizität, die diesen Zusammenhang vermittelt. Wie Leibniz bemerkt, hat Mariotte „perpulchre" (GM VI, 249) gezeigt, daß der gestoßene Körper erst eingedrückt wird, bevor der Rückstoß erfolgt. So wirken Kontinuitätsprinzip, Elastizität und Gleichheit von Ursache und Wirkung zusammen, um „necessitas materiae et pulchritudo formarum" (GM VI, 104) zu vereinbaren.

Da die beste Welt durch das Maximum an Realität charakterisiert ist, bedarf sie besonders einfacher Gesetze (GP I, 331). Einfachheit in der Vielfalt bedeutet Harmonie und damit Schönheit (A VI, 3, 588). In der besten Welt existiert also gerade das, was harmonisch ist (A VI, 3, 474) oder was dem Einsichtigen gefällt (C 376). Das Schönste ist nun aber, dass der Gedanke der Vollkommenheit nicht nur im Allgemeinen gilt, sondern auch im einzelnen (GP VII, 272), die Extremalprinzipien sind dafür das beste Beispiel. Die Betrachtung der Zwecke bietet ein „pulcherrimum ... *principium* ... *inveniendi* ... rerum proprietates" (Leibniz 1768: 146). Schon in der Antike hat Hero von Alexandria mit einem schönen Argument die Gleichheit des Einfalls- und des Reflexionswinkels in der Optik gezeigt (GM VI, 514). Die Verallgemeinerung dieses Arguments durch Fermat und Leibniz selbst zeigt den schönen Nutzen einer finalen Naturbetrachtung (GP IV, 340; GP VII, 270). Die Lichtausbreitung erfolgt nach dem Prinzip des leichtesten Weges. Gott hat das Licht so geschaffen, dass es seiner Natur nach dieses sehr schöne Verhalten zeigt (Leibniz 1768: 146).

Das Kontinuitätsprinzip, das Prinzip der Krafterhaltung und die Finalprinzipien sind gut bekannte Bestandteile des Leibnizschen Systems, so dass es genügte, sie hier kurz im Zusammenhang mit der Schönheit zu erwähnen. Darüber hinaus gibt es jedoch einige Aspekte, die zum Thema der Schönheit zu gehören scheinen, die aber schwieriger zu erfassen sind, weil Leibniz selbst sich mit Andeutungen begnügte. Insbesondere ist es der Begriff der Ordnung, den er mitunter neben dem der Schönheit verwendet (GP VII, 87, 120; Leibniz 1948: 379); offenbar ist jede Ordnung eine Art Schönheit, und jede Schönheit im Sinne von Leibniz eine gewisse Ordnung. Wenn etwas distinkt gedacht werden kann, so ergibt sich eine Ordnung des Gedachten und für den Denkenden eine Schönheit (GP VII, 290). Je weiter die Dinge zerlegt und untersucht werden, desto mehr wird der Verstand befriedigt. Aus dieser „ratio ordinis" (GP II, 168) leitet Leibniz dann das Kontinuitätsprinzip ab. An anderer Stelle deduziert er das Kontinuitätsprinzip aus einem anderen Prinzip der Ordnung: *"Datis nimirum ordinatis etiam quaesita esse ordinata"* (GM VI, 129) Aus diesem Prinzip leitet Leibniz auch ein Prinzip über die Ähnlichkeit ab (Breger 1990a: 226). Im Sinne der modernen Mathematik könnte man von einem Homomorphie-Prinzip sprechen: Zwischen dem Gegebenen oder Deteminierenden und dem Gesuchten oder Deteminierten gibt es einen Homomorphismus, das heißt eine Abbildung, die die Struktur erhält. Offenbar argumentiert Leibniz intuitiv, besser gesagt: auf der Grundlage eines „personal knowledge" oder „tacit knowledge" (Polanyi 1962). Er gibt keine formale Definition von „Ordnung", aber vom Standpunkt und mit den Denkweisen der modernen Mathematik sehen wir, dass seine Verwendung des Worts „Ordnung" einen guten Sinn gibt. Dies wird noch deutlicher am Beispiel der Symmetrie (vgl. Seite 13 ff. in diesem Band). Offenbar sind Symmetrien in der Mathematik und der Physik schön. Leibniz hat nicht einmal ein Wort für das, was wir heute – sei es im anschaulichen Sinne, sei es im gruppentheoretischen Sinne – Symmetrie nennen. Dennoch finden sich in seiner Mathematik und besonders in seiner Physik zahlreiche Symmetrie-Überlegungen, und zwar sowohl solche, die auf anschaulichen Symmetrien beruhen als auch solche, die auf Symmetrien im gruppentheoretischen Sinne beruhen. Wiederum scheint es, dass Leibniz mehr wusste, als er explizit formulieren konnte; in den zahlreichen Symmetrie-Überlegungen scheint das „tacit knowledge" einer Methode zum Ausdruck zu kommen, die Probleme dadurch löst, dass zuerst und vor allem nach Symmetrien Ausschau gehalten wird. Dies sollte freilich nicht so verstanden werden, als finde sich der moderne Begriff der Symmetrie „im Grunde genommen" bereits bei Leibniz, denn Leibniz deutet nirgendwo an, dass er die verschiedenen Überlegungen unter einem einheitlichen Gesichtspunkt sieht. Vielmehr scheint es, dass Leibniz seine Aufmerksamkeit auf das Erkennen gewisser Strukturen und Ordnungen lenkte sowie ein Gespür für die Invarianz solcher Strukturen und Ordnungen bei gewissen Änderungen (modern: Transformationen) besaß. Eine solche Invarianz ist natürlich eine „identitas in varietate", also eine Harmonie.

8.3 Mathematische Schönheit

Damit sind bereits mathematische Überlegungen ins Blickfeld gekommen, und es ist nun an der Zeit, sich von der Physik zur Mathematik zu wenden. Die Algebra zählt zu den schönsten wissenschaftlichen Disziplinen (A III, 3, 595), und Viètes Wurzelsatz liefert eine sehr schöne Methode, um Gleichungen in rationalen Zahlen zu lösen (GM VII, 143). Leibniz' Untersuchungen zur Determinantentheorie führten ihn zu einem „theorema pulcherrimum" (Leibniz 1980: 10), das die Lösung eines linearen Gleichungssystems aus den Koeffizienten angibt. Diese Schönheit wird leichter erkennbar, wenn man die Koeffizienten als Zahlen schreibt (A III, 3, 202), weil dann die kombinatorische Harmonie des Bildungsgesetzes klarer ins Auge springt. Auch in der Dyadik lässt die veränderte Bezeichnungsweise eine schöne „ordnung und Harmony" deutlicher hervortreten, wodurch „viel schöhne eigenschafften" der Zahlen erkennbar werden (A I, 12, 69). Die Dyadik kann als eine Analogie der göttlichen Schöpfung verstanden werden; daher ist in der gesamten Mathematik kaum etwas Schöneres und Geeigneteres als die Dyadik zu finden, um uns zu Gott zu führen (A I, 12, 71). Übrigens haben die formal-algebraischen Schönheiten (besonders in der Determinantentheorie) noch eine wichtige Funktion für den Rechner: Sie erleichtern ihm die Kontrolle von Rechenfehlern, weil eine Verletzung der kombinatorischen Symmetrien schnell erkennbar ist. Wer sich allzu sehr dem mechanischen Rechnen hingibt, verfällt eher in Fehler und Ungereimtheiten (C 584); Verständnis und Überblick werden gefördert, wenn ein Teil der Aufmerksamkeit den sich während der Rechnung sozusagen nebenbei ergebenden kombinatorischen Symmetrien zugewendet wird.

Die Geometrie trägt „pulcherrimis speciminibus" zur Vervollkommnung des menschlichen Geistes bei (GM VII, 324). Ein weiterer Nutzen der Geometrie liegt in ihren Anwendungen in Physik und Technik. Gerade die dort auftretenden Probleme sind besonders schön und bedürfen zu ihrer Lösung der Infinitesimalrechnung, da es sich in vielen Fällen um transzendente Probleme handelt (A III, 3, 243; GM V, 118). Ein „theorema pulcherrimum" über optische Linien sei willkürlich als Beispiel herausgegriffen (A III, 3, 651, 659). Übrigens hat sogar Huygens im Zusammenhang mit dem Problem der Kettenlinie die Schönheit des Infinitesimalkalküls anerkannt (A III, 5, 158, 160, 161). Unter dem Gesichtspunkt der Schönheit ist die Leibniz-Reihe wohl der glücklichste mathematische Fund von Leibniz. Huygens nennt die Reihe „fort belle et fort heureuse" (A III, 1, 170), und Leibniz beansprucht mit Recht, dass es keinen einfacheren oder schöneren Ausdruck für die Kreisfläche gebe (A III, 1, 564; A III, 3, 37, 243). Der Vergleich mit Newton ist aufschlussreich: Newton bemerkt ebenso nüchtern wie zutreffend, dass die Reihe wegen ihrer langsamen Konvergenz für praktische Zwecke unbrauchbar sei; um eine Genauigkeit von zwanzig Stellen zu erreichen, müsse man tausend Jahre rechnen (A III, 2, 101–102). Leibniz dürfte dieser Einwand schwerlich beeindruckt haben. Übrigens sollte nicht übergangen werden, dass es auf der Suche nach schönen Resultaten auch Irrwege gibt. So versucht Leibniz in einer frühen Aufzeichnung zur Infinitesimalrechnung, ob sich die schönen (jedoch falschen) Sätze $d(xy) = dxdy$ und $d(\frac{x}{y}) = \frac{dx}{dy}$ beweisen lassen (A VII, 5, 328).

In der Analysis situs findet Leibniz' Streben nach mathematischer Schönheit ihren Höhepunkt; gleichzeitig ist sie ein mathematisch handgreiflicher Beleg für Schwierigkeiten, die sich aus seinem philosophischen Vertrauen in die durchgehende Vollkommenheit, Schönheit und Rationalität alles Seienden ergeben. Mit seiner analytischen Geometrie hatte Descartes ein für allemal eine Methode angegeben, mit der sich eine große Klasse geometrischer Probleme lösen ließ, indem ein Umweg über die algebraische Rechnung eingeschlagen wird. Die Methode ist ein sicherer Leitfaden zur Lösung des jeweiligen Problems, liefert jedoch keineswegs immer die beste oder eleganteste Lösung, wie Leibniz wiederholt bemerkt (C 181; GM VII, 249). Leibniz betont (A III, 2, 237–238; GM V, 178), dass Descartes selbst dies implizit anerkannt habe (Descartes 1982: 423–424); insbesondere sei Descartes' Bestimmung der Tangente an die Konchoide sehr umständlich, während er, Leibniz, eine schöne Konstruktion zur Lösung des Problems angeben könne. So ergibt sich eine Aufspaltung zwischen einem gewissermaßen mechanischen Weg für die Rechnung und einem anderen Weg, der „ad optimas constructiones" führt (A III, 3, 142). Als Leibniz 1680 Huygens von der Bedeutung seiner Tangentenmethode überzeugen möchte, wählt er ein Beispiel, dessen rechnerische Lösung mit dem Infinitesimalkalkül gleichzeitig auch eine schöne Konstruktion zur Lösung des Problems liefert (A III, 3, 73, 76–77). Im Allgemeinen ist dies freilich nicht der Fall; vielmehr muss man „ingenium ... et felicitatem" (A VI, 3, 420) verbinden, um die schönen Konstruktionen zu finden, und dies ist offensichtlich ein Zeichen dafür, dass eine Methode fehlt. Der Schönheit wird nun eine wesentliche architektonische Funktion in der Mathematik zugeschrieben: Eine völlig neue mathematische Theorie, die Analysis situs, soll erfunden werden, die die schönen Konstruktionen als Resultat eines Kalküls liefert. Wie wichtig Leibniz dieses Ziel war, geht aus einem Brief des Jahres 1678 hervor: „Je ne cherche presque plus rien en Geometrie, que l'art de trouver d'abord les belles constructions" (A III, 2, 566).

Bekanntlich gelang es Leibniz nicht, seine Ideen zu einer mathematischen Theorie weiterzuentwickeln. Auch die heutige Mathematik hat das Problem nicht gelöst; man braucht noch immer Ingenium und Glück, um die schönen geometrischen Konstruktionen zu finden. Die Mathematiker wissen durchaus und stimmen darin überein, was in diesem oder jenem Einzelfall mit Schönheit gemeint ist, aber eine Formalisierung des Empfindens für Schönheit und damit eine Theorie der schönen Konstruktionen ist nicht in Sichtweite. So ist Leibniz' Scheitern noch immer interessant, und ich möchte abschließend kurz drei gedankliche Ansätze zu einer Lösung erwähnen, wenngleich Leibniz diese Ansätze nicht weiter verfolgt zu haben scheint. Da ist erstens der Versuch, die Ähnlichkeit geometrischer Figuren durch symmetrische algebraische Ausdrücke wiederzugeben, um so zu einem Kalkül der eleganten Konstruktionen zu kommen (A III, 2, 443; Echeverria 1979: 318). Da ist zweitens der Versuch, die Schönheit einer geometrischen Konstruktion durch die Anzahl und die Einfachheit der bei der Konstruktion verwendeten Kurven zu präzisieren (A VI, 3, 418): Je weniger und je einfacher die verwendeten Kurven, desto eleganter die Konstruktion. Dabei sollen algebraische Kurven einfacher sein als transzendente, und unter den algebraischen Kurven soll der Grad der zugehörigen Gleichung über die Einfachheit entscheiden. So ergibt sich eine grobe Einteilung unterschiedlicher Stufen von Schönheit, aber das der Analysis situs zugrundeliegende Problem kann so nicht gelöst werden. Schließlich ist drittens eine Notiz[3] erwähnenswert, die 1675 vor der Projektierung der Analysis situs entstanden ist, aber offensichtlich in die Vorgeschichte der Entstehung der Analysis situs gehört. Dort heißt es:

> Les theoremes ne sont intelligibles, que par leur signes ou caracteres. Les images sont une espece des caracteres. Quand les carateres peuvent estre semblables aux choses, tant mieux. La beauté des theoremes consiste dans le bel arrangement de leur caracteres.

Es scheint nutzlos, die Schönheit durch die Schönheit zu definieren, doch der Hinweis auf die mathematische Notation trifft einen wichtigen Punkt. Unmittelbar nach den zitierten Sätzen verweist Leibniz auf das Beispiel der Bertetschen Kurve (vgl. dazu A III, 1, 308–309), für die er eine hübsche Tangentenbestimmung („Theoreme joli") gefunden habe. Das Beispiel zeigt, dass sich durch geometrische Einsicht in die Struktur des besonderen Problems eine elegante Lösung ergibt, die rechnerisch durch Einführung rechtwinkliger Koordinaten nur auf Umwegen zu gewinnen wäre. Leibniz' Rekurs auf die mathematische Notation darf nicht technisch, als eine Frage der im Grunde willkürlichen Bezeichnungsweise verstanden werden. Wenn die wesentlichen Bestimmungsstücke einer mathematischen Beziehung (hier: zwischen Kurve und Tangente) gedanklich erfasst und in der Notation expliziert werden, ergibt sich eine einfache und gegebenenfalls schöne formale Struktur in der Notation.

Anmerkungen

[1] Erstdruck: Die mathematisch-physikalische Schönheit bei Leibniz, *Revue Internationale de Philosophie* 48, Paris, Les Presses Universitaires de France 1994, 127–140.

[2] GM VII, 320. – Übrigens ist für Leibniz die Erfindung einer eleganten Maschine dem Finden eines schönen geometrischen Theorems gleichwertig (GM VII, 324).

[3] A VII, 5 N. 63. Für den Hinweis auf diese Notiz möchte ich meinem Kollegen Dr. Walter S. Contro herzlich danken.

Literaturverzeichnis

Bachelard, G.: *La formation de l'esprit scientifique*, Paris, Vrin 1938

Belaval, Y.: L'idée d'harmonie chez Leibniz, in: *L'histoire de la Philosophie. Hommage à Martial Gueroult*, Paris, Fischbacher 1964

Blumenberg, H.: *Der Prozeß der theoretischen Neugierde*, Frankfurt/Main, Suhrkamp 1973

Boullart, K.: Mathematical Beauty as a Metaphysical Concept, in: *Leibniz. Werk und Wirkung*. Vorträge des IV. Internationalen Leibniz-Kongresses, Bd. 1, Gottfried-Wilhelm-Leibniz-Gesellschaft Hannover 1983, 69–76

Breger, H.: Der Ähnlichkeitsbegriff bei Leibniz, in: *Mathesis rationis. Festschrift für Heinrich Schepers*, Hrsg.: A. Heinekamp / W. Lenzen / M. Schneider, Münster, Nodus 1990a

Breger, H.: Know-how in der Mathematik, in: *Rechnen mit dem Unendlichen*, Hrsg.: D. Spalt, Basel, Boston, Berlin, Birkhäuser 1990b, 43–57

Descartes, R.: *Œuvres*, Bd. VI, Hrsg.: Adam / Tannery, Paris, Vrin 1982

Echeverria, J.: *Edition critique des manuscrits concernant la caractéristique géométrique de Leibniz en 1679*, Thèse Doctorat, Université Lille III 1979 (Microfiche), Bd. 2

Fermat, P. de: *Œuvres*, Bd. 1, Paris, Gauthier-Villars 1891

Fichant, M.: Pour la beauté et pour l'harmonie: le Meilleur de la Dynamique, in: *Leibniz: Le meilleur des mondes* (= *Studia Leibnitiana*, Sonderheft 21), Hrsg.: A. Heinekamp, Stuttgart, Franz Steiner 1991, 233–245

Franke, U.: Leibniz' Discours sur les Beaux Sentimens, in: *Mathesis rationis. Festschrift für Heinrich Schepers*, Hrsg.: A. Heinekamp / W. Lenzen / M. Schneider, Münster, Nodus 1990, 89–102

Galilei, G.: *Discorsi*, Leiden, Elsevir 1638

Leibniz: *Opera omnia*, Hrsg.: L. Dutens, Bd. III, Genf, De Tournes 1768

Leibniz: *Nachgelassene Schriften physikalischen, mechanischen und technischen Inhalts*, Hrsg.: E. Gerland, Leipzig, Teubner 1906 (Reprint Hildesheim, Olms 1995)

Leibniz: *Textes inédits*, Hrsg.: G. Grua, Bd. 1, Paris, Presses Universitaires de France 1948

Leibniz: *Der Beginn der Determinantentheorie*, Hrsg.: E. Knobloch, Hildesheim, Gerstenberg 1980

Leibniz: *Edition critique des manuscrits concernant la caractéristique géométrique de Leibniz en 1679*, Thèse Doctorat de J. Echeverria, Université Lille III 1979 (Microfiche), Bd. 2

Le Lionnais, F.: La beauté en mathématiques, in: *Les grands courants de la pensée mathématique*, Hrsg.: F. Le Lionnais, Paris, Marseille, Rivages 1986 (1. Aufl.: 1948)

Neumann, J. von: *Collected Works*, Bd. 1, Oxford, London, New York, Paris, Pergamon Press 1961

Pascal, B.: *Œuvres*, Bd. 9, Paris, Hachette 1914

Poincaré, H.: *Science et Méthode*, Paris, Flammarion 1908

Polanyi, M.: *Personal Knowledge*, London, Routledge & Kegan 1962

9 Das Kontinuum bei Leibniz

9.1 Die Funktion des Unendlichen und des Kontinuums

Wenn[1] man das Unendliche in seiner Funktion für das Leibnizsche Denken mit einem kurzen Schlagwort charakterisieren möchte, dann kann man es mit der dialektischen Methode und ihrer Funktion für die Philosophie Hegels vergleichen. Innerhalb des Leibnizschen Gedankengebäudes ist das Unendliche so etwas wie die Treppen, wodurch die verschiedenen, scheinbar heterogenen Teile miteinander verbunden und in Zusammenhang gebracht werden. In den *Nouveaux Essais* bezeichnet es Leibniz als die „maxime fondamentale" (A VI, 6, 490) seiner Philosophie, dass der Grund der Dinge überall derselbe ist, während „les manieres et les degrés de perfection varient à l'infini". Die unbekannten Dinge werden nach dem Vorbild und als Variation der bekannten Dinge gedacht. Der Begriff des Unendlichen erlaubt, heterogene Qualitäten als unterschiedliche Ausprägungen derselben Grundprinzipien zu verstehen. So wird die äußerste Sparsamkeit der Erklärungsprinzipien mit der verschwenderischen Fülle der erklärten Dinge vereinbart, und das scheinbar Unbegreifliche wird als unendlicher Grenzfall des Begreiflichen eingeordnet. In aller Kürze möchte ich dazu einige Beispiele anführen.

Da ist zunächst das in der Tradition vieldiskutierte Problem von *ars* und *natura*. Nach einem alten Grundsatz verstehen wir im eigentlichen Sinne nur das, was wir selbst herstellen können. Die *ars* bietet also keine grundsätzlichen Verständnisschwierigkeiten, und Leibniz hat das mechanistische Programm der Naturerklärung uneingeschränkt übernommen (GP IV, 210–211; GP VII, 265). Die Grenzen dieses Programms werden aber beispielsweise am Vergleich von belebter und unbelebter Materie deutlich. Das auf Einheitlichkeit der Erklärungsprinzipien abzielende mechanistische Programm wird nun durch den Begriff des Unendlichen mit der Einsicht in die Grenzen des Programms verbunden: Das wahre und zu wenig beachtete Unterscheidungskriterium zwischen Natur und Kunst ist, „ut quaevis machina naturalis... organis constet prorsus infinitis" (GP IV, 505, 396; GP VI, 618; A VI, 6, 329). Eben darin erweisen sich die Naturobjekte als Produkte der unendlichen Weisheit und Macht Gottes. Der Unterschied zwischen der göttlichen Maschine, der Natur, und den menschlichen Maschinen ist unendlich, das heißt sowohl qualitativ als auch bloß quantitativ.

Das zweite Beispiel ist die Beziehung von notwendigen und zufälligen Wahrheiten und im Zusammenhang damit das Labyrinth der Freiheit (GP VII, 200; A VI, 4, 1653–1659). Der Begriff des Unendlichen ermöglicht es Leibniz, einerseits an der analytischen Theorie der Wahrheit (und damit an der grundsätzlichen Gleichartigkeit aller Wahrheiten) festzuhalten und andererseits die Existenz nicht-notwendiger Wahrheiten (und damit die grundsätzliche Verschiedenheit notwendiger und zufälliger Wahrheiten) zu behaupten.

Das dritte Beispiel ist die Individualität, die das Unendliche einschließt; das Prinzip der Individuation einer Sache kann nur der begreifen, der das Unendliche begreifen kann (A VI, 6, 289–290). Das Unendliche ermöglicht es hier, auf der einen Seite an der absoluten Einmaligkeit der Phänomene festzuhalten und auf der anderen Seite dennoch generalisierende Gesetzesaussagen über das Geschehen im Bereich der Phänomene zu machen, das heißt Physik zu treiben.

In diesen drei Beispielen tritt das Unendliche in seiner einfachsten Form auf, nämlich als Unendlichkeit der natürlichen Zahlen. Die geschilderte Funktion des Unendlichen – nämlich Heterogenes als aus einem einheitlichen Grundprinzipien erzeugt zu denken – kommt dem Kontinuum, einer erheblich komplizierten Form des Unendlichen, in noch höherem Maße zu. Das Kontinuum ist wohl die wichtigste Form, in der das Unendliche bei Leibniz auftritt. Dabei ist nicht wie in der heutigen Mathematik an eine Menge von Punkten, sondern an ein anschauliches Kontinuum geometrischer Größen zu denken. Das Kontinuitätsprinzip besagt, dass das Kontinuum ein universales Schema des Denkens und der Erkenntnis ist, demzufolge Heterogenes, ja sogar Widersprüchliches, in gewisser Hinsicht homogenisiert und aus einem einheitlichen Prinzip erzeugt werden kann. So kann die Ruhe als eine unendlichkleine Bewegung und die Gleichheit als eine unendlichkleine Ungleichheit verstanden werden (GM VI, 130; GM VII, 25; GP VI, 321); allgemein kann das Ausgeschlossene in einem gewissen Sinne als ein Eingeschlossenes behandelt werden (GM V, 385). Das Krumme kann in gewisser Weise als eine Art des Geradlinigen behandelt werden; die Kurve kann betrachtet werden, als sei sie ein Polygon, d. h. das für das Polygon Bewiesene gilt auch für die Kurve (cum grano salis natürlich). Ganz offensichtlich hat also das Kontinuitätsprinzip einen gewissen paradoxen Charakter, den es mit der Dialektik im Sinne Hegels teilt. Dieses Paradoxe ist kein statischer logischer Widerspruch, sondern ein treibendes, dynamisches Moment, das die Vielfalt der Dinge mit einer Ökonomie des Denkens vereinigt. Es ist beeindruckend zu sehen, wie Leibniz auf der einen Seite das Kontinuitätsprinzip souverän und mit außerordentlicher Fruchtbarkeit handhabt und auf der anderen Seite offenbare Schwierigkeiten mit dessen paradoxen Charakter hat: Die analytische Theorie der Wahrheit, derzufolge das Kontinuitätsprinzip sich schließlich in Definitionen und logische Identitäten auflösen lassen muss, und das Kontinuitätsprinzip stehen in einem offenbaren Spannungsverhältnis.

Soweit ich sehe, hat sich Leibniz mit diesem Problem nur gelegentlich und sozusagen en passant beschäftigt. In der Aufzeichnung Initia rerum mathematicarum metaphysica wird davon gesprochen, dass ein Genus (Bewegung, Ungleichheit, Kurve) in einer entgegengesetzten Quasi-Species (Ruhe, Gleichheit, Polygon) auslaufe (GM VII, 25). Die eigentliche Aussage des Kontinuitätsprinzips liegt also nicht nur in dem Postulat, dass eine kontinuierliche Verbindung existiere, sondern auch darin, dass von zwei entgegengesetzten Begriffen der eine als Genus, der andere als Quasi-Species interpretiert wird. Leibniz fährt an der erwähnten Stelle mit folgendem Hinweis auf die apagogische Methode des Archimedes fort:

> Et hic pertinet illa ratiocinatio quam Geometrae dudum admirati sunt, qua ex eo quod quid ponitur esse, directe probatur id non esse, vel contra, vel qua quod velut species assumitur, oppositum seu disparatum reperitus. Idque continui privilegium est;
> (Und hierauf bezieht sich jene Argumentation, über die sich die Mathematiker seit langem wundern, nämlich dass aus der Annahme, dass etwas sei, direkt bewiesen wird, es sei nicht, oder umgekehrt, beziehungsweise es wird etwas als eine Species angenommen und dann ein Entgegengesetztes oder ein Widerspruch gefunden. Und das ist das Sonderrecht des Kontinuums;).

Hier wird also dem Kontinuum so etwas wie eine dialektische Hervorbringungskraft zugeschrieben (im Sinne der formalen Logik könnte man sagen: A impliziert Nicht-A). Mit der gleichen Problematik befasst sich Leibniz in einen Brief an Christian Wolff, der 1713 in den *Acta Eruditorum* veröffentlicht wurde. In einer kontinuierlichen Anordnung ist der letzte Fall, auch wenn er von völlig verschiedener Natur ist, im allgemeinen Gesetz der übrigen Fälle enthalten. Anders gesagt, „paradoxa quadam ratione" oder auch *„Figura Philosophico-rhetorica"* kann der Spezialfall als im allgemeinen Fall enthaltene entgegengesetzte Verschiedenheit verstanden werden. Man gelangt so zu Aussagen (wie: Punkt als unendlichkleine oder verschwindende Linie), die Joachim Jungius *„toleranter vera"* (GM V, 385) genannt hat. Solche Aussagen sind sehr nützlich zur ars inveniendi, wenngleich sie „aliquid fictionis et imaginarii" enthalten; da die Reduktion solcher Aussagen auf übliche Ausdrücke leicht sei, könne aber kein Fehler unterlaufen.

Die beschriebene Funktion des Kontinuitätsprinzips, das qualitativ Verschiedenartige so zu betrachten, als sei es homogen, steht im geistesgeschichtlichen Zusammenhang des mechanistischen Denkens, das sich die Reduktion der Qualitäten zum Ziel gesetzt hatte, und insbesondere des Begriffs der Bewegung. Ein interessantes Beispiel für die Rolle der Bewegungsbegriffs in der Mathematik des 17. Jahrhunderts ist das Rektifikationsproblem, d. h. das Problem, eine gerade Linie zu finden, die ebenso lang ist wie eine gegebene Kurve. Seit Aristoteles hatten das Gerade und das Krumme als zwei verschiedene Qualitäten gegolten, für die es kein gemeinsames Maß geben kann (Aristoteles 1983: 248b = Buch VII, Kapitel 4; Kaestner 1970: 498). Das Rektifikationsproblem ist demnach mathematisch unlösbar; noch Descartes war in der *Géométrie* dieser Ansicht (Descartes 1982: 412). Torricelli und Roberval leiteten mit Hilfe des Bewegungsbegriffes eine Wende in dieser Frage ein. Wenn man auf einer geraden und einer krummen Linie je einen Punkt mit gleicher Geschwindigkeit laufen lässt, wenn beide Punkte im selben Augenblick starten und gleichzeitig ihre Bewegung beenden, dann ist es für mechanistisches Denken eine überzeugende Folgerung, dass die zurückgelegten Wege gleich lang sind. Auf diesem Grundgedanken basieren die Beweise von Torricalli und Roberval zur Lösung von Rektifikationsproblemen (Zeuthen 1966: 340). Nachdem so der Durchbruch gelungen war, gelang es später auch, die Beweise ohne den (unmathematischen) Bewegungsbegriff zu führen. Es gibt zahlreiche Beispiele dafür, dass der Bewegungsbegriff in der Mathematik des 17. Jahrhunderts Pionierleistungen ermöglicht hat: Nepers Definition des Logarithmus, Tangentenbestimmungen von Torricelli und Roberval sowie Newtons Fluxionsmethode sind nur einige davon (Zeuthen 1966: 134, 320–323). In allen diesen Fällen übernahm der Bewegungsbegriff Aufgaben, die später von der Theorie des Kontinuums übernommen wurden.

Die mathematische Behandelbarkeit mechanischer Bewegungen – sei es durch die Hereinnahme des Bewegungsbegriffs in die Mathematik, sei es durch eine Theorie des

Kontinuums – war selbstverständlich eine entscheidende Voraussetzung für die Anwendbarkeit von Mathematik auf die Physik. In diesen Anwendungen treten fast immer transzendente Ausdrücke auf, die in der cartesischen Mathematik unzulässig waren und die erst Leibniz in die Mathematik eingeführt hat (Breger 1986a). Erst durch die Einführung des Transzendenten wurde das Kontinuum zum mathematisch legitimen Objekt; bei Euklid und Descartes waren nur die konstruierbaren Punkte mathematisch zulässig gewesen. Transzendente Ausdrücke wurden in vielen Fällen durch eine unendliche Reihe gegeben. Leibniz bezeichnet die Differential- und Integralrechnung häufig als „Analyse des transcendantes"; sie sei derjenige Teil der allgemeinen Mathematik, der das Unendliche behandelt. Die „Analyse des transcendantes" sei besonders wichtig für die Anwendung in der Physik, „parce que le caratère de l'Auteur infini entre ordinairement dans les opérations de la nature" (GM V, 308). Das Unendliche in der Differentialrechnung korrespondiert in diesem Sinne mit jenem Unendlichen, das (wie oben erwähnt) das charakteristische Kennzeichen der Natur ist.

Obgleich das Kontinuum von entscheidender Bedeutung für die Naturerkenntnis ist, muss dennoch das Missverständnis abgewehrt werden, als sei das Kontinuum etwas real Existierendes. Nach Leibniz gibt es weder im Bereich der Monaden noch im Bereich der Phänomene ein Kontinuum. Die Materie ist aktual unendlich geteilt, bildet also kein Kontinuum; Raum und Zeit sind nur Ordnungen von Phänomenen und nichts selbständig Existierendes. Das Kontinuum ist etwas Ideales; es bezieht sich auf Mögliches. Auf reale Phänomene bezieht es sich nur insofern, als es sich dabei um mögliche Phänomene handelt. Im Briefwechsel mit de Volder legt Leibniz diesen Sachverhalt dar (GP II, 282. Vgl. außerdem GP III, 612, 622–623; GP IV, 394; GP II, 379; GM IV, 93). Die Teile in einem Kontinuum sind nämlich – wie schon Aristoteles gezeigt (Aristoteles 1983: 231 a und b = Buch VI) hatte – unbestimmt. Im Bereich der realen Phänomene gibt es aber nichts Unbestimmtes, dort ist jede mögliche Teilung bereits vollzogen. Die realen Phänomene setzen sich aus ihren Teilen zusammen wie eine ganze Zahl aus Einsen; im Kontinuum gibt es aber zunächst nur der Möglichkeit nach Teile, ebenso wie es unendlich viele Möglichkeiten gibt, die Zahl 1 als Summe zweier Brüche zusammenzusetzen. Die Verwechslung des Realen mit dem Idealen würde zu unauflösbaren Widersprüchen führen. Die „scientia continuorum hoc est possibilium" enthält also ewige Wahrheiten, die von den realen Phänomenen niemals verletzt werden, weil der Unterschied stets kleines als jede angebbare Größe ist (GP II, 282–283).

Die soeben skizzierte Theorie des Kontinuums ist übrigens ein von Leibniz oft hervorgehobener Differenzpunkt zu Newton und zu Descartes (GP II, 278–279; GP III, 612, 622–623). Nach Newton existieren Raum und Zeit wirklich, nach Descartes ist die Ausdehnung eine Substanz. In beiden Fällen ist das Kontinuum also etwas Reales. Etwas Reales, das Teile hat, muss aber auch aus diesen Teilen bestehen. Folglich werden die bekannten Antinomien des Kontinuums für Newton und Descartes unvermeidbar. Da die Raumlehre für Newton und die Substanzlehre für Descartes zentral sind und da Leibniz' Differentialrechnung wesentlich auf der Theorie des Kontinuums basiert, handelt es sich hier um einen entscheidenden Streitpunkt.

9.2 Zur Entwicklungsgeschichte

Ich möchte damit meine Ausführungen zur Funktion des Kontinuums bei Leibniz beenden und mich nun der Entwicklungsgeschichte des Kontinuums bei Leibniz zuwenden. Er hat in seinen jungen Jahren eine ganze Reihe von tastenden Versuchen unternommen, sich über die Struktur des Kontinuums klar zu werden. Erst allmählich und in verschiedenen Schritten ist er zu der Theorie vorgedrungen, an der er dann zeit seines Lebens festgehalten hat. Diese Entwicklung (vgl. dazu auch Knobloch 1990) ist so komplex, dass ich mich hier mit der Skizzierung einiger weniger Stationen begnügen muss.

Unter Bezugnahme auf zeitgenössische Diskussionen (Fromond, Descartes, Thomas White, Hobbes, etc.) sieht Leibniz in der *Theoria motus abstracti* vom Winter 1670/71 die Schwierigkeiten um das Labyrinth des Kontinuums als entscheidende Grundlagenprobleme der Wissenschaften (A VI, 2, 262). Er versucht diese Schwierigkeiten durch Thesen zu lösen, die in klarem Widerspruch zu seiner reifen Theorie des Kontinuums stehen (A VI, 2, 264–265). Er postuliert die Existenz von aktual unendlich vielen Teilen in einem Kontinuum. Es gibt nichts in einem Kontinuum, was keinen Teil hätte, aber es gibt Indivisiblen, die als unausgedehnt definiert werden. Die Existenz von Indivisiblen wird daraus gefolgert, dass sich ohne sie der Anfang einer Bewegung nicht denken ließe (einige Zeilen weiter tritt denn auch der Hobbessche Begriff des *conatus* auf). Der Punkt wird in bewusstem Gegensatz zu Euklid als etwas definiert, was keine Ausdehnung hat oder dessen Teile keine Entfernung haben oder deren Entfernung kleiner als jede angebbare Größe ist. Leibniz ist hier noch Anhänger der Indivisiblen-Methode von Cavalieri. Seine mathematischen Kenntnisse sind noch gering; so definiert er in einer Aufzeichnung aus der zweiten Hälfte 1671 das Kontinuum als ein Ganzes, das die Eigenschaft hat, dass sich zwischen je zwei Teilen weitere Teile befinden (A VI, 2, 307). In der Terminologie der modernen Mathematik wird damit nur die Dichtheit definiert; auch die rationalen Zahlen liegen dicht, bilden aber keineswegs ein Kontinuum[2].

Etwa ein Jahr später hat Leibniz jedoch bereits wichtige Fortschritte gemacht. Im Herbst 1672 trifft er zum ersten Mal mit Christiaan Huygens zusammen, der ihn auf Wallis' *Arithmetica infinitorum* und das *Opus geometricum* des Grégoire de St. Vincent hinweist. In dieser Zeit exzerpiert Leibniz Galileis Beweis, dass es ebenso viele natürliche Zahlen wie Quadratzahlen gebe. Galilei hatte daraus gefolgert (ebenso wie Grégoire de St. Vincent im Zusammenhang mit dem Kontingenzwinkel), dass im Unendlichen das Ganze nicht größer sei als die Teile. Leibniz widerspricht dem; er entwickelt hier die (für sein ganzes weiteres Leben gültige) Auffassung, dass das Unendliche kein Ganzes, keine Einheit sei[3]. Ebenfalls aus dieser Zeit (Herbst 1672 – Winter 1672/73) stammt eine Aufzeichnung[4], in der Leibniz die Existenz von Indivisiblen mathematisch zu widerlegen versucht. Die Diagonale eines Quadrats muss ebenso viele Indivisiblen haben wie eine Seite, denn jeder Punkt der Diagonale lässt sich (durch Fällen eines Lots) mit je einem Punkt der Seite verbinden. Andererseits ist die Diagonale länger als die Seite und muss daher mehr Indivisiblen haben. Also führen Indivisiblen in Widersprüche. Für den mathematischen Fachmann der Zeit bot der Beweis nichts Neues; er ist nur als Entwicklungsschritt des Leibnizschen Denkens bemerkenswert. Die Kritik an der Indivisiblen-Theorie ist eine Kritik am Aktual-Unendlichen in der Mathematik: Weder ist das Kontinuum aus aktual-unendlich vielen Punkten zusammengesetzt noch darf die unendliche Teilbarkeit des Kontinuums mit einer faktisch schon vollzogenen unendlichen Geteiltheit verwechselt werden. Dieser Zusammenhang wird dadurch unterstrichen, dass Leibniz in derselben Aufzeichnung die Galileische Überlegung von der Gleichmächtigkeit der natürlichen Zahlen und der Quadratzahlen wieder aufnimmt und daraus folgert, dass es keine unendliche Zahl (d. h. kein Unendliches als Ganzheit) geben könne. Eine unendliche Zahl müsste nämlich einem echten Teile ihrer selbst gleich sein, und das ist unmöglich. Mehr noch: Eine unendliche Zahl ist ein Nichts, ist gleichbedeutend mit der Null[5].

Soweit könnte es scheinen, als sei Leibniz nun wieder auf Descartes' Position, dass sich über das Unendliche nichts Gewisses sagen lasse, angelangt. Doch das ist nicht der Fall. Dieselbe Überlegung, mit der Leibniz in der *Theoria motus abstracti* die Existenz von Indivisiblen bewiesen hatte, benutzt er nun (A VI, 3, 98–99), um die Existenz von Infinitesimalien zu beweisen: Es muss Infinitesimalien geben, weil sich sonst der Anfang einer Bewegung nicht denken ließe. Diese frühen Infinitesimalien sind Punkte, jedoch Punkte von verschiedener Größe; ein Punkt kann unendlich kleiner sein als ein anderer Punkt. Ein Punkt kann als eine Linie von beliebig kleiner Länge aufgefasst werden. Der begriffliche Fortschritt, den Leibniz in dieser Aufzeichnung vom Herbst 1672 oder Winter 1672/73 erzielt, besteht darin, dass das Kontinuum ansatzweise dynamisch aufgefasst wird. Nach der Indivisiblentheorie besteht das Kontinuum aus aktual-unendlich vielen unveränderlichen Bausteinen; wegen des statischen Charakters dieser Theorie fällt es nicht schwer, Paradoxien zu konstruieren. Mit dem Begriff der Infinitesimalie wird dagegen ansatzweise versucht, das Fließende des Kontinuums wiederzugeben. Die starre Trennung zwischen Ausgedehntem und Unausgedehntem wird aufgegeben, die Infinitesimalien liegen gewissermaßen auf der Grenze zwischen Ausgedehntem und Unausgedehntem; sie bezeichnen den Anfang einer Bewegung oder den Anfang eines ausgedehnten Körpers und bilden insofern ein fließend-dynamisches Moment.

In den folgenden Jahren befasst sich Leibniz immer wieder in neuen Ansätzen mit diesen Fragen. Dabei werden auch Fragen, die bereits im Sinne der reifen Theorie beantwortet worden sind (wie die Nicht-Existenz unendlicher Zahlen), wieder aufgeworfen und erneut untersucht (A VI, 3, 477, 495–504). In anderer Hinsicht werden erkennbare Fortschritte in Richtung auf die reife Theorie erzielt; so gibt Leibniz zum Beispiel die These, dass es unterschiedlich große Punkte gibt, bald wieder auf. Auch die Frage nach dem Verhältnis zwischen der mathematischen Theorie des Kontinuums und der physikalischen Theorie der Bewegung wird in verschiedenen Ansätze der Pariser Jahre unterschiedlich gedeutet. Auf all diese Fragen möchte ich nicht nicht eingehen, sondern stattdessen einen Sprung in das Jahr 1676, das Ende des Pariser Aufenthalts, machen. In der Aufzeichnung *Pacidius Philalethi* (29. Oktober – 10. November 1676) wird die reife Theorie des Kontinuums formuliert, die Leibniz seitdem nur immer wiederholt hat: Das Kontinuum ist durch die Möglichkeit beliebiger Teilbarkeit charakterisiert; es setzt sich nicht aus Punkten zusammen, vielmehr entstehen Punkte erst dadurch, dass Teilungen vorgenommen werden. Niemals geschehen alle Teilungen, die möglich sind. Es gibt keine bestimmte Zahl für die Anzahl der in einem Kontinuum angebbaren Punkte (A VI, 3, 552–553, 555. Vgl. zum Beispiel auch GP II, 279). Ganz offensichtlich erinnert diese Theorie des Kontinuums stark an Gedanken, die im 20. Jahrhundert von Intuitionisten und Konstruktivisten entwickelt worden sind (Breger 1986b).

In der erwähnten Aufzeichnung vom Herbst 1672 oder Winter 1672/73 hatte Leibniz die Existenz von Infinitesimalien bewiesen. Später schien ihm dieser Beweis nicht überzeugend; in einer Aufzeichnung aus dem Februar 1676 wirft er erneut die Frage auf, ob sich die Existenz von infinitesimalen Größen beweisen lasse (A VI, 3, 475). In der Aufzeichnung *Pacidius Philalethi* ist von einem solchen Beweis keine Rede mehr: die infinitesimalen Größen dürfen in der Geometrie verwendet werden „inventionis causa, licet essent imaginaria" (A VI, 3, 564). Offen ließ Leibniz dabei die Frage, ob die infinitesimalen Größen in der Natur vorhanden sind (wie denn überhaupt die in *Pacidius Philalethi* entwickelte Theorie der physikalischen Bewegung von der reifen Theorie der Bewegung abweicht). Später war für Leibniz klar, dass es Infinitesimalien nur in der Mathematik (also nur im Reich des Idealen) gibt[6].

Zur Abrundung der Ausführungen über die Entwicklungsgeschichte der Leibnizschen Gedanken zum Kontinuum möchte ich noch auf ein Problem eingehen, das Leibniz am Schluss einer unveröffentlichten Aufzeichnung aus dem Jahre 1673 aufgeworfen hat. Im Zusammenhang mit Erörterungen über unendliche Reihen und infinitesimale Größen stellt Leibniz die Frage, „an non rectius dicetur non esse aequalia, sed differentiae quavis data minoris" (A VII, 3, 69). Um ein Beispiel zu nehmen: Ist die Fläche eines Viertelkreises vom Radius 1 gleich

$$1-\frac{1}{3}+\frac{1}{5}-\frac{1}{7}+\frac{1}{9}-+\dots$$

oder gibt es einen Unterschied, der nur eben kleiner als jede angebbare Größe ist? Auf den ersten Blick scheint diese Frage unverständlich oder gar sinnlos. Da die Differenz zwischen zwei Zahlen (Flächeninhalt und Wert der Reihe) wieder eine Zahl ist und da diese Zahl kleiner als jede angebbare Größe ist, muss diese Zahl also Null sein (jedenfalls vom Standpunkt der heutigen Standard-Mathematik). Diese Überlegung hat jedoch zur Voraussetzung, dass es für den Flächeninhalt eine Zahl gibt. Weil diese Voraussetzung nicht selbstverständlich ist, ist Leibniz' Frage durchaus sinnvoll. James Gregory war 1668 in seiner berühmten Schrift *Vera circuli et hyperbolae quadratua* davon ausgegangen, dass es keine Zahl für das Verhältnis von Kreisfläche und Radiusquadrat gibt, und auch John Wallis hatte dieses Verhältnis als „numerus ille impossibilis" bezeichnet (Wallis 1695: 359). Wenn es nun für einen bestimmten Flächeninhalt keine Zahl gibt, weil das Zahlensystem (wie in der cartesischen Mathematik) an dieser Stelle ein Loch hat, dann lässt sich der Flächeninhalt eben nicht exakt berechnen, sondern nur approximieren derart, dass der Unterschied zum wahren Wert kleiner als jede angebbare Größe ist. In modernen Terminologie handelt es sich hier um das Problem, dass der Raum der algebraischen Zahlen nicht vollständig ist und folglich nicht alle Cauchy-Folgen in diesem Raum konvergieren. Erst durch die Einführung des Transzendenten hat Leibniz dieses Problem gelöst (Breger 1986a).

Die gleiche Frage hat Leibniz drei Jahre später in einer Aufzeichnung vom 26. März 1676 aufgeworfen, – mit dem geringen Unterschied, dass er statt „kleiner als jede angebbare Größe" „unendlich klein" sagt (A VI, 3, S. 434). Die Frage lautet dann, ob bei einer Quadratur der berechnete Wert und der wahre Wert gleich sind oder ob es einen unendlichkleinen Unterschied gibt. In dieser Formulierung läuft die Frage also darauf hinaus, ob das Kontinuitätsprinzip (Gleichheit als unendlichkleine Ungleichheit) gültig ist. In der

Tat entsteht ja erst durch die Einführung des Transzendenten ein Kontinuum; ohne das Transzendente wäre das Kontinuitätsprinzip in der Mathematik ungültig.

9.3 Das Aktualunendliche

Zum Abschluss möchte ich noch kurz die Frage erörtern, ob es das Aktual-Unendliche in der Leibnizschen Mathematik gibt. Leibniz hat sich sehr entschieden für das Aktual-Unendliche in der Metaphysik ausgesprochen (GP I, 416), doch ist damit die Frage für die Mathematik noch nicht beantwortet. Der Leibnizsche Begriff des Aktual-Unendlichen ist ein anderer Begriff als der Begriff des Aktual-Unendlichen in der Grundlagendiskussion der Mathematik des 20. Jahrhunderts. Das Aktual-Unendlich der Leibnizschen Metaphysik ist kein Ganzes und keine Einheit, es ist lediglich die aktual existierende Vielheit von mehr Dingen als sich mit irgendeiner Zahl angeben lässt (GP II, 304–305; A III, 7, 884). Eine Ausnahme (die einzige) bildet natürlich Gott: er ist sowohl aktualunendlich als auch eine Ganzheit. Insofern ist also auch das von Leibniz in der Metaphysik akzeptierte Aktual-Unendliche kein Aktual-Unendliches im Sinne der Cantorschen Mathematik.

Wie bestimmt nun Leibniz das Unendliche in der Mathematik? In der Mathematik befinden wir uns nach Leibniz ohnehin nur im Bereich des Idealen und des Möglichen. Das mathematische Unendliche kann als unendliche Vielheit oder als unendliche Größe auftreten. Die unendliche Vielheit bildet kein Ganzes, sie stellt lediglich eine Vielheit dar, die größer ist als sich mit irgendeiner Zahl angeben lässt. Ebenso ist die unendliche Größe (zum Beispiel einer geraden Linie) lediglich eine Größe, die größer als jede angebbare Größe ist (GP II, 304). Auch in den *Nouveaux Essais* hat Leibniz die Unendlichkeit einer geraden Linie potentialistisch bestimmt, nämlich als Möglichkeit, jede endliche gerade Linie zu verlängern (A VI, 6, 158 und GP III, 659). In diesem Sinne hat Christian Wolff in seinem *Mathematischen Lexicon* unter Berufung auf Euklid die unendliche Linie als eine beliebig verlängerbare Linie definiert (Wolff 1965: Spalte 743). Weder die unendliche Vielheit noch die unendliche Größe bilden ein Ganzes oder eine Einheit (A III, 7, 884; A III, 8, 66; GP II, 304–305). Für das mathematische Aktual-Unendliche ist aber gerade charakteristisch, dass unendlich viele Objekte nicht nur potentiell oder nacheinander, sondern gleichzeitig und als Gesamtheit gegeben sind und erfasst werden können. Ein Cantorsches Aktual-Unendlich – das heißt ein Unendliches, das ein Ganzes ist und dennoch gleichmächtig mit einem echten Teil – bezeichnet Leibniz ausdrücklich als etwas Absurdes (A III, 7, 884). Erstaunlicherweise wird in der Sekundärliteratur dennoch immer wieder die Behauptung wiederholt, es gebe eine Ähnlichkeit zwischen Leibniz und Cantor.

Im Briefwechsel mit Johann Bernoulli führt Leibniz aus, was unter einer unendlichen Reihe zu verstehen sei. Wenn man davon spricht, dass unendlich viele Glieder der Reihe gegeben sind, dann ist nicht gemeint, dass eine feste Anzahl gegeben ist, sondern dass es mehr Glieder gibt, als jede feste Anzahl angibt (A III, 8, 40). Leibniz will die unendlichen Reihen also potentialistisch verstanden wissen. Daraus folgt insbesondere, dass unendliche Dezimalbrüche potentialistisch aufzufassen sind. Die Aufzeichnung De libertate, contingentia et serie causarum. providentia[7] bestätigt dies. In dieser Aufzeichnung vergleicht Leibniz das Kontinuum mit den notwendigen und zufälligen Wahrheiten. Dabei entsprechen die notwendigen Wahrheiten den rationalen Zahlen und die zufälligen Wahrheiten den irrationalen Zahlen. Wie sich die notwendigen Wahrheiten in endlich vielen Schritten beweisen lassen, so lassen sich die rationalen Zahlen in endlich vielen Schritten berechnen. Der Beweis einer zufälligen Wahrheit oder die Berechnung einer irrationalen Zahl bedürfte aber einer unendlichen Analyse. Der springende Punkt ist nun, dass der Beweis einer zufälligen Wahrheit nie vollendet werden kann; Leibniz betont ausdrücklich, dass selbst für Gott der Beweis einer zufälligen Wahrheit unmöglich ist (wenngleich Gott eine solche Wahrheit „infallibili visione" erkennen kann). Offenbar steht für Leibniz außer Frage, dass die Berechnung eines unendlichen Dezimalbruchs nie als vollendet gedacht werden kann, – anderenfalls wäre der Vergleich zwischen den Zahlen des Kontinuums und den Wahrheiten sinnlos.

In einem Brief an Varignon aus dem Jahre 1702 bemerkt Leibniz, „que l'infini pris à la rigueur doit avoir sa source dans l'interminé" (GM IV, 91). Diese Bemerkung zeigt, dass die von Leibniz in der Pariser Zeit häufig erörterten Begriffe „infinitum interminatum" und „infinitum terminatum"[8] auch in seinem späteren Denken eine Rolle spielen. Ein *infinitum terminatum* ist ein begrenztes Unendlich; Leibniz nennt als Beispiel eine gerade Linie mit einem letzten Punkt im Unendlichen (A VI, 3, 281, 471, 485). Leibniz scheint schon in der Pariser Zeit Zweifel an der mathematischen Brauchbarkeit eines *infinitum terminatum* gehabt zu haben (vgl. Knobloch 1990 sowie A VI, 3, 489); später scheint er das *infinitum terminatum* für die Mathematik abgelehnt zu haben[9]. Ob der Gegensatz von *infinitum terminatum* und *infinitum interminatum* etwas mit dem Gegensatz von potentiellem und aktualem Unendlich zu tun hat, braucht hier nicht entschieden zu werden[10].

Eine Reihe von Formulierungen deuten darauf hin, dass Leibniz verschiedene Stufen des Unendlichen angenommen hat. Es ist zu prüfen, ob dies die Behauptung stützt, dass Leibniz das Aktual-Unendliche in der Mathematik verwendet habe. Äußerungen aus der Frühzeit[11] sind dabei natürlich ohne Beweiskraft für die Ansicht des reifen Leibniz. Aber noch 1679 schreibt er in einem Brief (A II, 1, 486), dass

$$\frac{1}{2}+\frac{1}{3}+\frac{1}{4}+\frac{1}{5}+\dots$$

eine „quantitas infinita" ist, die unendlich kleiner ist als

$$1+1+1+1+\dots$$

Mehr noch: Er setzt den erstgenannten Ausdruck gleich B und rechnet dann mit 1+B (= Summe der harmonischen Reihe) weiter (A II, 1, 494). Hier muss allerdings beachtet werden, dass Leibniz in einer nach 1691 entstandenen Aufzeichnung[12] ausdrücklich sagt, dass man die Summe der harmonischen Reihe nicht als eine „vera quantitas infinita" ansehen dürfe. Aber es bleibt doch die Frage, was er 1679 mit „quantitas infinita" gemeint hat. Jedenfalls gewiss keine unendliche Zahl, denn eine solche hat er schon seit seiner Pariser Zeit abgelehnt. Vielmehr spricht er an der zitierten Stelle von 1679 von „quantitas infinita, major scilicet quovis numero assignabili". Im Zusammenhang mit den bereits erwähnten Bemerkungen von Leibniz zum Unendlichen liegt es daher nahe, die „quantitas infinita" potentialistisch zu deuten. Diese Vermutung wird durch eine weitere Überlegung gestützt: Wenn die Summe der harmonischen Reihe größer als jede angebbare Zahl (also größer als jede endliche Partialsumme von 1+1+1+1+... ist, wie kann Leibniz dann 1679 behaupten, die Summe der harmonischen Reihe sei unendlich kleiner als die Summe der unendlichen Reihe 1+1+1+1+...? Dies scheint nur dann einen Sinn zu geben, wenn die beiden *quantitates infinitae* eben nicht als statische unendliche Größen, sondern als Ausdruck für die unterschiedliche Wachstumsgeschwindigkeit der beiden unendlichen Reihen zu verstehen sind. In diesem Zusammenhang ist interessant, dass Detlef Laugwitz – zusammen mit Schmieden der Erfinder der Nichtstandard-Analysis[13]– in seinem neuesten Buch[14] darauf hingewiesen hat, dass die von ihm vertretene Version der Nichtstandard-Analysis zwanglos ohne das Aktualunendlich interpretiert werden kann (obwohl es in dieser Theorie verschieden große unendliche Zahlen gibt).

An der zitierten Stelle aus dem Jahre 1679 hatte Leibniz noch unbefangen $\frac{1}{0}$ für Unendlich geschrieben. In einer unveröffentlichten Aufzeichnung, die mehr als 20 Jahre später entstanden ist, lehnt er diese Ausdrucksweise ab; man dürfe das Unendliche lediglich als Kehrwert einer unendlichkleinen Größe (also als $\frac{1}{dx}$) schreiben (LH XXXV, VIII, 21, Bl. 2 recto). In einem Brief an Grandi aus dem Jahre 1713 nennt Leibniz ein solches Unendlich eine „quantitas infinita modificata“ (GM IV, 218). Da es ja Differentiale verschiedener Ordnung gibt, gibt es folglich wiederum verschiedene Stufen des Unendlichen. Ob die „quantitas infinita modificata“ ein Aktualunendlich ist, hängt offensichtlich davon ab, wie die unendlichkleinen Größen zu interpretieren sind. In dem Brief an Grandi bezeichnet Leibniz die unendlichkleine Größe als verschwindende Größe oder als eine Größe „in statum annihilationis“, wobei der Akkusativ die Bewegung und das Prozesshafte noch betont. Immer wieder umschreibt er die unendlichkleinen Größen als Größen, die kleiner als jede angebbare Größe gewählt werden können, oder als Größen im Zustand des Verschwindens (GP VI, 90). Dies drückt sowohl den potentialistischen Charakter der unendlichkleinen Größen als auch ihren fließenden Charakter aus. Die Infinitesimalien haben keinen festen Wert, sondern sind am ehesten mit Variablen zu vergleichen (GM IV, 92; Bos 1974: 17). Die unendlichkleinen Größen sind bekanntlich Fiktionen, das heißt, ihnen kommt keine selbständige Bedeutung zu; sie sind nur Hilfsmittel, um das Fließende des Kontinuums in einen Kalkül zu übersetzen. Sie würden diesen dynamischen Charakter verlieren, wenn man sie als aktual unendlichklein interpretierte.

Es zeigt sich also, dass sich die Äußerungen des reifen Leibniz zum mathematischen Unendlich stimmig und widerspruchsfrei miteinander vereinbaren lassen. Ein Aktualunendlich gibt es in der Leibnizschen Mathematik nicht. Das Unendlichgroße und das Unendlichkleine sind nur Fiktionen oder abgekürzte Sprechweisen („per modum loquendi compendiosum“) (GP II, 305). Gemeint ist damit so etwas wie eine Variable. Wenn man auf die abgekürzte Sprechweise verzichtet, muss man das Unendliche potentialisch bestimmen (GM IV, 93; GP II, 304, 305).

Anmerkungen

[1] Erstdruck: Das Kontinuum bei Leibniz, in: *L'Infinito in Leibniz*, Hrsg.: A. Lamarra, Roma, Edizioni dell'Ateneo 1990, 53–67.

[2] Später war Leibniz sich dieses Unterschieds bewusst, vgl. GM VII, 287.

[3] A VI, 3, 168. Zur Wichtigkeit des Axioms vom Ganzen und Teil für Leibniz vgl. auch Hofmann 1974: 12–14 und A III, 1, 11–19.

[4] A VI, 3, 97–101. Das Argument gegen die Existenz von Indivisiblen findet sich auch A VI, 3, 469.

[5] A VI, 3, 98, 168; A III, 1, 2, 11. Äußerungen des reifen Leibniz zur Unmöglichkeit unendlicher Zahlen sind u. a. GP II, 305; A III, 7, 884.

[6] Das Unendlichkleine tritt bei Leibniz auch im Zusammenhang mit dem *conatus* auf, aber auch in diesem Fall handelt es sich um einen mathematischen Begriff (vgl. GM VI, 234, 238).

[7] A VI, 4, 1653–1659; vgl. auch die ähnliche Stelle GP VII, 200, wo ausdrücklich gesagt wird, dass die irrationalen Zahlen als series interminata aufzufassen sind.

[8] Die Kenntnis dieser beiden Begriffe verdanke ich E. Knobloch, vgl. Knobloch 1990.

[9] GM IV, 91 sowie die Debatte mit Johann Bernoulli um die Existenz eines letzten Gliedes einer unendlichen Reihe (A III, 8, 40).

[10] Auf den ersten Blick scheint es, als müsse ein *infinitum terminatum* stets ein aktuales Unendlich sein. Die Sache ist jedoch komplizierter; nach Laugwitz 1986: 237–239 lässt sich vermuten, dass auch ein *infinitum terminatum* potentialistisch verstanden werden könnte.

[11] A VI, 1, 229. Leibniz stützt sich hier auf Cardano 1663: 195.

[12] LH XXXV, VII, 10, Bl. 8 verso. Die Datierung ergibt sich aus der Erwähnung der Bernoullischen Spirale.

[13] Vgl. Schmieden/Laugwitz 1958; Robinson 1966.

[14] Laugwitz 1986: 237–239). Mit diesem Argument ist freilich nicht gemeint, Leibniz' Theorie stimme mit der Nichtstandard-Analysis überein. Aber die Nichtstandard-Analysis hilft, die Scheuklappen der Mathematik des 19. Jahrhunderts zu überwinden und insofern historische Theorien besser zu verstehen.

Literaturverzeichnis

Aristoteles: *Physikvorlesung* (= *Werke*, Hrsg.: Flashar, Bd. 11), Darmstadt, Wissenschaftliche Buchgesellschaft 1983 (4. Aufl.)

Bos, H. J. M.: Differentials, Higher-Order Differentials and the Derivative in the Leibnizian Calculus, *Archive for the History of Exact Sciences*, 14, 1974, 1–90

Breger, H.: Leibniz' Einführung des Transzendenten, in: *Studia Leibnitiana*, Sonderheft 14 (= *300 Jahre Nova Methodus von Leibniz*), Stuttgart, Franz Steiner 1986a, 119–132

Breger, H.: Leibniz, Weyl und das Kontinuum, in: *Studia Leibnitiana Supplementa*, Bd. 26 (= *Beiträge zur Wirkungs- und Rezeptionsgeschichte von Leibniz*), Stuttgart, Franz Steiner 1986b, 316–330

Cardano, G.: *Opera*, Bd. IV, Lyon, Huguetan & Ravaud 1663

Descartes, R.: *Oeuvres*, Hrsg.: Adam-Tannery, Bd. 6, Paris, Vrin 1982

Hofmann, J. E.: *Leibniz in Paris 1672–1676*, Cambridge, Cambridge University Press 1974

Kaestner, A. G.: *Geschichte der Mathematik*, Bd. 1, Hildesheim, New York, Olms 1970

Knobloch, E.: L'infini dans les mathématiques de Leibniz, in: *L'Infinito in Leibniz*, Hrsg.: Lessico Intellettuale Europeo, Rom, Edizioni dell'Ateneo 1990, 33–51

Laugwitz, D.: *Zahlen und Kontinuum*, Darmstadt, Wissenschaftliche Buchgesellschaft 1986

Leibniz: LH XXXV, VII, 10, Bl. 9 (nach 1691)

Leibniz: LH XXXV, VIII, 21, Bl. 2 recto

Robinson, A.: *Non-Standard Analysis*, Amsterdam, North Holland 1966

Schmieden, C. / Laugwitz, D.: Eine Erweiterung der Infinitesimalrechnung, *Mathematische Zeitschrift*, 69, 1958, 1–39

Wallis, J.: *Opera Mathematica*, Bd. 1, Oxford, Theatrum Sheldonianum 1695

Wolff, Ch.: *Gesammelte Werke*, I. Abteilung, Bd. 11, Hildesheim, Olms 1965

Zeuthen, H. G.: *Geschichte des Mathematik im 16. und 17. Jahrhundert*, New York, Stuttgart, Johnson 1966

10 Le continu chez Leibniz

10.1 Un continu différent

La[1] topologie du continu chez Leibniz se distingue grandement de la topologie du continu de l'analyse non standard et de la théorie de Cantor-Dedekind. On ne peut bien saisir la théorie du continu chez Leibniz que si l'on se libère de la façon de penser et des évidences de ces théories. Commençons par le principe de continuité auquel Leibniz attribue un rôle fondamental dans les mathématiques et dans les sciences: si une différence dans les données peut être arbitrairement réduite, alors il en va de même pour les différences qui en sont dépendantes dans le recherché (GM VI, 129). Pour employer une terminologie moderne, on pourra donc dire que toutes les fonctions chez Leibniz sont continues. On ne doit cependant pas comprendre par là qu'il n'a pas remarqué l'existence des fonctions discontinues, ou bien qu'il n'a pas jugé bon de s'y intéresser. Bien plutôt, les fonctions discontinues sont impossibles; on ne peut pas les définir dans le continu leibnizien. C'est exactement cet état de chose qui est formulé dans le principe de continuité: lorsque le donné et le recherché sont continus, alors une fonction existant entre eux ne peut être que continue.

Comme on peut déjà s'en apercevoir maintenant, la structure du continu leibnizien (cf. Breger 1986a, Giusti 1989, Giusti 1990, page 115 et les pages suivantes dans ce tome) n'est pas traduisible dans la topologie moderne de la théorie des ensembles. Leibniz reprend la théorie aristotélicienne du continu en y apportant toutefois trois modifications. Premièrement Leibniz transfère le continu de la physique aux mathématiques. Deuxièmement, et en rapport immédiat avec le premier point, il introduit la transcendance (Breger 1986b) dans les mathématiques. Alors que chez Descartes encore la transcendance appartient à la mécanique, Leibniz fait du continu un objet légitime des mathématiques. La troisième différence tient à l'emploi des grandeurs infinitésimales. Alors que les grandeurs transcendantes sont effectivement assignables dans le continu leibnizien, il n'en est pas de même pour les grandeurs infiniment petites; c'est pourquoi j'en traiterai plus loin. Le continu leibnizien présente les caractéristiques suivantes:

(i) Le continu est donné comme un tout: il n'est pas composé de points (A VI, 3, 552–553; GP III, 612; GM VII, 273).

(ii) Les points et les parties n'apparaissent dans le continu que du fait du mathématicien qui, au cours de ses élaborations, effectue des divisions du continu; dans un continu à une dimension, l'extrémité d'une partie est un point (GP II, 268, 278–279, 379).

(iii) Le continu est divisible à volonté, mais toutes les divisions possibles ne peuvent jamais s'opérer en même temps. Le continu ne peut donc jamais être décomposé en points (A VI, 3, 553, 555; GP IV, 491; A VI, 4, 1349; C 522).

(iv) Si l'on divise un continu en deux parties (qui à leur tout sont, bien entendu, des continus), alors les deux parties auront quelque chose en commun, à savoir un nouveau continu ou tout au moins un point (GM V, 184; GM VII, 284; C 547).

De la propriété précédemment citée, il découle que chaque continu contient ses extrémités (la même chose est bien entendu valable pour chaque partie d'un continu). Pour traduire cela dans la terminologie de la topologie des ensembles de points, on peut donc voir qu'il n'y a dans un continu leibnizien que des sous-ensembles connexes et fermés. Il apparaît par là immédiatement plausible qu'il ne puisse y avoir que des fonctions continues. On ne doit cependant pas en déduire que le continu leibnizien est muni d'une topologie discrète, car en dehors de l'ensemble vide et de tout l'espace, aucune partie n'est un ensemble ouvert. Cela nous semble bien étrange et nous montre qu'il nous faut renoncer à l'habitude familière qui consiste à penser le continu comme un ensemble de points. Cette habitude est ancrée si profondément dans nos esprits que tout d'abord nous ne comprenons simplement pas pourquoi on ne peut par exemple pas considérer l'intervalle de 0 à 1 sans le point zéro. Imaginez un fil d'un mètre de long sans l'extrémité gauche du fil. Cela est visiblement une absurdité. Exactement de la même façon, le point zéro n'est pas une partie du continu (qui n'est past, on l'a dit, composé de points) mais seulement son extrémité à gauche: le point zéro ne peut donc pas être supprimé, même en pensée. Le domaine à droite du zéro adhère de façon indissoluble au zéro; il n'y a aucune possibilité de séparer ce domaine (on peut bien sûr le diminuer à volonté). Ainsi chaque point qui se laisse repérer dans un continu, est intrinsèquement entouré d'une «bouillie fluente» dans lequel aucun point n'est différencié. L'absence de points, le caractère d'écoulement et de fusion sont la propriété principale du continu – de même que le continu du temps de 9 heures à 10 heures ne nous est pas donné comme un ensemble non-dénombrable d'instants. On parle parfois, quelque peu péjorativement, d'une représentation intuitive du continu. Si nous voulons bien comprendre la conception de Leibniz, nous devons, tout d'abord, bien nous garder de cette autre représentation intuitive, à savoir qu'il y aurait «beaucoup, beaucoup de points» dans un continu.

Le caractère d'adhérence du continu, c'est-à-dire la restriction imposée à la formation de sous-ensembles, implique une restriction quant à la formation des fonctions. La définition ponctuelle d'une fonction est apparemment impossible. Parce que chaque fonction ne peut être définie que par rapport à des sous-continus créés auparavant, sans point à l'intérieur, et parce que les sous-continus coïncident par leurs extrémités, chaque fonction doit être continue.

Comment Leibniz définit-il au juste les fonctions (ou plus exactement les courbes)? Comme Leibniz emploie souvent des équations telles que $y = x^2$ pour désigner une courbe, le lecteur du vingtième siècle qui a des difficultés à se défaire de la représentation intuitive du continu comme ensemble de points a tout de suit l'impression qu'il s'agit d'une définition ponctuelle. Nous venons cependant de voir que ce n'est pas du tout possible. On peut concevoir, en effet, une équation telle que $y = x^2$ comme l'énoncé abrégé d'une application qui à chaque intervalle fermé sur l'axe des abscisses associe un intervalle fermé, ou un point, sur l'ordonnée, et où la relation «être une partie de» est conservée. Ce fait devient plus clair, si l'on pense que Leibniz utilise souvent une suite de points sur l'axe des abscisses pour caractériser des variables (cf. Bos 1974: 16). Il indique une suite de points sur l'axe des abscisses et explique quelle suite de divisions est engendrée sur l'axe des ordonnées; la courbe logarithmique est ainsi caractérisée qu'une suite géométrique de divisions sur l'axe des abscisses entraîne une suite arithmétique de division sur l'axe des ordonées (GM V, 226). Dans un continu caractérisé par la possibilité d'effectuer des divisions, ce concept de variable et cette façon de définir les courbes sont apparemment très naturels. L'usage renvoie d'ailleurs aussi à cette conception: le mot «variable» est inadéquat dans une théorie des ensembles de points, où toutes les valeurs d'une variable existent simultanément (cf. Gerlach 1922: 115). Dans des déclarations théoriques sur les fondements des mathématiques, Leibniz explique continuellement que les lignes géométriques sont créés par des mouvements continus (GM V, 183, 229, 290; GM VII, 20, 51). Il s'agit là d'une généralisation à la fois da la génération euclidienne des lignes géométriques au moyen de la règle et du compas, et de leur construction cartésienne au moyen d'instruments plus généraux. A vrai dire, l'algébrisation de la géométrie depuis Descartes a entamé un processus de plusieurs siècles qui a conduit à la conception du continu comme ensemble de points au dix-neuvième. On en trouve les premiers signes chez Leibniz dans la mesure où il prend en considération une construction ponctuelle des courbes (GM V, 264–265, 311). Cette construction ponctuelle est cependant encore compatible avec la conception de la courbe, déjà évoquée, selon laquelle une suite de divisions sur l'abscisse engendre une suite de divisions sur l'ordonnée. Leibniz note: «La désignation par points est ordinairement plus commode pour le calcul algébrique, mais il ne s'agit pas de lui, au sens propre, en géométrie.» (GM VII, 373). Au dix-septième siècle c'est encore la géométrie qui détermine l'organisation et la structure des mathématiques.

Passons maintenant aux grandeurs infiniment petites (cf. Bos 1974) qui ont fait que le continu leibnizien a attiré particulièrement l'attention; il s'ensuit comme cinquième propriété:

(v) Les grandeurs infiniment petites sont des fictions. On ne peut trouver dans le continu de grandeurs infiniment petites ni en assigner, disons, par une construction. Il n'est pas possible d'assigner deux points dont l'intervalle soit infiniment petit (GM V, 322; GP II, 305; GP VI, 90).

Leibniz compare les grandeurs infiniment petites aux nombres imaginaires (GM IV, 92): ni les uns ni les autres ne peuvent se trouver dans un continu de grandeurs réelles. Certains problèmes en nombres réels, dont la solution est également réelle, peuvent être résolus en introduisant au cours du calcul des nombres imaginaires. De la même façon, les grandeurs infiniment petites peuvent être utiles dans un calcul; elles n'apparaissent cependant ni dans l'énoncé du problème, ni dans le résultat. Je préciserai et justifierai plus loin le statut singulier d'auxiliaire de ces grandeurs; pour le moment il suffit de retenir leur illégitimité d'un côté et leut utilité de l'autre, utilité qui consiste à rendre plus clair le contenu géométrique qui peut être exprimé grâce à une utilisation à bon escient de ces grandeurs.

Pour l'examen des propriétés locales au point x, le domaine fluent autour de x, qui lui est lié indissociablement, est décisif. On peut le rendre, par les divisions successives, plus petit que toute grandeur donnée, sans pour autant pouvoir lui attribuer la longueur zéro. Le continu géométrique n'est pas totalement réductible à l'algèbre, parce qu'il n'est justement pas composé de points qui correspondent chacun à un nombre réel. Le domaine fluent autour de x a ainsi une longueur inassignable et donc, la voie la plus simple et la plus naturelle est sans aucun doute de le décrire par des grandeurs inassignables (GM VII, 68), qui bien sûr ne peuvent être que des fictions. On les appelle infiniment petites parce qu'elles sont plus petites que toute grandeur donnée, mais le nom n'est pas vraiment ce qui importe. Leibniz les a nommées aussi à l'occasion «incomparablement petites» (GM IV, 92; GM VI, 168); il voulait ainsi aller au devant des réserves que l'infiniment petit aurait pu susciter et éviter une querelle inutile. C'est précisément ce dont les non mathématiciens lui ont tenu rigueur et ces appellations différentes les ont conduit à une confusion de la matière elle-même. Il s'agit ici pour Leibniz de l'acquisition d'un savoir-faire (Breger 1990), d'où son indifférence pour les appellations: ce qui est important est de se familiariser avec les propriétés du continu et de faire l'apprentissage de l'utilisation à bon escient des grandeurs infiniment petites. Quelques mots maintenant sur cette utilisation. On examine le comportement d'une courbe au lieu x et au lieu $x+dx$. $x+dx$ n'est pas un point au sens strict du terme, car deux points devraient avoir une distance assignable. De même que les différentielles ne sont pas non plus des grandeurs au sens strict, mais plutôt des variables (Bos 1974: 17), de même $x+dx$ n'est pas un point mais un pseudo-point variable. Le point x et le pseudo-point variable $x+dx$ ne sont ni véritablement séparés l'un de l'autre ni identiques, mais plutôt ils se fondent l'un dans l'autre. Le pseudo-point variable exprime une infinité de possibilités de façon abgrégée, à savoir qu'il est possible d'assigner à chaque nombre réel positif ε un point véritable à la distance ε. A cette première simplification s'ajoute comme un deuxième avantage que les relations calculables seront plus faciles que dans un calcul avec un véritable ε. On peut négliger les puissances supérieur des grandeurs infinitésimales, de même que les différentielles d'un ordre supérieur sans devoir montrer de façon compliquée qu'elles peuvent être arbitrairement réduites. On a le droit tout de suite de remplacer un élément de courbe infiniment petit par une droite infiniment petite et on peut poser $(x+dx)^2 = x^2 + 2xdx$. (Je parlerai plus loin de la justification logique).

10.2 Calculer avec le principe de continuité

Les avantages évidents de cette manière de calculer n'apparaissent, à la vérité, qu'au spécialiste. Le débutant demandera sans cesse d'où l'on sait quelles simplifications sont autorisées, et lesquelles ne le sont pas. Mais ce sont des problèmes de didactique. Dans chaque théorie mathématique il y a des arguments de routine que le spécialiste ne signale même plus. On ne trouve en aucune façon dans ses publications ni une liste complète de ces arguments de routine, ni des critères précis permettant de définir ce qu'est un argument de routine et quand il est possible de l'omettre. Il n'existe probablement pas de tels critères universels. Mais cela ne donne pas le droit d'affirmer que les fondements de la théorie ne sont pas sûrs ou qu'ils sont contradictoires; il suffit bien plutôt que dans chaque cas particulier on puisse ajouter facilement l'argument de routine manquant.

Le problème principal avec les grandeurs infiniment petites n'est pas dans leur introduction mais dans la manière dont on pourra les éliminer, puisqu'en effet elles ne doivent plus apparaître dans le résultat final. Une des méthodes d'élimination de ces grandeurs auxiliaires repose sur le triangle caractéristique qui avait déjà été utilisé, avant Leibniz, par Pascal et par Barrow: on trouve un triangle dont les côtés sont des grandeurs assignables et qui est semblable à un triangle dont les côtés sont des grandeurs inassignables; puis on emploie les théorèmes sur les triangles semblables. Le théorèmes de similitude peuvent être appliqués sur des triangles infiniment petits: ils sont valables en effet pour n'importe quel petit triangle et en outre le principe de continuité est lui aussi valable. C'est aussi le principe de continuité qui livre une seconde méthode tout aussi importante pour l'élimination de grandeurs infiniment petites, en énonçant que

(vi) l'égalité est une inégalité infiniment petite (GM VI, 130; GP VI, 321).

L'analyse non standard distingue deux sortes d'égalité[2]; Leibniz ne le fait pas et ainsi son principe de continuité sous la forme $x = x + dx$ semble être purement et simplement un scandale et une atteinte à l'égalité en tant que fondement sacro-saint des mathématiques. Mais retenons tout d'abord que $x = x + dx$ indique une méthode très efficace pour éliminer des différentielles encore restantes, et arriver à un résultat final d'où elles ont disparu.

Un regard sur le manuel de L'Hôpital est instructif. Il y est formulé tout au début, comme supposition fondamentale, qu'on peut remplacer une quantité par une autre qui ne se différencie de la première que par une quantité infiniment petite, et dans la Préface il est dit que cette supposition est si évidente qu'elle ne peut laisser aucun doute chez un lecteur attentif (L'Hôpital 1696: 2, Préface fol. e III recto/verso). Leibniz s'est appuyé sur l'ouvrage de L'Hôpital au sujet de la sûreté du calcul infinitésimal (GM V, 350). La formule $x = x + dx$ est-elle donc un scandale ou une évidence? Cette question possède à la fois un aspect géométrique et un aspect algébrique. L'aspect géométrique consiste dans le fait qu'avec x et $x + dx$ ne sont pas séparés par une distance assignable mais so fondent l'un dans l'autre. Dans le domaine de variabilité de $x + dx$ on ne peut assigner d'autre point que précisément x. Pour ce qui concerne l'aspect algébrique, il faut d'abord rappeler que les grandeurs infiniment petites sont des fictions; s'il s'agissait de grandeurs mathématiques ordinaires, le calcul serait en effet contradictoire. Si l'on veut formuler le théorème $x = x + dx$ sans utiliser de grandeurs fictives, il a alors la teneur suivante: «l'égalité est une différence qui est plus petite que toute grandeur assignable positive» et ceci est presque une tautologie. Mais si l'on veut tirer profit de l'avantage du calcul avec des grandeurs fictives, il faut aussi acquérir le savoir-faire nécessaire à leur utilisation.

La théorème $x = x + dx$ (que d'ailleurs Leibniz et L'Hôpital n'expriment pas à l'aide d'une formule, mais de mots) n'est valable ni dans la théorie de Dedekind et de Cantor ni dans les différentes versions de l'analyse non standard; il est la clé pour comprendre la méthode infinitésimale de Leibniz. C'est la mathématique comme art du continu. Pour le philosophie, la conception leibnizienne du continu (comme d'ailleurs la théorie de Brouwer) a une supériorité remarquable, en ceci qu'elle s'en tient au caractère fluent du continu: le paradoxe de la flèche volante de Zénon ne peut être résolu lorsqu'on pense au continu comme composé de points.

10.3 La justification

Maintenant venons en à la question de la justification de la méthode leibnizienne. On a beaucoup parlé de ses fondements déclarés incertains et d'une réhabilitation de Leibniz par l'analyse non standard. Il est vrai que l'analyse non standard – la première publication à ce sujet date de 1958 par Schmieden et Laugwitz – a aidé à mieux comprendre certaines choses, mais elle se différencie nettement du calcul infinitésimal de Leibniz. Et se pourrait-il que Leibniz, qui a même tenté de trouver une démonstration des axiomes d'Euclide, n'ait pas eu le sens de la rigueur mathématique? La chose mérite bien qu'on s'y penche d'un peu plus près. Leibniz nomme sa méthode de calcul parfois «calculus differentialis» (GM V, 244), la plupart du temps cependant il emploie d'autres noms: «Analyse des transcendantes» (GM V, 278), «Analysis infinitorum» (GM V, 244, 259, 266, 275), «Analysis circa infinitum» (GM V, 263) ou encore «nostre Analyse» (GM IV, 95). Dans la mathématique contemporaine, des concepts tels qu'«analyse» «méthodes analytiques» «fonctions anlytiques» sont liés au concept de limite. Le concept «analyse» a totalement changé de signification et nous ne pouvons pas comprendre Leibniz si nous n'avons pas présent à l'esprit son concept d'analyse.

«Analyse» signifie d'abord dans la mathématique antique l'art de trouver une méthode pour la solution de problèmes. On suppose le recherché connu, et on remonte à partir de lui jusqu'au donné; si l'on inverse cette démarche, on peut alors mener à bien la synthèse. Alors que l'analyse montre la voie à suivre pour trouver la solution recherchée, la synthèse est la démonstration que ce qui a été trouvé au moyen de l'analyse est en effet une solution. On trouve cette façon de faire dans les *Éléments* d'Euclide: on énonce tout d'abord un problème, puis on indique une construction et pour finir on va démontrer que la construction indiquée résout le problème. Diophante procède de la même manière dans son *Arithmétique.* Il énonce tout d'abord un problème de théorie des nombres, puis introduit un signe particulier pour l'inconnue et calcule, avec un certain raffinement et à l'aide d'un exemple numérique concret, jusqu'à ce que le nombre inconnu soit découvert. Diophante omet la synthèse, c'est-à-dire la démonstration que la valeur découverte est véritablement une solution au problème, ce dernier pas pouvant être aisément supléé par le lecteur. Diophante ne résout pas, à strictement parler, le problème général énoncé au début: mais à l'aide d'un exemple numérique concret, il présente un savoir-faire dont l'acquisition permet au lecteur de résoudre lui-même chaque cas particulier du problème général. Diophante ne démontre aucunement que sa méthode permet d'arriver aussi au but dans d'autres cas particuliers; cela ne lui était d'ailleurs pas possible car il n'avait pas à sa disposition l'écriture algébrique. Mais ses méthodes pour arriver à la solution sont convaincantes et la justesse de la solution trouvée peut être démontrée après coup dans chaque cas.

Descartes donne dans sa *Géométrie* une méthode universelle pour résoudre des problèmes géométriques par la construction (Bos 1990). On dessine une figure où l'on désigne les lignes droites données et recherchées par des lettres. On établit ensuite des relations algébriques entre les lignes droites; la plupart du temps on emploie le théorème de Pythagore, des théorèmes sur les triangles semblables ou quelque chose de similaire. A partir de ces équations, on trouve algébriquement la grandeur recherchée. Cette équation est alors à prendre comme une directive de construction; suivant le degré de l'équation, la construction par la règle et le compas ou par l'utilisation de courbes d'ordre supérieur est possible.

La synthèse, c'est-à-dire la démonstration que la construction trouvée résout le problème, est laissée de côté parce que triviale. L'analyse de Descartes est une méthode sûre, incomplètement formalisée cependant. Le premier pas de la méthode, la mise en place d'équations à partir de la figure, qui doit être souvent complétée par des lignes auxiliaires appropriées, exige un savoir-faire du mathématicien.

Le dernier exemples d'«analyse» que je citerai, sera celui de Fermat pour la détermination de tangentes (cf. Itard 1948 et Mahoney 1973). La méthode apporte, pour chaque cas particulier, le résultat juste, Fermat n'a cependant fourni aucune démonstration générale de la justesse de sa méthode. Il faut distinguer deux niveaux d'abstraction. Pour Fermat la courbe singulière est l'objet de recherche de la mathématique. Une fois sa tangente trouvée au moyen de l'analyse, il n'est alors pas difficile – dans le cas toutefois où la méthode est utilisable – de démontrer qu'il s'agit bien de la tangente. Fermat a, de ce fait, l'habitude de laisser de côté la synthèse. A un niveau supérieur d'abstraction, l'objet de la recherche est le rapport abstrait entre courbes et tangentes en général; Fermat peut à ce niveau, il est vrai, formuler sa méthode en théorème mais il n'a pas démontré ce théorème. Ce niveau d'abstraction supérieur nous semble aujourd'hui évident, mais ce n'est pas à ce niveau d'abstraction que Fermat pratiquait les mathématiques.

C'est dans la lignée de cette tradition mathématique qu'il faut voir l'«analyse infinitésimale» (GM IV, 94) de Leibniz[3]. L'analyse doit être une voie sûre, une méthode (GM VII, 10, 359), mais, de même que l'analyse cartésienne, l'analyse infinitésimale ne peut se passer d'un peu de savoir-faire. L'analyse infinitésimale est plus universelle que les méthodes de Fermat, Sluse et Hudde, mais l'objet de recherche reste la courbe singulière et non le concept de dérivation ou les grandeurs infiniment petites. Le calcul des différentielles dans lequel Leibniz met par exemple au point la règle de la différentiation d'un produit (GM V, 220) n'est qu'un simple auxiliaire de l'analyse des courbes: le résultat (la détermination d'une tangente, d'une valeur extrême, ou d'une aire d'une courbe) est formulé sans grandeur infiniment petite. Ces grandeurs fictives sont des auxiliaires pour l'art de trouver la solution et non pour la démonstration. L'analyse ne manque cependant pas de sûreté, car une fois qu'elle est connue il n'est pas difficile d'en donner la synthèse (A VI, 4, 328-329). Dans une lettre à L'Hôpital, Leibniz écrit: «Je ne suis pas faché que M. de la Hire veut bien se donner la peine que je ne voudrois point prendre de reduire en demonstrations à la façon des anciens, ce que nous découvrons aisement par nos Methodes.» (A III, 6, 317) Et dans une autre lettre Leibniz écrit: si un adversaire veut

> contredire à nostre enontiation, il s'ensuit par nostre calcul que l'erreur sera moindre qu'aucune erreur qu'il pourra assigner, estant en nostre pouvoir de prendre cet incomparablement petit, assez petit cour cela, d'autant qu'on peut toujours prendre une grandeur aussi petite qu'on veut ... et c'est sans doute en cela que consiste la demonstration rigoureuse du calcul infinitesimal dont nous servons (GM IV, 92).

Leibniz n'offre aucune démonstration universelle de sa méthode, mais seulement une stratégie qui permet pour chaque cas de parer aux tentatives de réfutation d'un adversaire. Le déplacement de la charge de la démonstration se justifie lorsqu'on considère l'analyse infinitésimale comme un art de résoudre les problèmes singuliers et non comme théorie d'un niveau plus abstrait. Une remarque de Leibniz dans une lettre en Italie sur le problème de la chaînette est à cet effet significative:

Ceux qui dédaignent la nouvelle analyse et la tiennent pour un giocolino peuvent toujours tenter leur chance à résoudre ce problème; bien que maintenant que la solution est connue, il n'y ait rien de plus facile que d'en trouver la justification; mais il vaut mieux que celui qui ne possède pas mon calcul, ou un calcul équivalent, n'essaye pas de trouver la solution lui-même (GM VII, 361).

Il me semble que le problème des fondements réputés peu sûrs de l'analyse leibnizienne n'existe pas, si l'on considère le niveau d'abstraction auquel Leibniz (et avec lui tout le XVIIe siècle) pratiquait les mathématiques. Assurément au cours de l'évolution ultérieure, les succès de l'analyse ont conduit à ce que les grandeurs infiniment petites en viennent à jouer le rôle de grandeurs ordinaires et de moyen de démonstration légitime. Dans la mesure où le concept d'«analyse» a changé de signification, il fallait bien que la nécessité d'une synthèse soit tombée dans l'oubli. Mais ceci est une autre histoire.

Remerciements: Je remercie ma collègue Françoise Leloutre de la traduction, H. Sinaceur et M. Michel Fichant du soin de leur relecture.

Notes

[1] Impression originale: Le continu chez Leibniz, dans: *Le labyrinthe du continu*, Hrsg.: Salanskis/Sinaceur, Paris, Springer France 1992, 76–84.

[2] Cf. Laugwitz 1986: 25. Une interprétation constructiviste du omega-calcul (Laugwitz 1986: 237–239) se rapproche plus de Leibniz que toute autre version de l'analyse non standard: les points ne sont pas déjà existants, mais doivent d'abord être créés.

[3] Pour les aspects philosophiques, cf. Schneider 1974, Engfer 1982, Sinaceur 1989.

Références

Bos, H.: Differentials, Higher-Order Differentials and the Derivative in the Leibnizean Calculus, *Archive for History of Exact Sciences* 14, 1974, 1–90

Bos, H.: The Structure of Descartes' Géométrie, *Descartes: il Metodo e i Saggi*, tome II, Rome, Istituto della Enciclopedia Italiana 1990, 349–369

Breger, H.: Leibniz, Weyl und das Kontinuum, *Beiträge zur Wirkungs- und Rezeptionsgeschichte von Gottfried Wilhelm Leibniz* (= *Studia Leibnitiana*, Supplément tome XXVI), éd. par A. Heinekamp, Stuttgart, Franz Steiner 1986a, 316–330

Breger, H.: Leibniz' Einführung des Transzendenten, *300 Jahre Nova Methodus von Leibniz* (= *Studia Leibnitiana*, Sonderheft 14), éd. par A. Heinekamp, Stuttgart, Franz Steiner 1986b, 119–132

Breger, H.: Know-how in der Mathematik. Mit einer Nutzanwendung auf die unendlichkleinen Größen, in: *Rechnen mit dem Unendlichen*, édité par D. Spalt, Basel, Birkhäuser 1990

Engfer, H. J.: *Philosophie der Analysis*, Stuttgart, Bad Canstatt, Frommann-Holzboog 1982

Gerlach, J. E.: *Kritik der mathematischen Vernunft*, Bonn, Cohen 1922

Giusti, E.: Images du continu, in: *The Leibniz Renaissance*, éd.: Centro Fiorentino di Storia e Filosofia della Scienza, Firenze, Leo S. Olschki Editore 1989, 83–97

Giusti, E.: Immagini del continuo, in: *L'infinito in Leibniz*, éd. par Lessico Intellettuale Europeo, Rome, Edizioni dell'Ateneo 1990, 3–32

Itard, J.: Fermat: précuseur du Calcul différentiel, *Archives Internationales d'Histoire des Sciences* 27, 1948, 589–610

Laugwitz, D.: *Zahlen und Kontinuum*, Darmstadt, Wissenschaftliche Buchgesellschaft 1986

L'Hôpital, G. F. A. de: *Analyse des infiniment petits*, Paris, Imprimerie Royale 1696
Mahoney, M.: *The mathematical career of Pierre de Fermat*, Princeton, Princeton University Press 1973
Schneider, M.: *Analysis und Synthesis bei Leibniz*, Dissertation 1974, Bonn
Sinaceur, H.: Ars inveniendi aujourd'hui, *Les Etudes Philosophiques*, 1989, 201–214

11 Analysis und Beweis

11.1 Voraussetzungen

Es[1] ist immer wieder die Meinung zu hören, Leibniz' Infinitesimalrechnung beruhe auf unsicheren Grundlagen. Gelegentlich wird diese Aussage durch den Hinweis auf die in letzten Jahrzehnten entwickelte und auch für den Mathematikhistoriker sehr interessante Nichtstandard-Analysis (Schmieden/Laugwitz 1958; Robinson 1966) zu relativieren versucht. Aber die Begründungs- und Argumentationsweisen von Leibniz' Infinitesimalrechnung und der Nichtstandard-Analysis sind doch deutlich unterschieden, – ganz abgesehen davon, dass eine mit rund dreihundertjähriger Verspätung gelieferte Begründung den Vorwurf der fehlenden Grundlagen doch eher bestätigt als relativiert.

Tatsächlich beruht die Behauptung über die unsicheren Grundlagen auf einem oder genauer gesagt sogar mehreren Missverständnissen der Infinitesimalrechnung. Drei unerlässliche Voraussetzungen für das Verständnis der Infinitesimalrechnung von Leibniz sind zu nennen: Leibniz' Theorie des Kontinuums, der Status der unendlichkleinen Größen als Fiktionen sowie die Bedeutung von „Analysis". Die Missverständnisse hängen damit zusammen, dass die heutige Mathematik eine wesentlich andere Theorie des Kontinuums verwendet und auch den Begriff „Analysis" in völlig anderer Bedeutung gebraucht, während der Status der unendlichkleinen Größen nur vor dem Hintergrund der Leibnizschen Analysis angemessen verstanden werden kann. So lange also die Bedeutung dieser Begriffe bei Leibniz nicht rekonstruiert wird, werden die Texte missverstanden werden. Da ich einige dieser Fragen, insbesondere die Theorie des Kontinuums, bereits früher behandelt habe (vgl. Seite 127 ff.), möchte ich die Resultate hier nur kurz und ohne die dort gegebenen Belege zusammenfassen, um mich dann der Bedeutung von Analysis zuzuwenden.

Leibniz folgt in seiner Theorie des Kontinuums Aristoteles, jedoch mit drei Unterschieden: Für Leibniz gehört das Kontinuum zur Mathematik (statt zur Physik), Leibniz führt transzendente Größen in das Kontinuum ein, und er führt unendlichkleine Größen ein. Leibniz' Kontinuum ist als Ganzes gegeben, das heißt, es besteht nicht aus Punkten, die vielmehr nur als Resultat der Tätigkeit des Mathematikers im Kontinuum erzeugt werden. Das Kontinuum ist beliebig teilbar, aber niemals können alle möglichen Teilungen gleichzeitig ausgeführt werden, so dass das Kontinuum nicht in Punkte zerlegt werden kann. Wenn ein Kontinuum in zwei Teile zerlegt wird, dann haben diese Teile etwas gemeinsam, sei es ein Kontinuum oder nur ein Punkt. In der Terminologie der Mathematik des 20. Jahrhunderts folgt daraus, dass es in einem Leibnizschen Kontinuum nur abgeschlossene Teilmengen gibt. Man kann sich leicht klar machen, dass in einem solchen Kontinuum nur stetige Funktionen definiert werden können. Das Prinzip der Kontinuität, das Leibniz als absolut notwendig für die Mathematik bezeichnet (GM VI, 129), wird dadurch verständlich. Es wäre irreführend oder sogar falsch zu sagen, dass Leibniz sich der Existenz unstetiger Funktionen nicht bewusst gewesen sei; vielmehr kann es solche Funktionen in seinem Kontinuum nicht geben. Mir ist keine Stelle bekannt, an der Leibniz diese Frage diskutiert, aber zum Vergleich kann die Erörterung einer nicht differenzierbaren Funktion angeführt werden. Leibniz bezieht sich (LH XXXV, 12, 1 Bl. 219 (Januar 1680); LH XXXV, 12, 2 Bl. 112) auf eine Kurve, die in einem Punkt zwei Tangenten besitzt, und erklärt, dass es sich hier nicht wirklich um eine, sondern um zwei Kurven handelt. Im Gegensatz zu einer unstetigen Kurve kann eine nicht differenzierbare Kurve also zunächst widerspruchsfrei definiert werden, sie wird dann aber durch Konvention ausgeschlossen.

Die unendlichkleinen Größen sind für uns, die wir an die Cantor-Dedekindsche Konzeption des Kontinuums gewöhnt sind, zunächst merkwürdige Objekte. In einem Kontinuum, das nicht aus Punkten besteht, sind sie jedoch recht natürliche Fiktionen. Aus einem solchen Kontinuum, beispielsweise dem Intervall von 0 bis 1, kann man nicht den einzelnen Punkt 0, sondern immer nur ein Teilintervall von 0 bis ε entfernen mit beliebig kleinem ε. Es scheint also, als ob es ein unabtrennbares kleines Stück um den Punkt 0 gibt. Dieses Stück ist kleiner als jede positive reelle Zahl; es kann also unendlichklein genannt werden. Aber Namen sind Schall und Rauch; Leibniz sprach gelegentlich auch von unvergleichbar kleinen Objekten und spielte damit auf das Axiom von Eudoxos an. Diese Größen sind jedenfalls geeignet, den fließenden Bereich um den einzelnen, im Kontinuum erzeugten Punkt intuitiv wiederzugeben. Diese Größen bleiben aber Fiktionen oder inassignable Größen, denn eine solche Größe kann nicht explizit durch eine Konstruktion aufgewiesen werden. Insbesondere gilt, dass wenn 0 einen Punkt im Kontinuum bezeichnet, $0+dx$ keinen wirklich existierenden und wirklich erzeugbaren Punkt bezeichnet, sondern lediglich einen fiktiven Punkt. Damit erklärt sich eine andere Version des Kontinuitätsprinzips, das Leibniz gelegentlich so formuliert, dass die Gleichheit eine unendlichkleine Ungleichheit ist (GM VI, 130, 321; GM V, 322). Unter der Voraussetzung, dass die Infinitesimalien nicht stets gleich null sind, scheint $x+dx=x$ eine paradoxe oder widersprüchliche Aussage zu sein. Wollte man diese Aussage ohne unendlichkleine Größen formulieren, so müsste man sagen, daß zwei Größen, deren Differenz kleiner als jede assignable Größe ist, gleich sind[2], und dies ist fast eine Tautologie. Weil die Infinitesimalien fiktive Größen sind und x der einzige wirkliche Punkt im fließenden Bereich von $x-dx$ bis $x+dx$ ist, ist die Aussage nach L'Hôpitals Lehrbuch (1696: 2, Préface Bl. e III recto und verso) so evident, dass kein aufmerksamer Leser daran zweifeln kann. Leibniz hat für die Sicherheit der Infinitesimalrechnung auf L'Hôpitals Buch verwiesen (GM V, 350).

Anderthalb Jahrhunderte lang hatten die Mathematikern die Intuition eines fließenden, nicht aus Punkten bestehenden Kontinuums, und sie wussten, wie man mit Infinitesimalien umgeht. Sie wussten auch, dass ihre Resultate korrekt waren. Das einzige Problem – wenn es denn eines war – bestand darin, wie man die Sache den Philosophen erklären könnte[3].

Diese kurze Darlegung der Leibnizschen Theorie des Kontinuums und der Infinitesimalien bedarf zweier Ergänzungen. Zum einen ist hier die Theorie des reifen Leibniz dargelegt worden. Der überwiegende Teil des mathematischen Nachlasses von Leibniz, gerade auch aus der Entwicklungszeit während Leibniz' Aufenthalt in Paris, ist noch unveröffentlicht. Der vermutlich wichtigste mathematische Text aus der Frühzeit von Leibniz, die *Quadratura arithmetica*, weist sowohl Gemeinsamkeiten als auch Unterschiede mit den Texten des reifen Leibniz auf. Schon in diesem frühen Text betrachtet er die unendlichkleinen Größen als „loquendi cogitandique ... compendia"; Aussagen über unendlichkleine Größen können als Aussagen über Differenzen gedeutet werden, die kleiner als jede angebbare Differenz sind (A VII, 6, 585, 205–207; vgl. auch Knobloch 2002). Mit diesem allgemeinen Prinzip kann das Rechnen mit unendlichkleinen Größen gerechtfertigt werden (A VII, 6, 529, 139, 190–191, 196). Daneben scheint es jedoch auch drei Unterschiede zu den späteren Texten zu geben, die wegen ihrer Bedeutung für das Folgende hier explizit erwähnt werden sollen. Erstens verwendet Leibniz in der *Quadratura arithmetica* die Begriffe „curva analytica" und „calculus analyticus" (A VII, 6, 557) im Sinne des Viéteschen Begriffs von Analysis; im Unterschied zu den späteren Texten nennt er seine Argumentation mit unendlichkleinen Größen nicht Analysis. Zweitens sieht er in Argumentationen mit unendlichkleinen Größen „demonstrandi compendia"[4]. Schließlich beansprucht Leibniz in der *Quadratura arithmetica* nicht einen neuen Kalkül oder eine völlig neue Methode entwickelt zu haben, sondern nur eine Verbesserung der bisherigen Argumentationen mit unendlichkleinen Größen; dementsprechend nennt er seine Methode mehrfach „methodus indivisibilium" (A VII, 6, 190, 196, 529, 533, 583).

Die zweite Ergänzung betrifft eine Bemerkung, die Leibniz 1701 im *Journal de Trevoux* gemacht hat: Eine unendlichkleine Größe entspreche einer kleinen Kugel in unserer Hand, deren Größe unvergleichbar sei mit dem Erddurchmesser. Wenn man dies so versteht, dass rationale Zahlen, die kleiner sind als das Verhältnis des Kugeldurchmessers zum Erddurchmesser, gleich null gesetzt werden können, dann muss man in der Tat folgern, dass Leibniz entweder seine eigene Infinitesimalrechnung nicht verstanden hat oder dass er mit dieser Bemerkung einen Fehler gemacht hat, den er später bedauert haben muss. Aber Varignon hat Leibniz um eine Erklärung gebeten (GM IV, 89-90), und Leibniz' Antwort (GM IV, 91-95) lässt nicht erkennen, dass Leibniz den Vergleich zwischen der kleinen Kugel und der Erde bedauert hat. Tatsächlich steht die Bemerkung nicht unbedingt im Widerspruch zur Infinitesimalrechnung. Da die Erde nicht nur Berge und Täler, sondern auch Bäume, Häuser und Meereswellen aufweist, gibt es keine bestimmte Zahl, die den Erddurchmesser mit absoluter Genauigkeit angibt. Der Durchmesser der Kugel in unserer Hand ist in jedem Falle kleiner als jede mögliche Genauigkeit, mit der der Durchmesser der Erde angegeben werden könnte. Wenn der Erddurchmesser E und der Kugeldurchmesser dE genannt werden, dann gilt $E + dE = E$, obwohl dE von null verschieden ist. Diese Überlegung wird freilich erst dann überzeugend, wenn wir unsere an der Cantor-Dedekindschen Theorie des Kontinuums geschulte Gewöhnung aufgeben, dass das Kontinuum aus scharf gegeneinander abgrenzbaren Punkten besteht, zwischen denen sich nichts als weitere scharf abgegrenzte Punkte befinden. Im Leibnizschen Kontinuum gibt es jedoch höchstens abzählbar viele Punkte, die vom Mathematiker während seiner Rechnung erzeugt wurden; alles Übrige ist ein fließender Bereich, in dem sich keine Punkte befinden.

11.2 Bedeutungswandel von Analysis

Ich möchte mich nun dem Begriff der Analysis in Leibniz' mathematischem Denken zuwenden. Die Bedeutung dieses Begriffs für das Verständnis der Infinitesimalrechnung ergibt sich aus der einfachen Tatsache, dass Leibniz seine neue Rechnungsart sehr oft „analysis infinitorum", „analyse des transcendantes", „Analyse des infinis", „nostre analyse" oder ähnlich nennt (GM V, 230, 233, 242, 259, 263, 268, 269, 275, 278, 308, 350, 352, 360, 390, 391, 392). Den Philosophen (Hintikka/Remes 1974; Lakatos 1978: 70-103) des 20. Jahrhunderts ist wohlbekannt, dass es eine griechische Methode namens Analysis gab und dass diese Methode in der frühneuzeitlichen Wissenschaft benutzt wurde. Den Mathematikhistorikern (vgl. zum Beispiel Mahoney 1973: 26-71) ist wohlbekannt, dass die Mathematiker des 17. Jahrhunderts diese Methode angewendet haben. Den Philosophiehistorikern (zum Beispiel Schneider 1973; Engfer 1982) ist wohlbekannt, dass Leibniz die Begriffe Analysis und Synthesis ausführlich diskutiert hat. Merkwürdigerweise haben die Philosophen, Mathematikhistoriker und Philosophiehistoriker ihr Wissen jedoch nicht auf die Interpretation von Leibniz' Infinitesimalrechnung angewendet. Diese erstaunliche Tatsache dürfte sich aus der historischen Wandlung des Begriffs Analysis in der Mathematik erklären: Sowie Leibniz in mathematischem Zusammenhang von Analysis sprach, scheint man automatisch die Bedeutung des Wortes in der heutigen Mathematik vor Augen gehabt zu haben. Wenn dagegen Fermat oder Descartes in mathematischem Zusammenhang (oder Leibniz in philosophischem Zusammenhang) von Analysis sprachen, dann ist die heutige mathematische Bedeutung von Analysis offenbar unbrauchbar, so dass in diesem Fälllen die Texte selbstverständlich von der griechischen Methode der Analysis her interpretiert wurden.

Wie kam es zu dem Bedeutungswandel des Wortes in der Mathematik ? Gerade weil Leibniz seine Infinitesimalrechnung immer wieder Analysis nannte, hat der überwältigende Erfolg seiner Theorie dazu geführt, dass man heute in mathematischem Zusammenhang unter Analysis die Differential- und Integralrechnung versteht. Leibniz und seine Zeitgenossen unterschieden zwischen der Analysis der Griechen, der Analysis von Viéte und Descartes und der Infinitesimalanalysis. Zu dieser Zeit war das Standardwort im Titel eines Lehrbuchs über Mathematik „Elemente" (vgl. zum Beispiel Arnauld 1667; Prestet 1675; Lamy 1685). Aber bald wurde „Analysis" das Standardwort im Titel eines mathematischen Lehrbuchs (vgl. zum Beispiel L'Hôpital 1696; Euler 1748; Lagrange 1788; Lagrange 1797). Man unterscheidet zwischen der Analysis der endlichen Größen von Viéte und der Analysis des Unendlichen von Leibniz (zum Beispiel Wolff 1713; Kästner 1760; Kästner 1761; Lagrange 1797). Obwohl niemand ein Buch über Synthesis endlicher oder unendlichkleiner Größen schreibt, ist die Beziehung zwischen Analysis und Synthesis durchaus bekannt. Euler zum Beispiel stellt fest, dass eine Abhandlung nach synthetischer Methode die Wahrheit der Aussagen dartun könne, aber den Leser nicht in die Lage versetze, ähnliche Probleme selber zu lösen; dies ermögliche jedoch die analytische Methode (Engfer 1982: 113). Im Laufe der Zeit ging die Beziehung der Analysis zur Synthesis im Bewusstsein der Mathematiker verloren; ich weiß nicht, ob dies schon vor der Mitte des 19. Jahrhunderts geschah. Parallel zu dieser allmählichen Entwicklung wurde die Bedeutung von Analysis stark erweitert, und das Wort wurde außerhalb des mathematischen und des philosophiehistorischen Diskurses benutzt. Die Erfolge der Mathematik führten zu der Überzeugung, dass Analysis das Modell rationaler Untersuchung schlechthin sei. Die *Encyclopédie* (d'Alembert 1751: 400) preist die Analyse als das allgemeine Mittel, mit dem die Mathematik seit fast zweihundert Jahren schöne Entdeckungen gemacht habe; sie liefere die vollkommensten Beispiele für die Methode, die man in der Kunst des Vernunftgebrauchs anwenden müsse. „Analyse" ist das Werkzeug des Philosophen im vorrevolutionären Frankreich: Der Begriff „Analyse" erfährt „in der ersten Hälfte des 18. Jahrhunderts eine entscheidende Veränderung seines Geltungsbereichs, seiner Frequenz, seiner diskursiven Qualität, bis er zum Angelpunkt aufklärerischen Denkens überhaupt wird." (Auroux/Kaltz 1986: 7). Unser heutiger Gebrauch von „analysieren", „Psychoanalyse" und „analytische Philosophie" geht auf die damals entstandene Tradition zurück, Analysis mit rationaler Erörterung und Untersuchung gleichzusetzen.

In der Mathematik wird im Laufe des 19. Jahrhunderts die Unterscheidung zwischen der Analysis endlicher und der unendlicher Größen in der Regel durch die Unterscheidung zwischen niederer und höherer Analysis ersetzt (zum Beispiel Weißenborn 1856); zum Teil gibt es diese Unterscheidung noch im 20. Jahrhundert (zum Beispiel Junker 1920). So lange diese Unterscheidung getroffen wird, hat das Adjektiv in „analytische Geometrie" noch einen dem Mathematiker verständlichen Sinn: ein „analytischer Ausdruck" (Hesse 1861: 3) war eine Gleichung, das heißt die Feststellung eines geometrischen Sachverhalts mit algebraischen Mitteln. In der zweiten Hälfte des 20. Jahrhunderts findet sich diese Unterscheidung so gut wie nicht mehr; in Lehrbüchern über analytische Geometrie findet man daher die Feststellung, dass dieser Name missverständlich sei, weil die analytische Geometrie ja keine analytischen Methoden benutze (Peschl 1964: 11). Es ist nur konsequent, wenn heute der Name „analytische Geometrie" selten geworden ist und meist durch „lineare Algebra" ersetzt worden ist. Heute verstehen Mathematiker Analysis als eine Theorie der Grenzwerte und der Grenzprozesse; analytische Methoden sind in dieser Terminologie Methoden, die Grenzwerte und Grenzprozesse benutzen.

Leibniz' Gebrauch des Begriffs Analysis in der Mathematik weist eine Reihe von Facetten auf, die sorgfältig unterschieden werden müssen und die teilweise nur vor dem Hintergrund seiner Vorgänger verständlich werden. Für Viéte war Analysis die Kunst, die Lösung eines mathematischen Problems zu finden (Viéte 1646: 1); dies wurde erreicht, indem das Unbekannte als bekannt vorausgesetzt wurde. Natürlich war anschließend eigentlich eine Synthesis erforderlich, um zu beweisen, dass das mittels der Analysis Gefundene wirklich Lösung war; aber es war klar, dass die Synthesis, wenn die Analysis erst durchgeführt war, in der Regel trivial war, so dass der fähige Mathematiker sie auszulassen pflegte[5]. Weil erst Viéte allgemeine algebraische Ausdrücke eingeführt hatte und seine neue Rechnungsart analytische Kunst nannte, entstand allmählich der Eindruck, dass „analytisch" die Bezeichnung für etwas sei, das durch Addition, Subtraktion, Multiplikation, Division und Wurzelziehung erzeugt worden war. James Gregory stellt gerade dies explizit in seiner Definition einer „analytischen Größe" fest (Gregory 1668: Bl. † 3 recto,

Bl. 1 recto und verso). Aus der Rezeption von Viéte rührt also die Tradition, „Analysis" (oder später: „endliche Analysis") mit Algebra gleichzusetzen[6], – obwohl die Beziehung der Analysis zur Synthesis im Denken der Gelehrten des 17. Jahrhunderts einen selbstverständlichen Platz einnahm. Leibniz verwendet das Wort „analytisch" gelegentlich im Sinne Gregorys. So nennt er einen algebraischen Beweis des Satzes „Das Produkt zweier negativer Größen ist eine positive Größe" (man beachte, daß dies keine Aussage über Zahlen ist) eine „demonstratio pure analytica" (C, 146, 148). In einer Aufzeichnung aus dem Jahre 1675 vergleicht Leibniz „notae Analyticae" mit „notae Geometricae" (GM VII, 143). Und in den 70er Jahren des 17. Jahrhunderts nennt Leibniz eine Quadratur „analytisch", wenn sie mittels der fünf erwähnten algebraischen Operationen (also ohne unendliche Reihen oder infinitesimale Methoden) ausgeführt werden kann (A III, 1, 338), und er nennt eine Kurve „analytisch", wenn sie in unserer Terminologie eine algebraische Kurve ist (A III, 3, 428; A VII, 6, 557). Eine leichte Wandlung vollzieht sich, wenn Leibniz 1682 von einem analytischen Ausdruck spricht, der sich aus transzendenten Größen zusammensetzt (A III, 3, 660); diese Wandlung steht im Einklang mit seinen gleichzeitigen Bemühungen, transzendente Größen in die Mathematik einzuführen (vgl. Breger 1986a).

Soweit mir bekannt ist, verwendet Leibniz „analytisch" selten und nur in seinen jüngeren Jahren im Sinne von Gregory. Mehr noch, er verwirft explizit die Gleichsetzung von Analysis mit der algebraischen Methode (A III, 3, 34). Es gibt für ihn in der Mathematik mindestens zwei weitere Methoden, die Analysis zu nennen sind, nämlich die Analysis situs und die Analysis infinitesimalis. Alle diese Methoden sind Teil der ars inveniendi, das heißt, diese Methoden zielen auf die Lösung eines Problems oder das Finden eines Beweises (nicht auf die Durchführung eines gefundenen Beweises).

So können wir folgern, dass „analysis infinitesimalis" mit „Methode der Infinitesimalien" und nicht mit „Theorie der Infinitesimalien" oder „Theorie, die Infinitesimalien verwendet," zu übersetzen ist. Dem entspricht auch, dass Leibniz immer wieder von einer „méthode" (GM V, 308, 350; vgl. auch GM V, 220: „Nova Methodus") spricht und ihren Nutzen „ad inventionem" (GP II, 305; GM V, 322) betont. Eine Methode ist eine Hilfe für das Finden einer Lösung oder eines Beweises, aber sie ist nicht notwendig ein Teil der deduktiven Theorie, auf deren Objekte sie angewendet wird. Ein Mathematiker kann seine Probleme durch lange Spaziergänge im Wald oder durch viele Tassen Kaffee lösen; er ist nicht verpflichtet, seine Methode zu rechtfertigen (oder auch nur mitzuteilen); es genügt, wenn er seine Lösung durch einen Beweis rechtfertigt. In vielen Fällen ist dieser Beweis trivial, wenn erst die Lösung gegeben ist; in diesen Fällen genügt es, wenn der Mathematiker die Lösung angibt. Genau dies gilt für Leibniz' Analysis infinitesimalis: Leibniz braucht seine Methode der unendlichkleinen Größen nicht zu rechtfertigen; es genügt, wenn er jeweils die Lösung des einzelnen Problems gibt, das er bearbeitet hat. Das Problem der Isochrone ist ein aufschlussreiches Beispiel: Leibniz gibt die Analysis des Problems, das heißt, er argumentiert mit unendlichkleinen Größen und findet so schließlich die Gleichung der gesuchten Kurve. Danach liefert er die Synthesis, das heißt, er beginnt mit der Kurve, die er in der Analysis gefunden hat, und zeigt dann ohne die Verwendung unendlichkleiner Größen, dass diese Kurve wirklich das Problem löst (GM V, 241–243; vgl. auch die Synthesis GM V, 235). Es ist nicht immer erforderlich, die Synthesis explizit aufzuschreiben. In einem Kommentar zu Huygens' Lösung des Isochronenproblems erwähnt Leibniz einige Eigenschaften der Lösungskurve und fügt hinzu, dass der Beweis dieser Eigenschaften, wenn sie erst einmal gefunden sind, leicht sei und daher von ihm übergangen werde (GM V, 240; vgl. auch GM V, 247 unten). In einem Brief an L'Hôpital schreibt Leibniz:

> Je ne suis pas faché que M. de la Hire veut bien se donner la peine que je ne voudrois point prendre de reduire en demonstrations à la façon des anciens, ce que nous découvrons aisement par nos Methodes (A III, 6, 317; vgl. auch GM VII, 391).

Leibniz sagt wohlgemerkt nicht „ce que nous démontrons par nos Methodes“. In einem Brief an Bodenhausen erklärt Leibniz, es sei kaum möglich, ohne die neue Analysis oder eine äquivalente Rechnungsart das Problem der Kettenlinie zu lösen; nachdem aber nun die Lösung bekannt sei, sei es leicht, eine Begründung für diese Lösung zu finden (GM VII, 361). Übrigens hat Leibniz, soweit mir bekannt ist, den Ausdruck „synthesis infinitesimalis“ nicht gebraucht.

Fassen wir zusammen. Leibniz gibt jeweils die Analysis des speziellen Problems, an dem er arbeitet, teils, weil sie kürzer als die Synthesis ist und zur Verständigung unter Fachleuten ausreicht, vor allem aber, weil sie die Stärke seiner Methode zeigt und andere lehrt, wie man weitere Probleme lösen kann. Die Stärke der Methode beruht wesentlich darauf, dass unendlichkleine Größen natürliche und wirkungsvolle Mittel sind, um die geometrische Intuition des Kontinuums in einen Kalkül zu transformieren. Leibniz gibt keinen Beweis für seine Methode – wozu er auch keinen Anlass hat –, sondern nur Beweise (bzw. Hinweise, der Beweis sei so leicht, dass er übergangen werden könne) für das jeweils einzelne Problem[7]. Zumindest bei Leibniz gab es daher keine unsicheren Grundlagen; freilich gab es einige Gelehrte wie Nieuwentijt und Berkeley mit begrenzten Kenntnissen der Mathematik.

Übrigens hat Newton (1714–1716: 206) in den *Philosophical Transactions* erklärt, dass er die meisten Sätze seiner *Principia* mittels seiner neuen Analysis gefunden habe. Er habe diese Sätze dann jedoch „synthetisch gezeigt“, weil nach den Maßstäben der Antike nur dies zur Gewissmachung in der Geometrie zugelassen sei. Für Ungeübte sei es daher schwierig, die Analysis zu sehen, durch die diese Sätze gefunden worden seien. Damit formuliert Newton lediglich die traditionelle Auffassung des Verhältnisses von Analysis und Synthesis. Der beste Kenner der Newtonschen Mathematik Derek T. Whiteside hat bestritten, dass die Sätze der *Principia* zuerst mittels der Fluxionsrechnung gefunden wurden (Whiteside 1970: 118), aber das ist ein anderes Thema.

Das Vergessen der ursprünglichen Bedeutung von Analysis lässt sich leichter verstehen, wenn man sich klar macht, dass der historische Prozess des Bedeutungswandels bereits bei Leibniz in einem gewissen Sinne seinen Anfang genommen hat. Weil die Synthesis fast immer übergangen wurde, wurde die Analysis um so wichtiger, und es lag nahe, nach Wegen zu suchen, die die Synthesis überflüssig machen würden. Tatsächlich hat Leibniz mitunter behauptet, dass der Unterschied von Analysis und Synthesis kleiner sei, als man denke, und dass es oft synthetische Elemente in der Analysis gebe (GP VII, 297). Er illustriert dies am Beispiel des Satzes von Pythagoras und bemerkt dazu: „Ita Analysis ista non minus rigorose demonstrat quam ipsa Synthesis“ (GM VII, 299). Dies wird dadurch erreicht, dass der Satz des Pythagoras auf andere Sätze zurückgeführt wird, die schließlich bewiesen werden oder als bewiesen bekannt sind. Da der Mathematiker im Verlaufe einer solchen Analysis die Umkehrbarkeit aller logischen Folgerungen beachten muss, kann dieser Gedanke nicht unmittelbar auf die Analysis infinitesimalis angewendet werden. Doch in einem Brief an Tschirnhaus aus dem Jahre 1682 (A III, 3, 657-658) findet sich eine Argumentation mit unendlichkleinen Größen, die Leibniz als Beweis bezeichnet. Abgesehen von der oben erwähnten Bemerkung in der *Quadratura arithmetica circuli* von 1676 ist dies bis jetzt die einzige mir bekannte Stelle[8], an der Leibniz beansprucht, mittels unendlichkleiner Größen einen Beweis zu geben. Er hatte einen solchen Anspruch bereits drei Jahre vorher in einer philosophischen Aufzeichnung über ars characteristica, ars inveniendi und mathesis universalis vorbereitet, in der er von „demonstrationes analyticae"[9] spricht. Beweise in der Analysis seien möglich, aber die Menschen bevorzugen das Vollkommene und Geglättete gegenüber dem Rohen und Unbearbeiteten. Wer die Analysis, mit der er zu seinem Ergebnis gelangte, erkennen lasse, gleiche einem Architekten, der die Geräte, mit der er ein Gebäude errichtet hat, am fertigen Gebäude stehen lasse. In der Analysis infinitesimalis sind die unendlichkleinen Größen die Geräte, mit der das Gebäude errichtet wurde. In einem Brief an Bodenhausen (GM VII, 391) erläutert Leibniz die Beziehung von Analysis und Synthesis für die Infinitesimalrechnung. Er erwähnt Viéte und Schooten und fährt fort: Um strenge Beweise für infinitesimale Überlegungen zu finden, brauche man nur die Lemmata über inkomparable Größen (GM VI, 151) zu beachten, die eine Anweisung darstellen, um einen Beweis à la Archimedes zu finden. Derselbe Hinweis wird auch an anderen Stellen gegeben (GM IV, 92; GP II, 305). Dies könnte also so zu verstehen sein, dass die Analysis eines bestimmten Problems zusammen mit der in den Lemmata incomparabilium gegebenen allgemeinen Anweisung, wie die Analysis in einen strengen Beweis zu transformieren sei, eine demonstratio analytica darstellt, also einen rohen Beweis, der noch einiger glättender (und für den Fachmann ebenso langweiliger wie überflüssiger) Bearbeitung bedarf, um ein vollkommener Beweis zu werden. Philosophen in der Tradition von Frege mögen schockiert sein und argumentieren, dass ein roher Beweis überhaupt kein Beweis ist. Doch die Mathematiker sind mit Sicherheit anderer Ansicht. Alle mathematischen Beweise sind rohe Beweise. Um nur ein primitives Beispiel zu wählen: Ein Mathematiker zögert nicht, von der Aussage $x^2+5=14$ unmittelbar zu $x=3$ überzugehen, obwohl es wohl zwei Seiten brauchen würde, um diesen Übergang durch Rekurs auf die Peano-Axiome zu rechtfertigen. Unter Mathematikern war die Konvention stets: Eine Lücke in einem Beweis ist keine wirkliche Lücke, wenn die Experten darin übereinstimmen, dass die Lücke leicht gefüllt werden kann. Die Konzeption einer demonstratio analytica ist daher für den Mathematiker sehr natürlich. Offenbar wurde es durch diese Konzeption leichter, die eigentlich notwendige Synthesis zu übergehen und damit den tiefgreifenden Wandel in der Bedeutung von Analysis innerhalb von zweihundert Jahren zu bewirken.

Anmerkungen

[1] Eine erste englische Fassung wurde am 2. Dezember 1994 am Dibner Institute (Boston) vorgetragen. Erstdruck: Analysis und Beweis, *Internationale Zeitschrift für Philosophie*, [Bd. 8], Heft 1, 1999, Stuttgart, Metzler, 95–116.

[2] Leibniz erklärt ausdrücklich, dass eine unendlichkleine Größen nur eine Abkürzung oder Sprechweise („modus loquendi") für ein Objekt ist, das kleiner als jede gegebene positive Größe ist (GP II, 305).

[3] Dieses Problem lässt sich vermutlich nicht ohne eine Erörterung der Rolle des Know-how in der Mathematik lösen, vgl. Breger 1990 und Breger 1992.

[4] A VII, 6, 585. – Damit könnte das gemeint sein, was weiter unten als roher Beweis bezeichnet wird. In diesem Falle wäre der Unterschied zwischen der *Quadratura arithmetica* und den späteren Texten geringer.

[5] Entsprechendes lässt sich ohne Schwierigkeiten für Fermat und Descartes zeigen.

[6] Vgl. auch d'Alembert 1751: 400. Auch der Ausdruck „analytische Geometrie" ist in diesem Zusammenhang zu sehen.

[7] Mit weiterem mathematischem Fortschritt erhöht sich üblicherweise allmählich die Abstraktionsebene, auf der Mathematik betrieben wird. Dementsprechend musste im Laufe der weiteren Entwicklung der Beweis im Einzelfall zunehmend als unbefriedigend und unangemessen erscheinen.

[8] Im unveröffentlichten Nachlass aus der Pariser Zeit und aus den ersten Hannoveraner Jahren wird es wohl weitere solche Stellen geben. Es wäre interessant zu wissen, ob und gegebenenfalls wieviele solche Stellen es in Leibniz' mittleren und späteren Jahren gibt.

[9] A VI, 4 A, 328-329. – An dieser Stelle bedeutet „analyticae" nicht „algebraisch".

Literaturverzeichnis

Arnauld, A.: *Nouveaux elemens de geometrie*, Paris, Savreux 1667

Auroux, S./Kaltz, B.: Analyse, Expérience, in: Reichardt, Schmitt, in Verbindung mit van den Heuvel, Höfer (Hrsg.), *Handbuch politisch-sozialer Grundbegriffe in Frankreich 1680 – 1720*, Heft 6, München, Oldenbourg 1986, 7–40

Breger, H.: Leibniz' Einführung des Transzendenten", in: A. Heinekamp (Hrsg.): *300 Jahre Nova Methodus von Leibniz (1684–1984)*, Sonderheft 14 von *Studia Leibnitiana*, Stuttgart, Franz Steiner 1986a, 119–132

Breger, H.: Leibniz, Weyl und das Kontinuum, in: A. Heinekamp (Hrsg.): *Beiträge zur Wirkungs- und Rezeptionsgeschichte von Leibniz, Studia Leibnitiana Supplementa*, Bd. XXVI, Stuttgart, Franz Steiner 1986b, 316-330

Breger, H.: Know-how in der Mathematik, in: D. Spalt (Hrsg.): *Rechnen mit dem Unendlichen*, Basel, Birkhäuser 1990, 43-57

Breger, H.: Tacit Knowledge in Mathematical Theory, in: J. Echeverria/A. Ibarra/T. Mormann (Hrsg.): *The Space of Mathematics*, Berlin, New York, de Gruyter 1992, 79-90

D'Alembert (Hrsg.): *Encyclopédie*, Bd. 1, Paris, Briasson etc. 1751

Engfer, H.-J.: *Philosophie als Analysis*, Stuttgart, Bad Cannstatt, Frommann-Holzboog 1982

Euler, L.: *Introductio in analysin infinitorum*, Lausanne, Bousquet 1748

Gregory, J.: *Vera Circuli Et Hyperbolae Quadratura*, Padua, Heredes Frambotti 1668

Hesse, O.: *Vorlesungen über die analytische Geometrie des Raumes*, Leipzig, Teubner 1861

Hintikka, J./Remes, U.: *The method of analysis*, Dordrecht, Boston, Springer Netherland 1974

Junker, F.: *Höhre Analysis*, 2 Bände, Berlin, Leipzig, Göschen 1920

Kästner, A. G.: *Anfangsgründe der Analysis endlicher Größen*, Göttingen, Vandenhoeck 1760

Kästner, A. G.: *Anfangsgründe der Analysis des Unendlichen*, Göttingen, Vandenhoeck 1761

Knobloch, E.: Leibniz's Rigorous Foundation of Infinitesimal Geometry by Means of Riemannian Sums, *Synthese* 133, 2002, 59–73

Lagrange, J.-L.: *Méchanique analytique*, Paris, Desaint 1788

Lagrange, J.-L.: *Théorie des fonctions analytiques, contenant les principes du calcul différentiel, dégagés de toute considération d'infiniment petits et d'évanouissans de limites ou de fluxions, et réduits à l'analyse algébrique des quantités finies*, Paris, Impression de la République 1797

Lakatos, I.: *Philosophical Papers*, vol. 2 (= *Mathematics, science and epistemology*), Cambridge, London, Cambridge University Press 1978

Lamy, B.: *Les elemens de geometrie*, Paris, Pralard 1685

Leibniz: LH XXXV, 12, 1 Bl. 219 (Januar 1680)

Leibniz: LH XXXV, 12, 2 Bl. 112.

L'Hôpital, G. F. A. de: *Analyse des infiniments petits*, Paris, Imprimerie Royale 1696
Mahoney, M. S.: *The mathematical career of Pierre de Fermat*, Princeton, Princeton University Press 1973
Newton, I. (anonym): An Account of the Book entituled Commercium Epistolicum, *Philosophical Transactions* 29, 1714–1716, 173–224
Peschl, P.: *Analytische Geometrie und lineare Algebra*, Mannheim, 2. Auflage, Bibliographisches Institut 1964
Prestet, J.: *Elemens des mathematiques*, Paris, Pralard 1675
Robinson, A.: *Non-Standard Analysis*, Amsterdam, North Holland 1966
Schmieden, C. /Laugwitz, D.: Eine Erweiterung der Infinitesimalrechnung, *Mathematische Zeitschrift* 69, 1958, 1-39
Schneider, M.: *Analysis und Synthesis bei Leibniz*, Dissertation Universität Bonn 1973
Viéte, F.: *Opera Mathematica*, Leiden, Elsevier 1646, Reprint Hildesheim, New York, Olms 1970
Weißenborn, H.: *Die Principien der höheren Analysis*, Halle, Schmidt 1856
Whiteside, D. T.: The mathematical principles underlying Newton's *Principia Mathematica*, *Journal for the History of Astronomy* 1, 1970, 116–138
Wolff, Ch:. *Elementa Analyseos Mathematicae, tam finitorum, quam infinitorum* (= Wolff: *Elementa Matheseos Universae*, Bd. 1, Halle, Renger 1713, 241-535)

12 Leibniz's Calculation with Compendia

It[1] has often been noted that Leibniz's verbal descriptions of infinitesimal magnitudes vary or even appear incoherent (cf. e.g. Boyer 1959: 207–221; Earman 1975: 236–251). But in his use of them Leibniz is in fact being quite clear and explicit; his view of infinitesimals appears not to have altered since the beginning of his Hannover period or a few years later[2]. It is not sufficient to study Leibniz's verbal descriptions of infinitesimal magnitudes in isolation; they need to be interpreted in connection with their mathematical usage. According to Leibniz's own statement (GM V, 257, 398, 399; A III, 2, 931-933; GM III, 71-73), which has been confirmed by research in the history of mathematics (Gerhardt 1891: 1053-1068; Mahnke 1926: 5; Scholtz 1934: 26; Hofmann 1974: 74), on his path to the infinitesimal calculus Leibniz was influenced by Pascal and Huygens in particular. I would therefore like to turn first to these two mathematicians.

12.1 The State of the Art I: Pascal

On several occasions, Leibniz reported how he stumbled across the characteristic triangle so important in devising infinitesimal calculus: on reading Pascal something dawned upon him that not even Pascal had noticed (A III, 2, 931-933; A III, 6, 255; GM III, 72-73; GM V, 399). In the proof that inspired Leibniz, Pascal was certainly not speaking of infinitely small magnitudes; the text and drawing are evidence of just the opposite[3]. Pascal states explicitly that one can take point E to be on the tangent "où l'on voudra" (Pascal 1965: vol. IX, 61), and he determines as a lemma that the triangles *DIA* and *EKE* are similar.

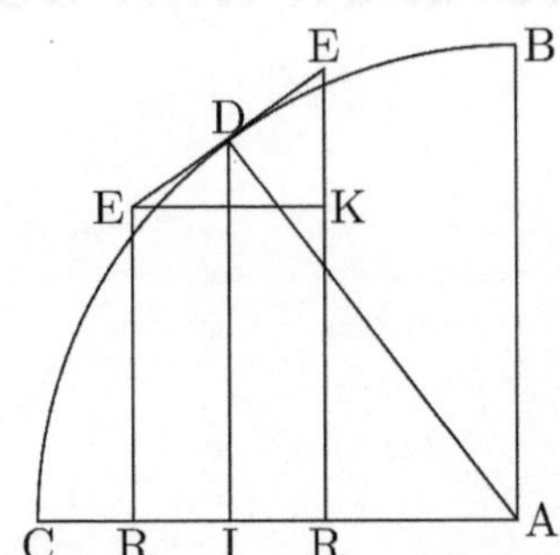

Abb. 12.1: Pascal's argumentation

By way of proof for proposition 1, immediately following, which is concerned with a statement about segments of the arc of a circle, Pascal divides the arc of a circle and a line "en un nombre indefiny de parties" (Pascal 1965: vol. IX, 63). He then refers to the lemma and concludes with the statement. But that is certainly not correct. Pascal therefore inserts a note: they cannot of course be equal, if the division is finite. But :

> l'égalité est veritable quand la multitude est indefinie ; parce qu'alors la somme de toutes les touchantes egales entr'elles, *EE*, ne differe ... de la somme de tous les arcs egaux *DD*, que d'une quantité moindre qu'aucune donnée (Pascal 1965, vol. IX, 65).

In other words: because the lemma applies to each division, one could offer a correct proof using the apagogic method of Archimedes, by demonstrating that the error is smaller than any positive quantity, however small this may be, and that the error thus equals zero.

Pascal's method of attaching a comment to a false proof, in which he maintains that one can also conduct the proof correctly, may amaze the non-mathematician, but for the mathematician it immediately makes sense. One knows at once that it is possible to conduct the proof using Archimedes' method as well as how this is to be done, and the reader is also grateful to Pascal that he has spared him the long-winded demonstration of Archimedes' method of proof.

Pascal also proceeds in a similar manner elsewhere. In the face of possible objections he argues that one could show that the error is smaller than any given (positive) quantity and justifies this in turn by arguing that the number of subdivisions is indefinite. What is demonstrated with the method of indivisibles (this is how Pascal calls infinitely small magnitudes or infinitely narrow rectangles) can also be shown in a strict manner and in accordance with Greek mathematics. Pascal continues: both methods differ only in the words they use; for rational people it is sufficient just to point out how this is meant (Pascal 1965: vol. VIII, 351, 352).

It is not difficult to find further places where Pascal talks of an indefinite division or a division "jusqu'à l'infiny" (Pascal 1965: vol. IX, 25, 68, 85, 86, 105, 190, 191). If we attempt to sketch out Pascal's method of procedure in the *Lettres de Dettonville*, we have to appreciate that nowhere does Pascal introduce new mathematical magnitudes with a fixed, though infinitely small value. Strictly speaking, a division "jusqu'à l'infiny" is of course impossible. In truth he really means an abbreviation of the method of proof. Pascal is saying so to speak: take a look at the procedure and make it clear to yourself that the proposed relationships are valid for every other division, however small; in other words, an apagogic proof is possible. I would like to add in passing that in a manuscript, in which he discusses what he had learned from Pascal, the young Leibniz talks of a division "in partes indefinitas" (Mahnke 1926: 35; A VII, 4, 358, 359).

It has been proposed that Pascal had a strong influence on Leibniz in that Leibniz adopted the neglect of quantities from Pascal (cf. Boyer 1959: 150). This proposal, however, is out of the question. Boredom at the long-windedness of the apagogic proof is not only typical of Pascal, but also of Fermat, Wallis, Huygens, Leibniz and others.[4] Even if the apagogic proof remains the model and ultimate foundation, in the second half of the 17th century mathematicians were interested in finding a solution, i.e. in the analysis. The connection between infinitesimals and what we now call epsilontics was obvious enough for 17th-century mathematicians. Accordingly, Leibniz often emphasized the relationship between his infinitesimal calculus and Archimedes (GM V, 322), whereby he also underlines the fact that Archimedes had provided no formal calculus. To reinforce this emphasis, Leibniz compares his relation to Archimedes with that of Descartes to Apollonius or Euclid[5]. Leibniz''s justification of infinitesimal calculus by way of epsilontics has, with few exceptions[6], not been taken seriously. Leibniz's remark has also been taken to mean that he had thought of replacing an infinitesimal magnitude with a small positive epsilon (Bos 1974, 55-56) – a procedure that does not in every case allow easy transformation of the analysis into proof and that in addition is not applicable to differentials of a higher order – instead of an apagogic proof, which would demonstrate in retrospect the correctness of the result found in every single case[7], if one considers it worthwhile.

Taking Pascal as a point of departure, I would now like to turn briefly to Leibniz's first publication of his infinitesimal calculus from 1684. It has been said that Leibniz introduced infinitesimals here as finite magnitudes (Boyer 1959: 210; Bos 1974: 19, 62–64). This is not wrong, but it is misleading. Leibniz in fact explains that one can choose any dx you like, and he then defines dy as the magnitude that has the same relation to dx as the ordinate to the subtangent. This definition does not initially explain how one arrives at the tangent. However, further on in the treatise Leibniz explains the tangent as being the line connecting two points separated by an infinitely small distance and the curve as being equivalent to an infinitely angled polygon (GM V, 223; likewise L'Hôpital 1696: 3, 11). This means of proceeding is by no means contradictory; it is the logical continuation of Pascal's method: the sides of the characteristic triangle are assumed to be finite; they can be chosen in any manner whatsoever, thus also as small as one would wish. The infinitely small magnitude is the abbreviation suitable in the context of discovery for a train of thought that the competent mathematician "sees," one that in the context of justification could be justified in an awkward fashion by means of apagogic proof. Whoever is interested in the provability rather than in the art of finding should not stare at the infinitely small magnitude like a rabbit at the snake; he should take a closer look at the process of ever-decreasing divisions. The infinitesimal is therefore not only very small; it has also absorbed, if this casual expression is allowed, a logical quantifier ("for all positive epsilons ...") so to speak. The meaning and quantitative value of the infinitesimal are dependent on the mathematical context. Or to express it differently: infinitesimals require instructions for use, and we all know that verbal instructions for use are always confusing to those who lack experience in how to use them.

12.2 The State of the Art II: Huygens

Let us now take a glance at a passage in Huygens's *Horologium oscillatorium*; Leibniz studied this piece of writing thoroughly:

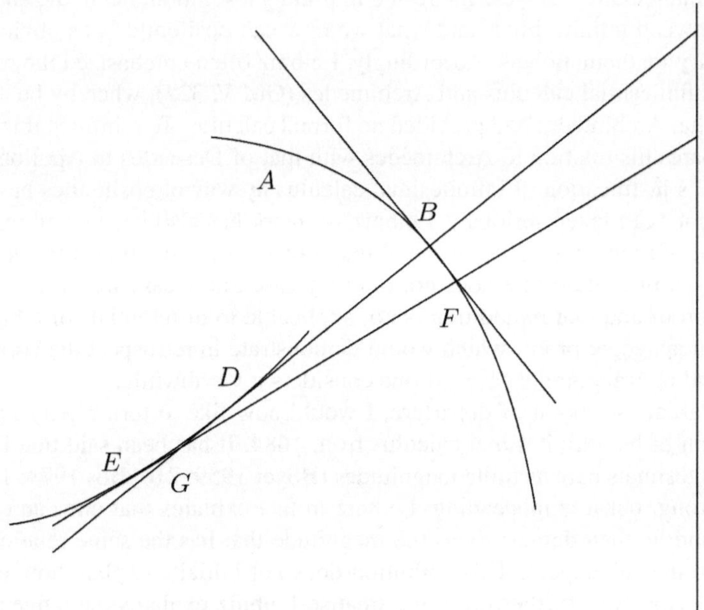

Abb. 12.2: Huygens's argumentation

Huygens proceeds on the basis of "puncta inter se proxima"[8] B and F; this should be taken to mean here (at least for the time being) "two points lying very close to one another." He then constructs in both points the normals, which are tangents of the curve sought after in two new points E and D. He then argues: the closer the original points are to one another, the closer the new points created by the construction are to each other . If now the original points – Huygens continues – are separated by an infinitely small distance, then the newly created points will coincide. In fact, one would expect that the newly created points are also separated by an infinitely small distance, but such a statement would not be of any use to Huygens. If one translates his geometric line of reasoning into modern notation, then one would obtain $f(x+dx) = f(x)$. When I encountered a similar line of reasoning a very long time ago in a text written by Tschirnhaus and then again somewhat later in a text by Leibniz (A III, 3, 612; GM V, 267, 281), I was irritated and thought that arguments with infinitely small magnitudes clearly should not be taken seriously. I am now of another opinion; the argument is stringent and correct, assuming that one understands what an infinitely small magnitude is. As long as the two points considered by Huygens are truly different from one another and are thus separated by a small positive distance, Huygens' argument is only an approximation. If the two points coincide, the reasoning seems to lack any basis. The argument only functions with the fiction of two points separated by an infinitely small distance, i.e. with two immediately adjacent points. Expressed differently, only this fiction delivers an exact solution. So we are dealing with a trick or an abbreviated way of saying that the error is smaller than any given magnitude, provided that one selects two original points that are truly different, but that are separated by a sufficiently small distance.

For a justification of this conclusion, one can refer to the continuity of the construction symbolized here by f (or to Leibniz's continuity principle). It is evident that the construction is continuous, but to write this down explicitly would involve a disproportionate amount of effort. In other words, something that is obvious and can be grasped intuitively can be formulated briefly and convincingly by means of an infinitely small magnitude; to write the same line of argument without using infinitely small magnitudes would require no small amount of pen work and would obscure the mathematical gist of the argument. In literature on the history of mathematics it is generally agreed that Huygens was a strict adherent of the stringent Greek mathematics and employed infinitesimals only seldom and even then only if strict proof would have been too boring[9].

A few lines later we find a further example: Huygens argues that the tangent in B is at the same time the tangent in F, if B and F are separated by an infinitely small distance. This is of course fictitious again; it is an abbreviated way of saying something that we today would describe with words referring to a process: "the tangent is the limit of the secant." If Huygens's remark is taken at face value, as if there really were two such points on the curve, then this would clearly produce nonsense. No formulated theory of limits and of sequences etc. can be attributed to Huygens and Leibniz; nor do the mathematicians consider developing such a theory necessary (because they have apagogic proofs in the back of their minds). The verbal apparatus which the mathematician has at his disposal is insufficient (Breger 1990); the mathematicians of the 17th and of the early 18th century know this, but they are not interested in this any further, because the mathematical facts are evident and it would be possible to conduct an apagogical proof at any time.

Since Huygens had a strong influence on the young Leibniz, we need to glance briefly at his biography and career. Because Huygens stuck to Greek stringency, proofs by means of moving points or of Cavalierian indivisibles were unacceptable for him (Huygens 1888–1950: vol. 1, 524; Huygens 1888–1950: vol. 14, 337), although there is no denying that these unconventional methods had lead to new (and correct) results. Because it was "tediosum" to always have to conduct an apagogic proof, Huygens opted for a compromise: Since finding was more interesting than proving, he wanted to employ infinitely small magnitudes on occasion, but still wished to provide the basis for a stringent proof, so that the expert was in no doubt that a stringent proof was possible. As Huygens says, it would suffice to do this on a couple of occasions, because one then knew how one should proceed in other cases. Thus the author is spared the work of writing the proof down and the reader the work of reading it. Otherwise mathematicians – Huygens continues to argue – would not find enough time to keep abreast of mathematical literature, which in recent times had been appearing so profusely[10]. When the young Leibniz found in Huygens his mathematical mentor, he must at once have absorbed this atmosphere of a new era in which solutions were appearing at such a great pace and in which the proof for each solution, once one had the solution, was so easy for the expert[11].

The manner in which Pascal and Huygens proceeded to use abbreviated proofs may appear shocking for a logicist philosopher; among mathematicians it has remained normal, simply a matter of course, right down to the present. To choose a primitive example: from $(x+1)^2 = 36$ everyone immediately deduces $x = 5$, although conducting a proof on the basis of the Peano axioms would presumably take two pages. Every mathematical treatise contains a large number of gaps of this nature[12]. But among mathematicians this would only be regarded as a gap in the proof, if an expert were unable to fill it in after brief reflection.

Huygens is interesting here for a further reason. While the criticism of infinitesimal calculus expressed by Nieuwentijd and Berkeley derives from their lack of mathematical knowledge, Huygens's reserve towards infinitesimal calculus, which he upheld for a long time, is of a different nature. What were the reasons for this reserve? I am not aware of any thorough investigation into this question. However much Huygens adhered to classical Greek stringency, he did not, as far as I know, accuse the new manner of calculating of lacking sound foundations. We have seen that Huygens was reasoning with infinitely small magnitudes before Leibniz. It is easy enough to find further examples of this; for example, Huygens explained Fermat's purely algebraic method of determining extreme values as one employing infinitely small magnitudes (Huygens 1888–1950: vol. 20, 231, 249; cf. also Cantor 1901: 144–145). Huygens clearly had no difficulty in understanding infinitely small magnitudes and in accepting them in some cases as a means of finding something and of abbreviating an exposition. His reservations towards the new method of calculation show us that we miss an opportunity to understand the specific contribution made by Leibniz (and Newton) if we concentrate exclusively on infinitely small magnitudes. This, by the way, is what Leibniz himself emphasized: if using infinitely small magnitudes in itself were to make someone the inventor of the infinitesimal calculus, Leibniz writes, then Huygens and others would already have been the inventors of infinitesimal calculus, but the new calculation method first arose when formulating an algorithm, i.e. when explicitly formulating calculation rules for sums, products etc (GM V, 393). Leibniz did indeed calculate with infinitely small magnitudes for a full two years after discovering the infinitely small triangle and wrote hundreds of pages[13] before he formulated the new method of calculation (Mahnke 1926: 38; GM III, 73). These two years were anything but wasted time; it was only by proving many theorems and gaining experience with the new material that Leibniz arrived at the higher level of abstraction from which he was able to recognize and explicitly formulate the rules of calculus. As long as geometric infinitesimals are being used, the 17th-century mathematician has the appropriate intuition: he "sees" immediately whether an epsilon argument works or not. But as soon as one starts to calculate with infinitesimals in an algebraic manner, the geometric intuition fades away and one has to acquire a completely new kind of intuition.

Huygens did not reach this higher level of abstraction, or if he did, then only at a late date; maybe this was due to his age (though until his death Huygens naturally remained one of the best mathematicians in Europe). In the last years of his life, Huygens realized how useful the infinitesimal calculus really was and made an effort to understand it. In fact, it is even said that he learned the infinitesimal calculus (Bos 1980: 143; Bos 1972: 600; Yoder 1988: 62; cf. also A III, 6, 417). Nevertheless, rather than using the infinitesimal calculus, Huygens employed the geometric thinking he had mastered so skilfully, using it to solve problems at the beginning of the 1690s, of which that of the catenary is the most well-known. The path trodden from employing infinitesimals geometrically to the new method of calculation was certainly a long one, even for such an excellent mathematician as Huygens.

12.3 Aspects of Leibniz's Concept of the Compendia

To cut a long story short, I would like to argue that we should abandon the prejudices of the second half of the 19th and of the 20th century. As far as Leibniz's infinitesimal calculus (and Newton's fluxional calculus) is concerned, there was no foundational problem (though this situation had changed by the early 19th century at the latest). What was really new and what posed the actual problem of understanding the new method of calculation was the higher level of abstraction; and this is precisely what in the course of development in mathematics (which naturally leads to higher levels of abstraction) has become self-evident and for us is thus invisible so to speak.

What was new in Leibniz's infinitesimal calculus was that calculations became somewhat independent of geometry and that algebraic calculation with infinitesimals was thereby constructed. Before Leibniz, the infinitesimal was a geometric line AB or KL in a certain geometric constellation. Leibniz was the first to regard the infinitesimals of functional dependencies such as dx, dy. Infinitesimals that are not differentials do not occur as far as I know in Leibniz's mature mathematical reasoning (as opposed to Cauchy). The differentials are also more abstract than the traditional geometric infinitesimals, in as much as they themselves vary. The differentials of a higher order are also new. One can define

$$dy = y(x+dx) - y(x)$$

and then continue with a further definition:

$$d^2y = dy(x+dx) - dy(x)$$

In this definition dx is taken to be infinitesimal. If one wished to define the differentials in the way Leibniz did in his treatise of 1684, then one needs to refer in the definition to the subtangent of the first derivative.

Nieuwentijd had disputed the existence of second-order differentials; his arguments were very formal. We therefore find in Leibniz's answer to Nieuwentijd the most formal expressions of opinion on infinitesimals that Leibniz to my knowledge ever made[14]. Leibniz first explains that the differentials are to be viewed against the backdrop of a process;

even the product of an infinitely small magnitude with an infinite magnitude is to be understood in the context of a process. In his defense of the second-order differentials, Leibniz remarks in passing that one can also calculate with the square of a differential[15]. According to Leibniz second-order differentials are infinitely small compared with first-order differentials. It is important to grasp the meaning of this claim. If first-order differentials have absorbed a logical quantifier, second-order differentials have absorbed two logical quantifiers. A second-order differential is a process that operates on processes. This interpretation fits in well, by the way, with Leibniz's general claim that for him in mathematics there is only a potential infinite[16], although he certainly talks of the existence of infinitely many monads in metaphysics.

The calculating rules for sums, products, quotients, powers and roots are of particular importance (GM V, 220–222). In this respect, too, calculus departs somewhat from its geometric foundation: it is no longer the curves, but rather the individual algebraic operations in their equations that are the object of calculus; calculating becomes much easier from this higher vantage point[17].

It has been said that Leibniz's attention focused on the differential rather than the derived function. In contrast to later developments that is of course correct, but we should note that differentials firstly occur in pairs and secondly, as a means of analysis, they no longer occur in the final solution. If $\frac{dy}{dx}$ or $\int ydx$ occur in the final result, then these are quantities which are only written with differentials for the sake of convenience; a single dx or a $x+dx$ cannot occur in the final solution. It follows from this that $\frac{dy}{dx}$ in practice plays a fairly prominent role right from the start. In addition, Leibniz obtains the simple calculation rules by using the tangent gradient (and not the subtangent as had previously been normal practice) for characterizing the tangent (GM V, 223). To be sure, the calculation rules are formulated in the 1684 treatise for the differentials, not for the derivatives.

Thus, prior to Leibniz the infinitely small magnitude was an abbreviated way of speaking of a process: "compendium ratiocinandi" or "per modum loquendi compendiosum"[18]; by inventing infinitesimal calculus, an abbreviated way of speaking of a geometric process becomes an object of calculation on a higher level of abstraction. But the object of calculation does not thereby lose its geometric roots; it remains an object of calculation dependent on its context, which at times is different from zero and at times is equal to zero. There had been no such abstract and strange object of calculation in the whole history of mathematics. One can well understand that Huygens, who was so attuned to Greek stringency, was capable of adopting without difficulty all that shocks us today in the infinitesimals, but that he was incapable of fathoming the transition to a more abstract calculus with abbreviated processes until at least 1691.

Johann Bernoulli, almost 40 years younger than Huygens, was able to cope with the higher level of abstraction with a certain amount of pragmatism. Leibniz was too much a philosopher to be satisfied with such pragmatism; again and again he expressly called the infinitesimal magnitudes fictitious[19]. If one misunderstands the differentials as "genuine mathematical entities" and as "fixed, but infinitely small," the infinitesimal calculus naturally appears to have "inconsistencies" and an "insecure foundation" (Bos 1974: 12, 13). The continuity principle expressed as $x+dx=x$ is only valid for fictions[20]. One can only regard the tangents as connecting two points of a curve at an infinitely small distance and the curve as an infinitely angled polygon in a fictitious context (GM V, 223; cf. also GM V, 126); otherwise one would deduce that the whole curve had the same tangent gradient everywhere. As an expedient in analysis, these fictions are comparable with imaginary numbers in the 'casus irreducibilis' of the cubic equation or with a fictive infinitely distant point (GM IV, 92-93; Leibniz 1846, 40-41, 42). Every number and every geometric line is finite and determinable; the unassignable magnitudes are fictitious, they cannot be determined by any construction (GP VI, 90; GM V, 322).

Leibniz possibly saw calculating with compendia in close connection with his theory of signs. Every instance of human reasoning, in Leibniz's opinion, requires a sign that is employed to abbreviate ("compendii causa") the things themselves or the ideas of the things. If, whenever the mathematician talks of a hyperbola, Leibniz continues, he wanted to envisage its definition and the definition of the terms occurring in this definition, he would only proceed and find new things at a very slow pace. Once one has become familiar with the things, one can calculate with their signs (A VI, 4, 918).

Clearly, over the course of time an imperceptible process was initiated, in which infinitely small magnitudes came to be taken for granted. When Leibniz states that the differential dx is the distance "inter duas proximas x" or that the distance of the "lineae proximae" of a family of curves is a differential (GM VII, 222; GM V, 267), then this is obviously a fiction: if x is a point, then $x+dx$ is a fictitious point. But for Cauchy $x+dx$ was also a real point; in connection with the Fourier series it then became necessary to find an explicit theory of the continuum, thus banning infinitesimals from mathematics for a hundred years. In the various versions of non-standard analysis, $x+dx$ is likewise an actual point (Schmieden/Laugwitz 1958; Robinson 1966). In Cauchy's times there was already a mathematical theory of sequences. Cauchy defines infinitesimals as sequences converging to zero. This definition implies likewise the existence of a quantifier in the definition of infinitesimals. The same is true, for example, of the non-standard analysis in the version of Schmieden and Laugwitz (Schmieden/Laugwitz 1958; modified by Laugwitz 1986): infinitesimals are defined as the equivalence classes of particular sequences. In this respect there is a similiarity to Leibniz: the infinitesimal is an abbreviation for a process.

After infinitesimals had been strictly rejected for a long time, they were rehabilitated by the non-standard analysis. The work of Henk Bos (Bos 1974) is a reaction to this new situation; it has the merit of being the first serious attempt to come to grips with Leibniz's infinitesimals. To be sure, some of Bos' work has to be corrected in the light of present-day insights. Comments were made on this earlier in this essay, but we should take a closer look at two aspects.

Firstly, according to Bos there were two strategies by which to justify Leibniz's recourse to infinitesimals: epsilontics and the principle of continuity (Bos 1974: 55–57). This distinction appears artificial, for the principle of continuity is of course also founded on epsilontics: two magnitudes are equal if their difference is smaller than any magnitude that can possibly be expressed. So the continuity principle is valid in the expression "the equality is an infinitely small inequality" (GM VI, 130) or: "the rule for equality is a special case of the rule for inequality" (GM VII, 25). In either case the processual nature is the decisive point; it is of no great import whether the process is described by means of epsilontics or with reference to the principle of continuity.

The second remark concerns the so-called "indeterminacy of differentials" (Bos 1974: 24–25). Bos expressed this idea in a somewhat paradoxical manner, for a dx does not become indeterminate because, for example, the magnitudes $0.3dx$ or $(dx)^2$ can be used. A limit process can naturally be shaped in various ways: the process represented by $(dx)^2$ runs faster than the one represented by dx, and the process represented by $0.3dx$ is a step ahead compared with the process represented by dx. But it is somewhat confusing to call this idea an "indeterminacy of differentials".

I would like to make one final remark on infinitesimals in Leibniz's physics. There, too, infinitesimals are fictitious. Leibniz calls the state of rest an infinitely small motion (GM VI, 130). The infinitely small magnitude denotes the state of disappearing or of commencing (GP VI, 90; GM IV, 105). Of course, Leibniz adds, it is not strictly true that rest is a type of movement, but rest terminates continuous motion and in a certain manner one can think of it as still belonging to motion, because it has a certain characteristic in common with motion, just as one can regard a circle as a regular polygon with infinitely many angles (GM IV, 106). The same can be said for living force; dead force is a nisus, an infinitely small living force (GM VI, 238).

We should remember here that Leibniz adopted the Aristotelian theory of the continuum (Aristotle: *Physics*, book 6). In this continuum points are not parts of the continuum: they constitute the boundary of partial continua, whereby the boundary always belongs to a partial continuum. Aristotle shows that there is a point in time in which a process of change is finished, but that there is no point in time for the beginning of a process. If a body rests in time AB and moves in the time BC, then it cannot have had any velocity at the point B; but in every point after B it is already in motion. Leibniz expresses this same idea in an intuitively plausible manner by already assigning to the body an infinitely small speed and an infinitely small living force at the point B.

It has been the intention of this essay to give a clearer view of Leibniz's specific contribution to the development of infinitesimal calculation. Leibniz "sees" in a text by Pascal on finite magnitudes the infinitely small triangle, because for him infinitely small magnitudes were the compendia for a process. For Huygens, too, infinitely small magnitudes were compendia for a process, and he certainly uses them as such. If he nevertheless had considerable difficulty understanding Leibniz's infinitesimal calculus, then it was clearly because for him the infinitely small magnitudes were abbreviations of geometric ideas and not fictitious objects in an algebraic calculus on a higher level of abstraction.

Notes

[1] First print: Leibniz's Calculation with Compendia, in: *Infinitesimal Differences. Controversies between Leibniz and his Contemporaries*, Hrsg.: U. Goldenbaum/D. Jesseph, Berlin, New York, de Gruyter 2008, 185–198.

[2] Admittedly we will only gain a complete image after Series VII of the Academy edition has been completed. Here I am going to ignore the conceptual attempts made by the young Leibniz and am only concerned with the ideas of the mature Leibniz.

[3] This remains the case, even if one agrees with Mahnke (1926: 37-39) that Leibniz was referring to figure 16: Pascal 1965: vol. IX, 67.

[4] Whiteside, 1960/1962, 331–348. On pp. 331 and 347, Whiteside criticises many 17th-century mathematicians from the vantage point of the higher level of abstraction reached in later mathematics – cf. Leibniz in his *Quadratura circuli*. The mathematicians certainly considered it a banal exercise to provide a complete description of the apagogic proof and saw it as dispensable; cf. Breger 1994: 214-216 (The italicising of the apagogic proof in Fermat's treatise on rectification is missing in Fermat 1891); Wallis 1695: 646, cf. also Boyer 1959: 171; Scholtz 1934: 33-34.

[5] Cf. Mahnke 1926: 61; A III, 5, 68, 90; A VI, 4, 431; GM II, 123; GM IV, 54; GM V, 393-394; GM VII, 15; GP IV, 277.

[6] Mahnke 1926; Scholtz 1934; page 127 seqq. in this volume; Knobloch 2002. Bos 1974: 55, has already pointed out that Lucie Scholtz's work has not received the interest it deserves.

[7] GM IV, 106; GM V, 240 last sentence; GP II, 305. Epsilon should not be taken for the infinitely small magnitude; it stands for the variance from the correct result as assumed in the indirect proof.

[8] Huygens 1673: 82 (also in Huygens 1888–1950: vol. 18, 225); Cantor 1901: 142; Yoder 1988: 89-91. The expression quoted in the text is also to be found in Huygens 1673: 62.

[9] Zeuthen 1903: 343; Baron 1987: 222-223; Bos 1980: 132, 136-137. Cf. also Leibniz's comments on Huygens's *Horologium* in: Gerhardt 1846: 43.

[10] When publishing *Horologium oscillatorium* Huygens produced a few results without proof; these results had meanwhile been published by Wallis, cf. Huygens 1888–1950: vol. 13, 753; vol. 14, 337, 190-192; Baron 1987: 221-223.

[11] In this connection it is important to note that Leibniz calls the new method of calculating 'analysis', that is the art of finding.

[12] Cf. Huygens' remark : "evidentius est quam ut demonstratione indigeat" (Huygens 1673 : 62).

[13] Cf. the volumes A VII, 4 and A VII, 5.

[14] GM V, 320-328. Other places in which Leibniz talks of various sizes of the infinite must presumably also be understood as different speeds of growth; the mature Leibniz at least refused to accept the assumption of an infinitely large number (GP III, 592; GM IV, 218).

[15] GM V, 322. Leibniz's calculation also differs from the approach used by John Bell, for whom the squares of differentials are equal to zero.

[16] From about 1680 on.

[17] GM V, 220 (title), 223.

[18] Gerhardt 1846: 43; GP II, 305. Bernoulli (1691: 290) also expresses himself in this manner. In A VII, 6, 585 we even find: "loquendi cogitandique, ac proinde inveniendi pariter ac demonstrandi compendia". On the question raised here by the young Leibniz of how to produce proof by means of infinitely small magnitudes cf. page 137 seqq. in this volume.

[19] A III, 7, 857–858; GM IV, 110; GP II, 305; GP VI, 629; Gerhardt 1846: 43; GM V, 385. As early as 1675 Leibniz regarded infinitesimals as fictitious, cf. A VII, 6, 537, 585.

[20] "...aequalitas considerari potest ut inaequalitas infinite parva" (GM VI, 130). Cf. also L'Hôpital 1696: 2–3. In general the validity of the continuity principle arises from the fact that Leibniz adopted the Aristotelian theory of the continuum: The boundary of a continuum belongs to the continuum (cf. page 127 seqq. in this volume).

References

Baron, M.: *The Origins of the Infinitesimal Calculus*, New York: Dover 1987

Bernoulli, Jac.: Specimen alterum calculi differentialis, *Acta eruditorum* 1691, 282-290

Bos, H.: Christiaan Huygens, in: *Dictionary of Scientific Biography*, Ch. C. Gillispie (ed.), vol. VI, New York: Scribner's Sons, 1972, 597-613

Bos, H.: Differentials, Higher-Order Differentials and the Derivative in the Leibnizian Calculus, in: *Archive for History of Exact Sciences*, 14, 1974, 1-90

Bos, H.: Huygens and Mathematics, in: *Studies on Christiaan Huygens*, Lisse: Swets and Zeitlinger, 1980, 126-146

Boyer, C. B: *The History of the Calculus and its Conceptual Development*, New York: Dover, 1959

Breger, H.: Know-how in der Mathematik, in: D. Spalt (ed.), *Rechnen mit dem Unendlichen*, Basel: Birkhäuser, 1990, 43–57

Breger, H.: The Mysteries of Adaequare: A Vindication of Fermat, in: *Archive for History of Exact Sciences*, 1994, 46, 193-219

Cantor, M.: *Vorlesungen über Geschichte der Mathematik*, vol. 3, 2nd edition, Leipzig: Teubner, 1901

Earman, J.: Infinities, Infinitesimals, and Indivisibles: The Leibnizian Labyrinth, *Studia Leibnitiana*, 7, 1975, 236-251

Fermat, P. de: *Œuvres*, vol. 1, A. Tannery/Ch. Henry (eds.), Paris: Gauthier-Villars, 1891

Gerhardt, C. I.: *Historia et Origo calculi differentialis*, Hannover, Hahn 1846

Gerhardt, C. I.: Leibniz und Pascal, *Sitzungsberichte der königlich preußischen Akademie der Wissenschaften zu Berlin*, Berlin, 1891, 1053-1068

Hofmann, J. E.: *Leibniz in Paris 1672-1676*, London: Cambridge University Press, 1974

Huygens, Ch.: *Horologium oscillatorium*, Paris: Muguet, 1673

Huygens, Ch.: *Œuvres*, 22 vol., The Hague: Nijhoff 1888–1950

Knobloch, E.: Leibniz's rigorous foundation of infinitesimal geometry by means of Riemannian sums, *Synthese* 133, 2002, 59-73

Laugwitz, D.: *Zahlen und Kontinuum*, Darmstadt: Wissenschaftliche Buchgesellschaft, 1986

L'Hôpital, G. F. A. de: *Analyse des infiniments petits*, Paris: Imprimerie Royale, 1696

Mahnke, D.: Neue Einblicke in die Entdeckungsgeschichte der höheren Analysis, *Abhandlungen der Preußischen Akademie der Wissenschaften*, 1925, phys.-math. Klasse, Nr. 1, Berlin 1926, 1-64

Pascal, B.: *Œuvres*, 14 vols., Vaduz: Kraus 1965 (reprint of Paris 1904-1914)

Robinson, A.: *Non-standard analysis*, Amsterdam: North Holland 1966

Schmieden, C./Laugwitz, D.: Eine Erweiterung der Infinitesimalrechnung, in: *Mathematische Zeitschrift*, 69, 1958, 1-39

Scholtz, L.: *Die exakte Grundlegung der Infinitesimalrechnung bei Leibniz*, Marburg, Görlitz: Kretschmer 1934

Wallis, J.: *Opera mathematica*, vol. I, Oxford: Theatrum Sheldonianum 1695

Whiteside, D. T.: Patterns of Mathematical Thought in the later Seventeenth Century, *Archive for History of Exact Sciences* 1, 1960/62, 179-388

Yoder, J.: *Unrolling Time*, Cambridge: Cambridge University Press, 1988

Zeuthen, H. G.: *Geschichte der Mathematik im XVI. und XVII. Jahrhundert*, Leipzig: Teubner 1903

13 Analysis as a feature of 17th century mathematics

13.1 The atmosphere

The[1] shining example for mathematicians of the 17th century was neither Euclid nor Apollonius nor Diophantus; it was Archimedes. Galilei talks of "divino Archimede" (Galilei 1890: 303) and Huygens's father called his young son "mon petit Archimède" (Huygens 1889: 567) und not, for example, "mon petit Euclide". Archimedes had solved problems of quadrature, which in the 17th century belonged to the most interesting problems, and he had used new methods in doing so. In comparison to Euclid he appeared creative and productive, transcending traditional boundaries. In his treatise on the quadrature of the parabola, he first showed how he had obtained his result by geometrically impermissible (mechanical) means and then he proved this result by legitimate means. The work on methods by Archimedes was not yet known in the 17th century, but the mathematicians of this century were certainly able to recognise how Archimedes had proceeded from the texts that were known to them. Archimedes fascinated others on account of his mathematical astuteness, of the problems he posed, so exciting for the 17th century, and of his method, which consisted of firstly finding the result in an illegitimate way, then proving this result by legitimate means.

From 1590 to 1700, mathematics developed in a productive and stimulating atmosphere. There were fundamentally new ideas, completely new methods, new definitions of mathematics and, of course, a great number of new results. During this period mathematicians reverted again and again to unconventional solutions. Kepler's bold reflections from 1612 (Kepler 1863: 545–665) on the volume of wine barrels as well as Neper's definition of a logarithm by way of moving points (Neper 1614: 1–5; Zeuthen 1903: 134) are just two examples. Kepler's work had a clear influence on the calculation of volumes in subsequent decades. At one point Kepler notes that one could also perform an apagogical proof in the style of Archimedes instead of with his short comment (Kepler 1863: 558). Elsewhere he challenges other mathematicians to find legitimate proofs for his ideas (Kepler 1863: 594, 601). Neper picks up from Archimedes and other mathematicians of Antiquity who had already used moving points. To understand Neper's problem one needs to be aware of the fact that he had at his disposal, as established tools, neither functional notation nor differential equations nor the infinite series nor the power notation. In our terminology his method of the moving points basically amounts to defining a logarithm by a simple differential equation.

Corresponding to the mechanistic view of nature in the physics of the 17th century, there was also a mechanistic way of thinking in the mathematics of that century (On the following cf. page 57 seqq. in this volume). The method of moving points was taken up by Torricelli to determine the tangent to the parabola; Torricelli in turn referred back to Galilei's ideas on the trajectory of a projectile. Roberval, de Witt, Wallis, Fabry, Grégoire de St. Vincent, Gregory, Barrow and Newton also made use of this method, which enabled them to solve such problems even before the differential and integral calculus had been developed. Despite the method's successes, it was clear that it did not conform to geometric rigour and that it actually resembled a kinematic, i.e. physical, method. An illustrative example is a result obtained by Roberval in 1642/1643: Roberval showed that the parabola and the Archimedean spiral have the same arc length; both curves were created by moving points (cf. Mersenne 1644: 129–131). In a letter from 1656, Huygens praises another of Roberval's results and adds that the proof for the arc lengths of a parabola and the spiral of Archimedes "is not equally safe. But for me, whoever conceives a true geometric proof of this will be a great geometrician, for I consider the assertion to be true"[2]. In 1659, Pascal then produced a geometric proof for the result (Pascal 1914: 247–288; Krieger 1970: 21–24).

13.2 Methods

In philosophy, physics and mathematics, the 17th century was particularly interested in methods. Regarding physics I would just like to mention Galilei and Newton. According to Galilei in the demonstrative sciences one first applies the metodo resolutivo (Galilei 1897: 75). The difficulty lay in finding out the truth; once it has been found, the rest was easy (Galilei 1897: 251). Newton observed:

> As in Mathematicks, so in Natural Philosophy, the Investigation of difficult Things by the Method of Analysis, ought ever to precede the Method of Composition (Newton 1718: 380).

In mathematics, the main goals lay especially in finding methods for solving problems and methods for finding theorems. Proving theorems was, of course, always part of this, but it was not nearly as important as it is today. Certainly, the Euclidean criteria for mathematical rigour were regarded as too narrowly defined. In this attitude towards science, one detects the atmosphere so characteristic of the 17th century – that of wanting to rush ahead.

The fundamental work at the start of Early Modern philosophy is Descartes' *Discours de la méthode pour bien conduire sa raison, et chercher la verité dans les sciences plus La Dioptrique, Les Meteores, et La Geometrie, qui sont des essais de cete methode*[3]. Hobbes, too, emphasises the central significance of the correct method (Hobbes 1655: 1, 40–55). Robert Hooke postulates an "Algebra of Algebras or the Science of methods" (A III, 3, 391). In the Port-Royal logic (Arnauld/Nicole 1662: 368–473) the discussion on methods, starting with analysis and synthesis, is quite lengthy. Leibniz also strives to find a characteristica universalis and an ars inveniendi. On the topic of mathematics in particular, he remarks that he only concerns himself with geometric problems if they are very elegant or very useful for mechanics and physics or reveal a new method, with the help of which many other problems can be solved (A III, 3, 596, 597).

Quite a number of 17th century mathematicians were convinced that the mathematicians of Antiquity had been in possession of a method, with the help of which they had found the geometric constructions that they communicated in their works. Thus Torricelli believes of the indivisibles introduced by Cavalieri that the mathematicians of Antiquity had used Cavalieri's method to find difficult theorems, even if they then produced the proof without this method (Torricelli 1919: 140). According to Descartes, the mathematicians of Antiquity used a certain type of analysis, with which they solved all problems, although they had not handed this method down to posterity (Descartes 1908: 373). A few years later, in his Géométrie, Descartes weakens his assertion: the mathematicians of Antiquity did not have the true method to find all theorems, they simply put together whatever they could find (Descartes 1982: 376). According to John Wallis, the Greek mathematicians without doubt possessed an "analysis", with which they found their theorems, but which they did not leave to posterity (Wallis 1693: 782; Heath 1981: vol. 2, 21). Elsewhere Wallis maintains that the Greeks had a method of investigation ("ars analytica"), which is now called algebra; the Greeks had consciously concealed this method (Wallis 1693: a 2 recto). Newton also speaks of the fact that the ancient mathematicians had hidden the "analysis" with which they found their constructions (Newton 1971: 276). It sounds like an answer to Wallis (and of course to Cartesian mathematics), when Leibniz explains in connection with his analysis situs that the Greek mathematicians possessed an analysis that was different from algebra (GM V, 179; GM VII, 254).

It can remain a moot point whether Wallis, when making his remark, at least partially referred to what in the 20th century was discussed under the term "geometric algebra" (Zeuthen 1896: 44–53, 139–140, 145–146, 153; Unguru 1975/1976; van der Waerden 1975/1976). But it is very plausible that the Greek mathematicians must often have arrived at their results using methods different to those they have told us about and it is also plausible that the Greek method of analysis often played an important role in doing so. Even for today's mathematicians the obvious thing to do is to give the results deductively, without mentioning the path by which the results were found. But it is interesting that precisely this practice was by no means obvious for mathematicians of the 17th century, in fact it even made them perplexed.

Analysis became one of the most popular and most important methods of 17th-century mathematicians; but in doing so the word's meaning started to change. Let us take a look first at the meaning of analysis as viewed by the Greeks. According to Heath, the method of analysis was discovered by the Pythagoreans (Heath 1981: vol. 1, 168, 291–292). Euclid mentions the method just briefly (Elementa XIII, 1 a; Heath 1981: vol. 1, 371–372).

The method of analysis is described by Pappus. Analysis

> takes that which is sought as if it were admitted and passes from it through its successive consequences to something which is admitted as the result of synthesis: for in analysis we assume that which is sought as if it were already done, and we inquire what it is from which this results, and

> again what is the antecedent cause of the latter, and so on, until by so retracing our steps we come upon something already known or belonging to the class of first principles, and such a method we call analysis as being solution backwards. But in synthesis, reversing the process, we take as already done that which was last arrived at in the analysis and, by arranging in their natural order as consequences what before were antecedents, and successively connecting them one with another, we arrive finally at the construction of what was sought; and this we call synthesis (Heath 1981: vol. 2, 400–401. Cf. also Sefrin-Weiss 2013).

The description of the method appears trivial – in part because for us it is more or less obvious, at least it is a practice constantly used in mathematics, with the difference that the words "analysis" and "synthesis" are no longer used by mathematicians to describe it, these words long since having taken on other meanings in mathematics. And it is this shift in meaning that the present article is concerned with. According to ancient analysis, one regards the problem to be solved or the assertion that needs to be proved or the construction to be performed as if the problem had been solved, the assertion proved, the construction carried out and one breaks this down further and further into logical component parts until one finally ends up at the problems already solved, the theorems already proved, the constructions already carried out. Then the analysis is finished. Synthesis is the name for the return journey, during which the component parts are reassembled so that this produces the correct proof that whatever has been found really is a solution of the problem or a correct proof of the original assertion or the performance of the construction that was required.

13.3 Viète

To understand the role of "analysis" in the mathematics of the 17th century[4], one has to begin in the year 1591. In this year, François Viète published his *In artem analyticem Isagoge*. The title announces an introduction to the art of analysis; in today's terminology it concerns an introduction to algebra. Viète had precursors, but one can rightly call him the first person to calculate systematically with letters. He takes the traditional words (whatever one is looking for is assumed to be known and then ...) (Viète 1646: 1). Without going into details and nuances, that means for us that letters are introduced for what is sought and what is given. The conditions of the task are then formulated in letters, and the quantity sought for is calculated. To be able to do this, Viète devises rules; for example, he shows that an equation remains unchanged if the same quantity is added or subtracted on both sides. According to Viète the analysis is the "doctrina bene inveniendi"; it is "ars nostra Mathematum omnium inventrix certissima" (Viète 1646: 1; Letter of Dedication to Catherine de Parthenay (before the Table of Contents)). This analytical art solves, in Viète's opinion, the problem of problems, namely – of leaving no problem unsolved (Viète 1646: 12). For the problems (in the theory of numbers, in algebra and in geometry) that Viète had in mind, this is hardly an exaggeration; his method of solving by calculating with letters is indeed a great help.

One can even say that since Viète it is possible to deliver proof not only in geometry but also in algebra (Viète 1973: 10, 30). From the viewpoint of modern mathematics that is correct. For Viète, calculating with letters was certainly not a means of proof, it was a way of finding a solution. Thus for Viète algebra was an analysis because it was founded on geometry and only in geometry was fully validated proof considered possible. The step of proving that what had been found was actually the solution had to be made afterwards. Admittedly, "firm in his conviction that synthesis was always possible, Viète himself never carried it out"[5]. At first glance, compared with Diophantus nothing had changed; if Diophantus had found the solution for one of his problems, then the proof was still needed that what he had found really was the solution; to be sure, this proof was so obvious that it could be left to the reader. But by introducing calculating with letters, a higher level of mathematical abstraction had been reached. For Diophantus it was difficult to explain a solution method in completely general terms (Breger 2000: 222), while for Viète this was easy.

After Viète it is above all Harriot who is important in developing the algebraic symbolic language (Zeuthen 1903: 97–101). His theory of equations, which appeared in 1631, ten years after his death, has the title *Artis Analyticae Praxis*. For William Oughtred, too, calculating with letters was the appropriate heuristic method. He emphasises in the Preface (Oughtred 1652: fol. A 4 recto) that he had not written his book in the customary synthetic way with theorems and many words, he had written it using calculating with letters and following the analytical path of finding.

13.4 Indivisibles

A further important advance was achieved by Cavalieri, who developed the theory of indivisibles. The indivisibles of two surfaces (these are the parallel lines that constitute these surfaces) were assumed to be in the same ratio to each other as the surfaces themselves; with this theory Cavalieri determined the surface areas and volumes of bodies (Cavalieri 1635; cf. on the following Andersen 1985). The method was subject to obvious objections; it certainly did not correspond to the traditional criteria of mathematical rigour. Cavalieri defended the method against critics; he was of the opinion that one could also use the method of indivisibles to produce proofs. He also once remarked that his argumentations by means of indivisibles "ad stylum Archimedeum reduci posse" (Cavalieri 1647: 235; Cantor 1913: 845). But the difference was that the exhaustion method is laborious while the method with indivisibles produces quick results (Caruccio 1971: 152). Torricelli adopted Cavalieri's method; he explained that it was a wonderful abbreviation for finding; in difficult mathematical questions Cavalieri's method points to the true royal road (Torricelli 1919: 140). "The promiscuous use of the two methods – that of indivisibles for discovery and the Archimedean process for demonstration – is very frequent in the *Opera geometrica*" (Gliozzi 1976: 435; Torricelli 1919: 173). Torricelli provides three proofs for a certain theorem, the first and the third by means of indivisibles, the second according to the apagogical method (Torricelli 1919: 164).

Cavalieri and Torricelli exercised an important influence on the further development (Caruccio 1971: 152). Roberval adopted the name "indivisible" from Cavalieri, by which, however, he meant what was later called infinitesimals; nonetheless Roberval spoke of there being just a small difference between Cavalieri's method and his own (Andersen

1985: 358, 360, footnote 27). In conformity with the official doctrine of the Catholic church (cf. Fromond 1631; cf. also Breger 1995: 156–158), the Jesuit Tacquet dismissed the theory that the linear continuum of points and surface areas was composed of lines; the method of indivisibles was thus not legitimate for him in geometry, at the most he accepted indivisibles for finding solutions (Strømholm 1976: 235; Tacquet 1668: 13).

Pascal adopted the word indivisible from Roberval as the name of an infinitesimal. The indivisibles of a plane are infinitely small rectangles, the sum of which only differs from the plane by an arbitrarily small quantity[6]. Pascal determines:

> tout ce qui est demonstré par les veritables regles des indivisibles se demonstrera aussi à la rigueur et à la maniere des anciens; et qu'ainsi l'une de ces Methodes ne differe de l'autre qu'en la maniere de parler (Pascal 1914: 352).

13.5 From Fermat to Newton

In Fermat one finds two meanings of analysis (Breger 2013: 25–26). Firstly, he uses "analysis" exactly in the classical Greek meaning. He begins an argumentation for example with the typical words "Let us suppose the problem solved" (Fermat 1894: 156). He sometimes ends an argumentation with the typical words "Quod erat inveniendum." (Fermat 1891: 139) For him it is obvious that, having found the solution by means of the analysis, the synthesis had to follow, i.e. the proof that it really was a solution; but since these were almost always his unpublished notes, he does not usually expressly mention what he took for granted. But he did at least once write that it was easy to proceed from the analysis given here to the synthesis (Fermat 1891: 104).

On the other hand, one finds in Fermat's works the meaning of "analysis" or "analytical" in the sense of calculating with letters as used by Viète. If a problem is expressed geometrically, Fermat first uses two or more letters such as AB or CDEFG to name a line or curve segment, whereby the letters represent points on or at the end of this line or curve segment. Then Fermat passes on to "termini analytici" (Fermat 1891: 160, 162, 163, 164, 171). Depending on whether the segment of the line or curve is a variable or an unknown quantity or a given constant quantity, the line or curve segment is referred to with a vowel such as A, E etc. or a consonant such as B, C etc. Algebraic calculations are now performed with these quantities. So once the solution has been found in this manner, algebraically, it is translated into a geometric construction, from which it afterwards ought to be demonstrated (geometrically) that it really is the solution. However, this synthesis is then omitted[7]. So one sees that the two meanings are basically the same. In both cases it is ultimately the classical Greek meaning that is meant; but in the case of the "termini analytici" with an un-Greek detour via algebra. This is due to the fact that for Fermat the type of problem and the solution are geometric (only in this sense is it a detour via algebra; in reality the solution is only actually found on this "detour" or at least found more quickly). Thus the synthesis (the proof that whatever has been found really is the solution) should not be conducted by means of analysis, in other words not using calculations with letters and, if it involves a problem of extreme values or a tangent problem, not using the Fermat method of extreme values and tangents (because this is in itself an analysis). Accordingly, in the synthesis ad refractiones only geometric arguments are employed; letters are merely used to name the geometric points (and then with pairs of letters to name a line segment that lies between these points).

Descartes does not use the word "analysis" in his *Géométrie*, but it is obvious that he applies the method. In his early treatise *Regulae ad directionem ingenii*, the analytical method and its relationship to synthesis had already determined the treatise's contents. In *Discours de la méthode*, as the appendix and example of which the *Géométrie* was published, Descartes speaks of the fact that he had constructed his own (philosophical) method from the best of analysis, algebra (i.e. analysis according to Viète) and logic; in fact the second, third and fourth rules proposed by Descartes do indeed appear to be influenced by the mathematical method of analysis (Descartes 1982: 17–20).

Above all, Descartes' procedure in his *Géométrie* is clear. The book is not constructed deductively and axiomatically like the corresponding works of Euclid and Hilbert, and no theorems are proved; instead geometry is presented as the art of solving geometric problems by means of an analysis (Bos 1990: 352). Descartes' method of solving geometric problems concurs in its main features with the method with which we have already become acquainted in Fermat; admittedly, the method is explained by Descartes explicitly, while in the case of Fermat it remained implicit and only recognisable from the actual procedure (this difference can at least be connected with the fact that Fermat did not publish his texts on this himself). The geometric problem is translated into an algebraic problem, which is solved algebraically. Rules are laid down as to how algebraic operations (multiplication, division, extracting the square root) with quantities can be translated into geometric constructions of these quantities. With the help of these rules, laid down once and for all at the beginning of the book, any algebraic solution you like can be translated into a geometric construction of the solution from the given quantities[8]. Not once did Descartes conduct the actual synthesis; it was considered necessary, but at the same time trivial, once the analysis has been completed. By the way, Descartes adopts Pappus' classical formulation on a number of occasions: "Let us assume the problem solved" (Descartes 1982: 372, 382, 413).

Since the synthesis was always omitted, the conviction (at first tacit) gradually established itself that it was not necessary and that by providing an algebraic solution the problem had already been solved. Other parallel developments contributed to this conviction. For one thing transcendental curves played an increasingly important role; for these, after several attempts that were soon given up, no new construction instruments were introduced (Breger 1986). The construction of geometric objects lost much of its significance: parallel to this a curve was increasingly assumed to be given by supplying its equation. Added to this was a further long-term development. Geometry lost its fundamental significance; algebra came to be treated on an equal footing with it. Descartes' way of conducting geometry was later called analytical geometry and contrasted with synthetic geometry, which functioned directly with constructions without a system of co-ordinates[9].

John Wallis was very influential with his results found in an unusual manner[10]. Wallis used not only Cavalieri's indivisibles, he also used incomplete induction (Zeuthen 1903: 279–288). He defends himself against objections by pointing out that his method was not a method of proof, it was one of investigation and thus a heuristic method. Wallis continues by claiming he deserves thanks rather than blame because he had not only stated the results but also shown the method by which he had found them. Those who want to could prove the results with the apagogical method (Wallis 1693: 331; A III, 7, 210), for whatever is found by induction can also be proved by means of the apagogical method (Wallis 1693: 331, 334). Induction, he claimed, was the true method of investigation and better than laborious apagogical proofs (Wallis 1693: 323). Elsewhere he writes that to not cause a feeling of nausea in the reader he was not providing apagogical proofs (Wallis 1695: 298). Elsewhere again Wallis comments: Archimedes and all ancient mathematicians concealed their analysis; but in contrast, he (Wallis) had not destroyed the bridge after having crossed the river. He did not doubt that his results could also be proved with the apagogical method of Archimedes, just about every mathematician could do that (Wallis 1693: 782).

In several places Wallis equates algebra with analysis or calls algebra the art of inventio (Wallis 1695: 8, 53, 59; Wallis 1693: 1, 316). Since Viète this had not been uncommon. However, it does in fact have a somewhat different significance in that Wallis deviates from the traditional view, according to which geometry was the basis at least of pure mathematics. For Wallis, algebra is independent of geometry and was at least on an equal footing with it (Beeley 2013: 43–44). If finding something out happens by means of algebra, then according to Wallis's concept this is in itself not yet finding out by a means that cannot be used for proof. But since Wallis uses incomplete induction as a heuristic tool, ultimately finding also happens for him by a means that is illegitimate in a deductive structure of mathematics (as in the case of Euclid or in today's mathematics).

In 1667, James Gregory introduces the name "analytical quantity" (Gregory 1668: 28). This meant the same as what we today call "algebraic quantity". Since he also speaks of an "analyst" (a mathematician who performs an analysis) and "operatio analytica" (addition, multiplication, extraction of roots), it is clear that for him this was just an obvious application of the common usage according to which algebra was analysis.

The traditional position opposing that of Wallis was one vociferously advocated by Isaac Barrow. Algebra, which Barrow calls a tool of analysis, was no part of mathematics; it consisted rather of just geometry and arithmetic (Barrow 1860a: 45). Analysis, he argued, belonged no more to mathematics than to physics or any other science; it was a useful part of logic; it taught how to use one's reason in connection with finding solutions and proofs. Barrow also wrote a treatise in which he aimed to show how Archimedes had found some of his theorems (Barrow 1860b). On the title page of *Lectiones Mathematicae* of 1685, it is stated expressly that this happens by means of the analytical method.

Barrow's *Lectiones geometricae* are of particular importance in the phase before the introduction of differential and integral calculus (Barrow 1860c). In the first lecture he deals with time at great length, then, in what follows, he demonstrates proofs by means of the method of the moving points. Infinitely small quantities (which he calls indefinite parva) also appear here. Nonetheless, for the most part Barrow selects a traditional, synthetic structure: algebra is only used occasionally; propositions are formulated, which are then in turn demonstrated. Letters mostly denote geometric points (and not generally, or only occasionally, geometric lines).

Newton adopts the strong geometric orientation from his teacher Barrow, at least partially; the *Principia* in particular are constructed synthetically. Newton himself reports (1714–1716, 206; cf. Newton 1981: 442 seqq. and the comments there by Whiteside) that he found most of the theorems of the *Principia* by means of the new analysis. But he then demonstrated them in the traditional manner because only this was in accordance with the requirements of the ancient mathematicians. Newton saw the actual disadvantage of the demonstrating style in the fact that "unskilful Men" (Newton 1714–1716: 206) would not recognise in the synthesis how the result had been found.

The young Newton expressed his method of determining a surface area by an infinite series in a paper entitled De analysi per aequationes infinitas; it was soon largely incorporated in his paper Methodus fluxionum et serierum infinitarum.

13.6 Leibniz

Leibniz made intensive use of the word "analysis". We find in his works not only various types of analysis (cf. Martin Schneider 1974; Rabouin 2013) in philosophy, logic and mathematics, we also find the first beginnings of a shift in meaning in mathematics, which eventually led to a complete change of the word in today's mathematics[11].

Leibniz is no longer concerned with repeating Pappus' words (assume the unknown to be known etc.); mathematical analysis had become more complicated. But he still maintains: "Les Mathematiciens ont coustume d'entendre l'art d'inventer sous le nom de l'Analyse" (A I, 13, 358); analysis is part of the ars inveniendi (GM VII, 206).

In logic and philosophy, by decomposing the notions, Leibniz wanted to find the basic notions from which the notions could be recomposed. However, here I am only concerned with mathematics.

The first two types of analysis of which Leibniz speaks are the analysis of Viète and that of Descartes (C 181; GM V, 312; GM VII, 313). Leibniz frequently points out that mathematical analysis is not to be equated with algebra and certainly not with ars inveniendi, as for example Viète, Wallis and others thought (GM VII, 10, 203, 206; A III, 3, 19, 22, 34, 38, 243, 253, 263; A VI, 6, 488). Leibniz is particularly interested (but not only) in showing that the analysis of Viète and Descartes has to be supplemented by an analysis situs and an analysis of transcendentals (infinitesimal calculus).

So Leibniz's third type of analysis is the analysis of the position. In some problems, Cartesian coordinate geometry leads to extensive calculations (and possibly an awkward construction as a solution), while one can see intuitively that a fine and simple construction exists[12]. In 1678 Leibniz writes: "Je ne cherche presque plus rien en Geometrie, que l'art de trouver d'abord les belles constructions" (A III, 2, 566). So the analysis situs was particularly intended to seek and find constructions. In fact, it was supposed to find solutions and constructions and at the same time even deliver the proof of the correctness of this construction, to be precise "par une analyse, c'est à dire par des voyes determinées" (A III, 2, 852). Thus the analysis situs is intended to convert intuitive geometric knowledge into a method. Elsewhere Leibniz remarks: Fermat, Descartes and others have not done what I demand with respect to curves. They have shown that what Pappus says is true and demonstrable, but they have not shown the source of how the Ancients arrived at it. "Denn ob schohn ingenii vis viel thut, so steckt doch gemeiniglich [e]in principium inveniendi analyticum darinn, so die jenigen offt selbst nicht observiren, die es doch brauchen"[13].

The fourth mathematical analysis in Leibniz's texts is that of infinitesimal calculus. In 1696 he writes of himself: "novum excogitavit analyseos genus pro scientia infiniti" (A III, 7, 119), and in a letter from 1697 he calls the infinitesimal calculus "une nouvelle Espece de calcul Analytique" (A III, 7, 487). Elsewhere too, Leibniz refers to infinitesimal calculus as "nova quadam methodo analytica" (A III, 7, 258) or "nova Methodus Analytica" (A III, 5, 65). When Leibniz wants to explain the difference between his infinitesimal calculus and Barrow's *Lectiones Geometricae*, he points out (among other things) that Barrow offers a synthesis, while he, Leibniz, provides an analysis, i.e. a method of finding (A III, 5, 66, 89). Generally, Leibniz speaks several times of "calculus differentialis" (GM V, 244), but for infinitesimal calculus he mostly uses phrases such as "analyse des transcendantes" (GM V, 278), "analysis infinitorum" (GM V, 244, 259, 266, 275), "analysis circa infinitum" (GM V, 263) or "nostre analyse" (GM IV, 95). Leibniz clearly views his infinitesimal calculus as a method of finding solutions for problems. Newton also understood Leibniz's method in this way. "Mr. Leibnitz's is only for finding it out", while his own method was suited for finding as well as for exact proof (Newton 1714–1716: 206). From here one can see the status of the infinitely small quantities. In 1676 Leibniz had already explained that one was allowed to use infinitesimals in geometry "inventionis causa, licet essent imaginaria" (A VI, 3, 564), and in 1703 he writes to Jacob Bernoulli: "Veteris enim methodi nostra non nisi contractio est, inventioni apta" (GM III, 81).

If infinitesimal calculus is an analysis, then this poses the question of the synthesis. In the problem of isochrones, Leibniz first provides the analysis using infinitesimals and then a "demonstration" (GM V, 243) without infinitesimals. However, he usually manages without the synthesis, commenting at times in this manner:

> Il est aisé de donner la demonstration de toutes ces choses, lorsqu'elles sont deja trouvées, c'est pourquoy je ne veux pas m'arrester (GM V, 240. Similar remarks: A III, 5, 118; GP I, 404; GM VII, 361).

This is fairly normal in the 17th century; if the analysis has been completed successfully, the synthesis is regarded as relatively simple. When viewing the problem of the catenary, Leibniz also does without the proof, not only because it is long-winded, but above all because anyone who knows infinitesimal calculus can find it on their own from the preceding remarks on the solution (GM V, 247). There is certainly no synthesis infinitesimalis; the infinitely small quantities are only used in the analysis and the synthesis is performed traditionally (ultimately à la Archimedes in the broadest sense) by means of epsilontics (Scholtz 1934; Knobloch 2008). When La Hire undertook to supply the missing synthesis, Leibniz remarked:

> Je ne suis pas faché que M. de la Hire veut bien se donner la peine que je ne voudrois point prendre de reduire en demonstrations à la façon des anciens, ce que nous découvrons aisement par nos Methodes (GM II, 276).

La Hire had noticed, Leibniz wrote to Johann Bernoulli, how much easier it was to transform our analytic solutions into synthetic proofs than to find the solutions themselves (A III, 7, 455). The emphasis lies in both cases on the contrast between analysis and finding on the one hand and on demonstrating on the other hand. And in another context Leibniz writes about La Hire that if he "einige nova inventa more veterum zu demonstriren trachtet, welches mehr mühsam als schwehr," then he, Leibniz, would be happy to leave such an honour to him (A III, 6, 517).

Inasmuch as the infinitely small quantities are only used in analysis and not in demonstrating proof, the accusation made against infinitesimal calculus of being inadequately reliable in its foundations is invalid. If Leibniz solves a problem by means of analysis infinitesimalis and communicates the solution with the analysis but without the (traditional) proof, then this simply means that he has not supplied the proof (which was not unusual, if one could assume that talented mathematicians can find the proof themselves), but he did show how he had found the solution. At times it is said that Leibniz should have given a general proof that every argument with infinitesimals can be transformed into an apagogical proof à la Archimedes. But that is a misunderstanding. In today's mathematics, differential and integral calculus is a theory; at the time of Leibniz it was a method for solving problems of ancient and Cartesian geometry (i.e. theories on a lower level of abstraction). To demand a general proof is to approach from the level of abstraction of today's mathematics. Colleagues expected of a fellow mathematician of the 17th century that he could solve individual problems of the geometry of curves. If he was in possession of a method that solved several such problems, that was pleasing for him[14]. He was under no obligation to justify his method, which only served to find something out. Leibniz points out correctly that there had been no need for him to publish his method; he could have been content with being able to solve problems with it (and to demonstrate the solution traditionally), which others would not have been able to solve (GM V, 258). In other words, he could have proceeded as the mathematicians of Antiquity had done. Admittedly, if one wished to use the method oneself, one must be able to calculate with infinitesimals. That not everyone who tried was able to do so is shown by the examples of Nieuwentijd (GM V, 320–328) and Sauveur (A III, 7, 284–293, 305–309). These examples presumably also show that there is little sense in concerning oneself with the question of infinitesimals on the basis of general philosophical ideas. The method also contains intuitive elements: Familiarity with limits of functions (including geometrically complicated situations) in a period in which there was not yet the explicit term of a limit, must have been a prerequisite.

Leibniz gave computing rules for his analysis infinitesimalis just as Viète had likewise set up computing rules for his analysis. Such rules do not make an analysis into a synthesis. But in the long-term the need for a synthesis fell into oblivion, simply because the synthesis was normally omitted (just as happened in the course of time with the synthesis for Viéte's and Descartes' analysis).

Leibniz already tried to take this de facto development of mathematical practice into account by attempting on various occasions to make the analysis more like the synthesis[15]. There is nothing special about it when Leibniz speaks of a "demonstratio pure analytica" (A III, 2, 694, Erläuterung) for the rule "minus times minus equals plus"; he simply meant an algebraic proof instead of a geometric one. Using the example of Pythagoras's theorem, Leibniz shows that one can easily make a synthesis from an analysis if the individual steps are reversible (GM VII, 299–301). However, the conclusion drawn in this document – that the analysis demonstrates no less rigorously than the synthesis (GM VII, 299) – is not universally valid. In the analysis situs, Leibniz is also concerned with finding the synthesis, i.e. the geometric construction, directly from the analysis (GM VII, 249, 250). Inasmuch as in some notes the analysis situs is based on the term of congruence and the definition of a circle and a straight line are directly attuned to geometric constructions, this might appear promising – if it were at all possible to solve more difficult problems with this terminology. But the most interesting approach would of course have been a convergence of analysis and synthesis in the infinitesimal calculus. I am only aware of one single place (in a letter) in which Leibniz after 1676 considers calculating with differentials as a means of proof[16].

13.7 Conclusion

Mathematical development continued to progress in such a way that the success of the infinitesimals made them increasingly important. In 1736 Leonhard Euler explains, in the praefatio to *Mechanica sive motus scientia analytice exposita*, the title and structure of his book by stating that the mechanics books of Newton and Hermann are written synthetically, but that one does not learn from them how one can solve slightly different problems oneself. Infinitesimal calculus shifted gradually from being a method to an independent branch of mathematics, one of infinitesimals as independent mathematical quantities (and no longer as fictions as they were seen by Leibniz). I know of no-one apart from Leibniz in the 18th century who considered it in principle necessary to prove the results of an analysis infinitesimalis afterwards synthetically.

By the end of the 18th or the beginning of the 19th century, analysis had become a washy term. There was the analysis of the finite (Viète's analysis or algebra) or the lower analysis and the analysis of the infinite or higher analysis. Parallel to this, an extra-mathematical meaning of analysis developed in the course of the 18th century; analysis was increasingly becoming simply the word for an investigation. Thus the higher and lower analysis might appear as a more or less complicated mathematical investigation. The mathematician and physicist Ernst Gottfried Fischer, professor at the Berlin University, instructor of the Prussian crown prince and member of the Berlin Academy (Cantor 1878; Klemm 1961), was no longer really familiar with the original meaning of analysis. In 1808 he stated: "I can name not one single author in whose works I have found a clear and definite explanation of analysis." So he gave his own definition: "Analysis is the theory of varying quantities, provided they are constructed by arbitrary symbols" (Fischer 1808: 84–85). Finally, against the background of today's meaning (analytical = involving a limit-process or relating to a limit-process), the term "analytical geometry", which was still normal in the 1960s, appeared to be an illogical nomenclature; since then one speaks of linear algebra.

One more final comment on what is called "synthetic geometry" today. Johann Heinrich Lambert was already speaking of "synthetic geometry" in 1782 (Lambert 1782: 75). By that Lambert clearly meant geometric constructions. At around this time or a little earlier, the term "analytical geometry" also arose[17]. Both terms were presumably conceived when the original reciprocal relationship of analysis and synthesis had largely fallen into oblivion. What we understand under synthetic geometry emerged in the period from Monge (1795) to Poncelet (1822). Carnot does recognise the advantages of analysis (meaning by this the algebraic treatment of geometry), nonetheless he pleads for a geometry that assigned a stronger role to the geometric approach; he speaks of analysis's hieroglyphic writing because there are formulas in the calculations that do not correspond to any intuition (Carnot 1803: 9–13).

Notes

[1] An earlier version was held in Paris as a talk (Institut Henri Poincaré, 9 May 2012; "Epistemologie et Histoire des Idées Mathématiques" organized by M. Serfati). I dedicate the article to the memory of Wolfgang Bungies.

[2] Huygens 1888: 524: "... non aeque certa est. At mihi magnus Geometra erit qui vere Geometricam demonstrationem hic excogitaverit, nam propositio quidem vera est ut opinor".

[3] The Regulae ad directionem ingenii were already concerned with method. Cf. also Serfati 2011; Serfati 1994; Serfati 2013: 62.

[4] In the following I am certainly not dealing with all aspects covered by the term "analysis" in the 17th century. I am concentrating on the one aspect which I consider to be the most important in terms of its historical influence.

[5] Mahoney 1973: 46. – Nonetheless Viète explains that the geometric expert conceals the analysis and reports his result synthetically (Viète 1646: 10).

[6] Pascal 1914: 352–353. – Continuing on from here, Leibniz expresses the principle of continuity as follows: "Equality is an infinitely small inequality" (GP III, 53).

[7] One exception is the synthesis ad refractiones, which belongs to the analysis ad refractiones, cf. Fermat 1891: 170–179.

[8] However, Descartes did have to introduce new construction instruments, for example in order to be able to construct cubic problems.

[9] Cf. page 167 in this volume.

[10] Zeuthen 1903: 287–288. On the following cf. Beeley 2013.

[11] Cf. page 127 seqq. and 137 in this volume.

[12] A III, 2, 237–238. On remarks on algebra and analysis situs cf. A III, 3, 190, 314; A III, 5, 601.

[13] A III, 7, 654–655. Leibniz remarks on the fact that the analysis situs is supposed to rest on hints of a presumed analysis of ancient mathematicians in A III, 5, 77.

[14] Once such a method became known, it could of course become the starting point for a development that in the long-term could lead to a new theory on a higher level of abstraction – as was the case with infinitesimal calculus or fluxional calculus.

[15] Cf. page 143 seqq. in this volume.

[16] A III, 3, 657–658. Cf. also page 144 in this volume.

[17] Cf. for example Meinert 1790. One could also mention, with slight hesitation, Schenmark 1779.

References

Andersen, K.: Cavalieri's Method of Indivisibles, *Archive for History of Exact Sciences* 31, 1985, 291–367

Arnauld, A./Nicole, P.: *La Logique ou l'art de penser*, Paris, Savreux 1662

Barrow, I. Lectiones mathematicae, in: Barrow: *The Mathematical Works*, Cambridge, University Press 1860a, 23–378

Barrow, I.: Mathematici Professoris Lectiones, in: Barrow: *The Mathematical Works*, Cambridge, University Press 1860b, 379–414

Barrow, I.: Lectiones opticae et geometricae, in: Barrow: *The Mathematical Works*, Cambridge, University Press 1860c, 155–320

Beeley, Ph.: Nova methodus investigandi. On the Concept of Analysis in John Wallis' Mathematical Writings, *Studia Leibnitiana* 45, 2013, 42–58

Bos, H.: The Structure of Descartes' Géométrie, in: *Descartes: il Metodo e i Saggi*, ed.: Belgioioso/Cimino/Costabel/Papuli, vol. II, Rome, Istituto della Enciclopedia Italiana 1990

Breger, H.: Leibniz' Einführung des Transzendenten, in: *300 Jahre Nova Methodus von Leibniz*, ed.: A. Heinekamp, Stuttgart, Franz Steiner 1986, 119–132

Breger, H.: Mathematik und Religion in der frühen Neuzeit, *Berichte zur Wissenschaftsgeschichte*, 18, 1995, 151–160

Breger: Tacit Knowledge and Mathematical Progress, in: *The Growth of Mathematical Knowledge*, Grosholz/Breger (eds.), Dordrecht, Boston, London, Kluwer 2000, 221–230

Breger, H.: Fermat's Analysis of Extreme Values and Tangents, *Studia Leibnitiana* 45, 2013, 20–41

Cantor, M.: Ernst Gottfried Fischer, *Allgemeine Deutsche Biographie*, vol. 7, Leipzig, Duncker & Humblot 1878, 62–63

Cantor, M.: *Vorlesungen über Geschichte der Mathematik*, vol. II, Leipzig, Teubner 1913

Carnot, L.: *Géométrie de position*, Paris, Duprat 1803

Caruccio, E.: Bonaventura Cavalieri, in: *Dictionary of Scientific Biography*, vol. III, ed.: Gillispie, New York, Scribner 1971, 149–153

Cavalieri, B.: *Geometria Indivisibilibus promota*, Bologna, Ferronius 1635

Cavalieri, B.: *Exercitationes Geometricae Sex*, Bologna, Montius 1647

Descartes, R.: *Œuvres*, ed.: Adam/Tannéry, vol. VI, Paris, Vrin 1982; vol. X, Paris, Cerf 1908

Euklid: *Die Elemente*, ed.: Clemens Thaer, 5 Teile, Leipzig, Akademische Verlagsgesellschaft 1933, reprint Leipzig 1984

Fermat, P.: *Œuvres*, vol. I, Paris, Gauthier-Villars 1891; vol. II, Paris, Gauthier-Villars 1894

Fischer, E. G.: *Untersuchung über den eigentlichen Sinn der höheren Analysis, nebst einer idealischen Übersicht der Mathematik und Naturkunde nach ihrem ganzen Umfang*, Berlin, Weiss 1808

Fromond, L.: *Labyrinthus sive de compositione continui*, Antwerpen, Moret 1631

Galilei, G.: *Opere*, vol. I, Firenze, Barbèra 1890; vol. VII, Firenze, Barbèra 1897

Gliozzi, M.: Evangelista Torricelli, in: *Dictionary of Scientific Biography*, vol. XIII, ed.: Gillispie, New York, Scribner 1976, 433–440

Gregory, J.: *Vera Circuli Et Hyperbolae Quadratura*, Padua, Heredes Frambotti 1668

Harriot, T.: *Artis Analyticae Praxis*, London, Barker 1631

Heath, T.: *A History of Greek Mathematics*, New York, Dover 1981, 2 vols.

Hobbes, T.: *Elementorum philosophiae sectio prima De Corpore*, London, Crook 1655

Huygens, Ch.: *Œuvres complètes*, vol. 1, La Haye 1888; vol. 2, La Haye, Nijhoff 1889

Kepler, J.: *Opera*, ed.: Frisch, vol. IV, Frankfurt/Main, Erlangen, Heyder & Zimmer 1863

Klemm, F.: Ernst Gottfried Fischer, *Neue Deutsche Biographie*, vol. 5, Berlin, Duncker & Humblot 1961, 182–183

Knobloch, E.: Generality and Infinitely Small Quantities in Leibniz's Mathematics – The Case of his Arithmetical Quadrature of Conic Sections and Related Curves, in: *Infinitesimal Differences*, ed.: Goldenbaum/Jesseph, Berlin, New York, de Gruyter 2008, 171–183

Krieger, H.: *Bestimmung bogengleicher algebraischer Kurven in historischer Sicht*, Dissertation Tübingen 1970

Lambert, J. H.: *Logische und philosophische Abhandlungen*, vol. 1, Berlin, Bernoulli 1782

Mahoney, M.: *The Mathematical Career of Pierre de Fermat*, Princeton, Princeton University Press 1973

Meinert, F.: *Lehrbuch der Mathematik. Zweiter Theil. Gemeine Geometrie und ebene Trigonometrie; gemeine Analysis oder Algebra, und analytische Geometrie*, Halle, Hemmerde und Schwetschke 1790

Mersenne, M.: *Cogitata physico-mathematica*, Paris, Bertier 1644

Neper, J.: *Mirifici Logarithmorum Canonis Descriptio*, Edinburgh, Hart 1614

Newton, I. (anon.): An Account of the Book entituled Commercium epistolicum, *Philosophical Transactions*, XXIX, 1714–1716

Newton, I.: *Opticks*, London, Innys 1718

Newton, I.: *Mathematical Papers*, vol. IV, Cambridge, Cambridge University Press 1971; vol. VIII. Cambridge, Cambridge University Press 1981

Oughtred, W.: *Clavis Mathematica*, 3. ed., Oxford, Lichfield 1652. First edition London 1631: *Arithmeticae Institutio*

Pascal, B.: *Œuvres*, vol. VIII, Paris, Hachette 1914

Rabouin, D.: Analytica Generalissima Humanorum Cognitionum. Some Reflections on the Relationship between Logical and Mathematical Analysis in Leibniz, *Studia Leibnitiana* 45, 2013, 109–130

Schenmark, N.: *Analytische Geometrie*, Copenhagen, Proft 1779

Scholtz, L.: *Die exakte Grundlegung der Infinitesimalrechnung bei Leibniz*, Görlitz, Marburg, Kretschmer 1934

Sefrin-Weiss, H.: Greek geometrical analysis: method and methodology in Pappus' Collectio, *Studia Leibnitiana* 45, 2013, 2–19

Serfati, M.: Regulae et Mathématiques, *Theoria* IX, 1994, 61–108

Serfati, M. (ed.): *De la méthode*, 2nd ed., Besançon, Presses Universitaires Franch-Comté 2011

Serfati, M.: Order in Descartes, Harmony in Leibniz, *Studia Leibnitiana* 45, 2013, 59–96

Schneider, M.: *Analysis und Synthesis bei Leibniz*, Dissertation, Bonn 1974

Strømholm, P.: Andreas Tacquet, in: *Dictionary of Scientific Biography*, vol. XIII, ed.: Gillispie, New York, Scribner 1976, 235–236

Tacquet, A.: Cylindrica et annularia quinque libris comprehensa, in: *Opera Mathematica*, Antwerpen, Meursius 1669

Torricelli, E.: *Opere*, ed.: Loria/Vassura, vol. I, pars 1, Faenza, Montanari 1919

Unguru, S.: On the need to rewrite the history of Greek mathematics, *Archive for History of Exact Sciences* 15, 1975/1976, 67–114

Viète, F.: *Opera*, ed.: Schooten, Leiden, Elsevier 1646

Viète, F.: *Einführung in die Neue Algebra*, eds.: K. Reich/H. Gericke, München, Fritsch 1973

Waerden, B. L. van der: Defence of a 'Shocking' Point of View, *Archive for History of Exact Sciences* 15, 1975/1976, 199–210

Wallis, J.: *Opera*, vol. I, Oxford, Theatrum Sheldonianum 1695; vol. II, Oxford, Theatrum Sheldonianum 1693

Zeuthen, H. G.: *Geschichte der Mathematik im Altertum und Mittelalter*, Kopenhagen, Höst 1896

Zeuthen, H. G.: *Geschichte der Mathematik im XVI. und XVII. Jahrhundert*, Leipzig, Teubner 1903

14 Ebenen der Abstraktion: Bernoulli, Leibniz und Barrows Theorem

Mathematik[1] ist eigentlich eine ziemlich klare Wissenschaft, und üblicherweise gelangen die Mathematikhistoriker zu Schlussfolgerungen, die von ihren Kollegen geteilt werden. Aber gelegentlich liegen die Dinge schwieriger. Es scheint in manchen Fällen eine gewisse Vagheit oder Zweideutigkeit in den mathematischen Tatsachen zu geben. Die Übersetzung in die heutige Mathematik lässt das Problem zwar verschwinden, aber es bleibt der Eindruck, dass es vor dieser Übersetzung wirklich ein Problem gab. In solchen Fällen kommen die Mathematikhistoriker nicht selten zu verschiedenen Resultaten, und die Debatte zwischen ihnen scheint nur der Nachhall einer Debatte unter den Mathematikern einer früheren Epoche. Eine vorwiegend psychologische Interpretation, die sich auf den guten oder schlechten Charakter der beteiligten Mathematiker bezieht, wird der Angelegenheit nicht gerecht. Einige Betrachtungen zur Rolle von Know-how, mathematischem Fortschritt, Übergang zu einem höheren Abstraktionsniveau und mathematischer Notation können sich als nützlich erweisen. Zuerst müssen jedoch die historischen Fakten in Erinnerung gerufen werden.

14.1 Barrows Theorem

In einem Artikel in den *Acta Eruditorum* vom Januar 1691 erwähnt Jakob Bernoulli, dass Leibniz' erste Veröffentlichung zum Infinitesimalkalkül, der Aufsatz von 1684, schwer zu verstehen war. Aber, so fährt er fort, wer Barrows in den *Lectiones Geometricae* veröffentlichte Rechnungsweise kennt, dem kann schwerlich Leibniz' Kalkül unbekannt sein, denn letzterer ist auf ersteren gegründet, und der Unterschied besteht nur in der Notation and einer gewissen Abkürzung („compendium") der Operationen (Bernoulli 1691a: 14).

Bernoullis Worte enthalten keine Anklage wegen eines Plagiats (sie sind in der Tat vollständig vereinbar mit der Erklärung, die er später in (1691b) zu Gunsten von Leibniz abgegeben hat), aber man versteht durchaus, dass Leibniz dies als einen impliziten Plagiatsvorwurf interpretierte. Er schrieb je einen Brief an Pfautz (A III, 5, 65–69), der für die mathematischen Aufsätze in den *Acta Eruditorum* zuständig war, und an den Herausgeber Mencke (A III, 5, 89–91). In diesen Briefen erläutert Leibniz den Unterschied zwischen Barrows Überlegungen und seinen eigenen. Insbesondere vergleicht er diesen Unterschied mit dem Unterschied zwischen Apollonius und Descartes in ihren Untersuchungen über Kegelschnitte. Apollonius beweise einige Sätze über die Beziehung zwischen einem Kegelschnitt und einer geraden Linie; habe man den Gedanken, den Kegelschnitt durch eine Gleichung auszudrücken, so sei es nur noch ein kleiner Schritt bis zu Descartes' Behandlung der Kegelschnitte. Dennoch könne man nicht behaupten, dass Descartes' Geometrie implizit schon in der Theorie von Apollonius enthalten sei. Apollonius gebe eine Reihe verschiedener Theoreme, von denen einige zur cartesischen Geometrie führen könnten, einige aber eben nicht. Außerdem präsentiere Apollonius seine Ergebnisse mit einer Synthesis. Auf der anderen Seite - so Leibniz weiter in seinen Briefen an Pfautz und Mencke - führe Descartes eine spezielle Notation ein, die viel an Anschauung und Vorstellungsvermögen überflüssig mache, und Descartes liefere eine Analysis, das heißt, er zeige dem Leser explizit, wie neue Probleme zu lösen seien. Ebenso habe Barrow eine Vielzahl von Sätzen bewiesen, von denen einige zum Infinitesimalkalkül führen könnten, andere jedoch nicht. Barrows Darstellungsweise sei synthetisch, während er (Leibniz) selbst eine Vorgehensweise zur Lösung neuer Probleme biete. Diese Analysis sei für Bernoulli eine Hilfe gewesen, um das Problem der Kettenlinie zu lösen. Mit dieser Analysis sei es ein vergnüglicher Zeitvertreib, Sätze zu finden, die früher bedeutend und wunderbar geschienen hätten. Schließlich fügt Leibniz ein weiteres Argument hinzu: Mit seiner Analysis lasse sich die Tangente an eine Kurve auch dann leicht bestimmen, wenn die Gleichung der Kurve eine komplizierte Summe irrationaler Ausdrücke sei. In der Tat hat Leibniz' erste Veröffentlichung zur Infinitesimalrechnung gerade diesen Vorteil seines Kalküls schon im Titel des Aufsatzes von 1684 hervorgehoben.

Leibniz bat Mencke und Pfautz, an Bernoulli zu schreiben. Dies geschah, und Bernoulli war bereit in einem anderen Artikel in den *Acta Eruditorum* (Bernoulli 1691b: 290; A I, 6, 493) einige Sätze zu der Angelegenheit hinzuzufügen. Bernoulli hob die außerordentlichen Vorzüge von Leibniz' Kalkül hervor und bemerkte, dass dieser Kalkül unter die hervorragendsten Erfindungen des Jahrhunderts zu zählen sei. Es gebe eine Verwandtschaft zwischen Barrows und Leibniz' Kalkül, aber damit sei nur gesagt, dass das Verständnis des einen durch das Verständnis des anderen erleichtert werde. Während der eine überflüssige Größen verwende, werden diese vom anderen mittels einer Abkürzung (compendium) erspart. Bernoulli fährt fort, dass man mittels dieses compendium unendlich viel tun kann, was der andere Kalkül nicht leisten kann. Schließlich sei die Erfindung dieses compendium keine Kleinigkeit, sondern konnte nur durch einen großen Geist erfolgen.

Einige flüchtige Erwähnungen in der späteren Korrespondenz zwischen Leibniz und den Bernoullis sollten ebenfalls erwähnt werden. Johann Bernoulli spielt 1696 auf die Angelegenheit an (A III, 7, 104). Jakob Bernoulli bemerkt 1702, dass Leibniz seine damalige Bemerkung über eine Verwandtschaft zwischen Barrows und Leibniz' Kalkül ungünstig aufgenommen habe (GM III, 63); er (Jakob) habe ursprünglich Schwierigkeiten gehabt, die „Geheimnisse" (GM III, 63; vgl. auch A III, 4, 368) der Infinitesimalrechnung zu verstehen. Es leuchtet durchaus ein, dass die Lektüre von Barrows *Lectiones geometricae* eine große Hilfe zum Verständnis von Leibniz' erster Veröffentlichung zur Differentialrechnung war. Leibniz ist in seiner Antwort jedoch nach wie vor mit dem für ihn unausgesprochen in der Luft schwebenden Vorwurf eines Plagiats beschäftigt (GM III, 67); in einem Konzept des Briefes gibt er eine vielzitierte Darstellung seiner mathematischen Entwicklung einschließlich seiner relativ späten Lektüre von Barrows *Lectiones geometricae* (GM III, 71-73).

Offenbar waren die Unterschiede in der Sichtweise von Jakob Bernoulli und Leibniz nicht sehr groß: Sie waren sich über eine gewisse Verwandtschaft, aber auch über die Nicht-Identität der mathematischen Vorgehensweise von Barrow und Leibniz einig. Die Debatte zeigt aber, dass Barrows Buch in den Neunziger Jahren des 17. Jahrhunderts eine neue Eigenschaft bekommen hatte: es war schillernd geworden. Das Buch schien wie ein Kleidungsstück, dessen Farbe vom Lichteinfall und der Blickrichtung abhängt. Es ist besonders interessant, dass dieses Schillernde auch für die Mathematikhistoriker des 20. Jahrhunderts fortbesteht. James Mark Child behauptete, dass weder Newton noch Leibniz, sondern Barrow der wahre Erfinder der Differential- und Integralrechnung sei (Child 1930-1931; Child 1916: VII). Zurückhaltender äußerte sich Scott: „It is not without reason that a recent writer regarded Barrow as the first inventor of the infinitesimal calculus. The climax however came with Newton" (Scott 1960: 144). Obwohl die meisten Mathematikhistoriker Child nicht zustimmen, ist eine gewisse Unsicherheit unverkennbar. So heißt es etwa: „Eyes conditioned by Newton and Leibniz recognize" in Barrows Buch „the essence of the calculus", und es wird hinzugefügt „But the conditioning is essential, enabling recognition only through hindsight" (Mahoney 1990: 236). Eine Autorin bezeichnet Barrows Methoden als „concealed" und spricht davon, dass er den Hauptsatz der Differential- und Integralrechnung in verkleideter Form gebe (Baron 1969: 244, 248). Nach einem dritten Autor behandelt Barrow nur „applications of the calculus" (Scott 1960: 143), während ein vierter Autor den Unterschied zwischen Barrow und Newton darin sieht, dass Newton eine völlig andere Anwendung von Barrows Satz über die Reziprozität von Flächen- und Tangentenbestimmung gegeben habe (Zeuthen 1903: 357, 359, 360). Es ist nicht meine Absicht, diese Autoren zu kritisieren (– übrigens geben sie alle weitere Argumente, als hier zitiert werden). Ich möchte auch keine neue Antwort auf die Frage „Verwandtschaft oder Identität" geben, sondern die Frage erörtern, warum es so schwierig ist, den Unterschied zwischen Barrow und der Infinitesimalrechnung genau zu beschreiben. Das Problem der rückwirkenden Interpretation ist ein beständiges Problem des Historikers, und vielleicht lehrt uns dieses Problem etwas über die Natur des mathematischen Fortschritts und über die späteren Entwicklungen, in deren Licht der Mathematikhistoriker die Vergangenheit sieht. Feingold (1993: 337) hat zu zeigen versucht, dass die Umstände des Prioritätsstreits zwischen Newton und Leibniz und seine bis über die Mitte des 20. Jahrhunderts reichenden Wirkungen es dem Mathematikhistoriker praktisch unmöglich machten, Barrow objektiv zu beurteilen. Aber die Schwierigkeit der Mathematikhistoriker ist keineswegs nur oder auch nur in erster Linie durch Voreingenommenheiten zugunsten von Newton oder Leibniz bedingt, sondern es gibt ein fundamentum in re, das Barrows Buch im Kontext der mathematischen Entwicklung um 1670 etwas Changierendes gibt. Es geht bei diesem Thema nicht (oder jedenfalls nicht in erster Linie) um Irrtümer von Mathematikhistorikern, sondern um ein wesentliches Moment des mathematischen Fortschritts.

Einigen Mathematikhistorikern (Boyer 1949: 180, 181; Mahoney 1990: 237, 238) zufolge war Barrow deshalb nicht der Erfinder der Differential- und Integralrechnung, weil er die Geometrie der Algebra vorzog, so dass er seine geometrischen Entdeckungen nicht in einen algebraischen Kalkül übertrug. Child (1916: VIII, 12, 15; Child 1930-1931: 296-297) argumentierte dagegen, dass auch ein geometrischer Kalkül den Anspruch auf Erfindung der Differential- und Integralrechnung begründen könne; unter dem Gesichtspunkt der Vorstellungen des 17. Jahrhunderts über mathematische Strenge wäre ein geometrischer Kalkül sogar besser. In dieser Hinsicht neige ich dazu, Child zuzustimmen, wenngleich mit einem Vorbehalt: Wenn der mathematische Inhalt wirklich derselbe ist, dann ist eine geometrische Form der Darstellung ebenso geeignet, den Anspruch auf Erfindung zu begründen. Natürlich erscheint uns ein geometrischer Kalkül umständlich, weil wir an algebraisches Denken, algebraische Darstellungsweise und ihre Vorteile gewöhnt sind; uns fehlt das Ausmaß geometrischer Intuitionen, das Barrow besaß. Aber diese rückwärtige Sicht ist kein geeigneter Beurteilungsmaßstab für die Frage, ob Barrow der Erfinder der Differential- und Integralrechnung war oder nicht. Freilich ist der geometrische Kalkül, den Child bei Barrow fand, bereits eine Mischung von Geometrie und Algebra: Es ist ein Kalkül, der auf Produkten, Potenzen und Quotienten operiert. Ein rein geometrischer Kalkül sollte aber auf den verschiedenen Arten der Erzeugung von Kurven operieren, das heißt: Der Bereich aller legitimen Kurven sollte durch eine gewisse Anzahl zulässiger Konstruktionen gegeben sein, und dann sollten Sätze bewiesen werden, die zeigen, was geschieht, wenn der Kalkül auf diese Konstruktionen angewandt wird. Aber als Barrow sein Buch veröffentlichte, gewannen die transzendenten Kurven allmählich Anerkennung, so dass es nicht wirklich eine feste Anzahl von allgemein anerkannten Konstruktionsmethoden gab (wenn man nicht die Bedeutung des Wortes „Konstruktion" entsprechend erweitern will). Aus diesem Grund (und wahrscheinlich weiteren Gründen) wurde die Definition einer Kurve durch eine Gleichung immer gebräuchlicher, so dass der Gedanke eines geometrischen Kalküls von Anfang an sozusagen in der Defensive war. Nichtsdestoweniger wäre ein geometrischer Kalkül, der auf Produkten, Quotienten und Potenzen operiert, eine Möglichkeit. Die Frage, ob Barrow die Absicht hatte, einen solchen Kalkül zu entwickeln, wird später behandelt werden; zunächst soll ein Kriterium für die Existenz eines solchen Kalküls erörtert werden.

Einige Autoren (Boyer 1949: 181; Baron 1969: 252; Mahoney 1990: 237, 238) betrachten die Existenz einer speziellen Notation als Bedingung für die Existenz eines solchen Kalküls, während Child (1916: VIII; Child 1930-1931: 297) diese Bedingung für zu stark hält. Tatsächlich wäre die Diskussion beendet, wenn man diese Bedingung aufstellt, denn es gibt keine spezielle Notation in Barrows *Lectiones geometricae*. Ich neige dazu, Child zuzustimmen, obwohl sicher die fruchtbare weitere Entwicklung eines neuen Kalküls eine neue Notation erforderlich macht. Aber der Erfinder könnte die Idee eines neuen Kalküls durchaus in aller Klarheit sehen, ohne gleichzeitig eine neue Notation zu prägen. Ich möchte deshalb ein anderes Kriterium vorschlagen, nämlich den Übergang zu einem höheren Abstraktionsniveau. Eine neue Notation wäre dann nichts anderes als der formale Ausdruck für das höhere Niveau der Abstraktion. Bevor ich zu Barrow zurückkehre, mögen einige Erläuterungen zu dem Begriff des höheren Niveaus der Abstraktion nützlich sein.

14.2 Eine höhere Ebene der Abstraktion

Es gibt offenbar zwei Arten des mathematischen Fortschritts: Die erste Art geht ohne einen Wandel im Abstraktionsniveau vor sich; ein bisher ungelöstes Problem wird gelöst oder ein bisher unbewiesener Satz wird innerhalb eines gegebenen begrifflichen Rahmens bewiesen. Die Lösung des Problems der Kettenlinie ist ein Beispiel dafür. Die zweite Art des mathematischen Fortschritts ist der Übergang zu einem höheren Abstraktionsniveau. Leibniz' erster Aufsatz über die Differentialrechnung im Jahre 1684 und Hilberts Arbeit über die Grundlagen der Geometrie von 1899 sind gute Beispiele dafür: Fast nichts in diesen Arbeiten war wirklich neu, - außer eben dem höheren Abstraktionsniveau, das dann in gewisser Weise alles neu erscheinen ließ. Natürlich entstehen aus solchen Arbeiten neue Probleme und es werden neue Sätze auf diesem Abstraktionsniveau bewiesen. Manchmal finden beide Arten des mathematischen Fortschritts gleichzeitig statt; die Arbeiten von François Viète sind dafür ein Beispiel. Man kann ein höheres Niveau der Abstraktion als einen begrifflichen Rahmen zu definieren versuchen, der es erlaubt, eine Anzahl von Sätzen auf dem niedrigeren Niveau durch einen oder zwei Sätze auf dem höheren Niveau zu beweisen. Aber es geht nicht nur um eine Art Beweisökonomie; vielmehr entstehen auf der höheren Abstraktionsstufen sofort oder jedenfalls nach kurzer Zeit neue, abstraktere Objekte, deren Beziehungen zu neuen Untersuchungsobjekten werden.

Ein einfaches Beispiel bietet schon der Zahlbegriff. Jacob Klein (1992) hat in einer faszinierenden Studie den Wandel von der griechischen Verwendung des Wortes Zahl, derzufolge Zahl stets eine Anzahl von Dingen meint, zum mathematischen Gebrauch in der frühen Neuzeit, demzufolge Zahl ein abstrakter Begriff ist, verfolgt. Klein zeichnet die Entwicklung von der griechischen Klassik über Diophant zu Viète nach. Zwar hat auch Diophant auf einer höheren Abstraktionsstufe denken können, als seine Notation erkennen lässt (Breger 2000, 222), aber erst Viètes Einführung der Buchstabenrechnung lässt das Denken auf dieser höheren Ebene zur Gewohnheit und zum Standard unter Mathematikern werden. Viètes Leistung bedeutet einen entscheidenden Schritt zu höherer Abstraktion in der Geschichte der Mathematik. Selbst wenn wir die verschiedenen Erweiterungen des Zahlbegriffs (algebraische, transzendente, komplexe usw. Zahlen) unberücksichtigt lassen, war die Entwicklung damit noch nicht abgeschlossen. Fermats spärliche Mitteilungen über seine zahlentheoretischen Untersuchungen und vor allem seine Formulierung des „kleinen Satzes von Fermat" lassen erkennen, dass er zumindest in gewissem Maße in der Lage war, mit Restklassen zu rechnen, auch wenn er keinen entsprechenden Begriff prägte und erst recht keine entsprechende Notation verwendete. Erst Gauß führte 1801 die Notation für die Kongruenz von Restklassen ein (Legendre hatte noch das gewöhnliche Gleichheitszeichen für die Kongruenz verwendet). Die Entwicklung zur Theorie der idealen Zahlen bei Kummer und dann zur Ringtheorie und algebraischen Zahlentheorie implizierte offensichtliche weitere Übergänge zu höheren Abstraktionsniveaus. Wenn allgemein von Elementen eines (Restklassen-)Rings die Rede ist, kann dann wieder das gewöhnliche Gleichheitszeichen verwendet werden; eine Verwechslung ist auf diesem Abstraktionsniveau nicht mehr zu befürchten.

Ein anderes Beispiel ist das Fehlen von Indexnotation bei Fermat. Fermats Abhandlung über die Quadratur (Fermat 1891: 255 ff.) ist leicht verständlich, wenn man jeden Schritt seiner Argumentation in unsere Indexnotation überträgt. Ohne eine solche Übersetzung scheint uns die Argumentation unübersichtlich, wenn nicht dunkel. Es besteht kein Zweifel, dass Fermat erheblich abstrakter dachte, als es der von ihm verwendeten Symbolik entsprach. Zeuthen (1903: 164) hat bemerkt, dass Fermat „ein seltenes Vermögen besessen haben muss, Gedanken ohne äußere Hilfsmittel festzuhalten". Diese Fähigkeit ist der eines hervorragenden Schachspielers vergleichbar, der nicht nur eine, sondern dreißig oder fünfzig Partien gleichzeitig blind (d. h. ohne Brett und Figuren) spielen kann.

Die Arbeiten von Pascal zur Volumenbestimmung sind ein für unser Thema besonders interessantes Beispiel. Pascal formuliert und beweist eine Reihe von Sätzen, die für den modernen Leser auf die eine oder andere Weise mit der partiellen Integration in Verbindung gebracht werden können (Cantor 1913: 916; Zeuthen 1903: 270, 273). Pascal formuliert seine Sätze selbstverständlich nur geometrisch, und ebenso selbstverständlich ist es nur der mit der höheren Abstraktionsstufe vertraute Leser nach Newton und Leibniz, der die Beziehung zur partiellen Integration „sieht".

Es gibt einen Wandel im „Sehen". Verschiedene Mathematiker oder derselbe Mathematiker zu verschiedenen Zeitpunkten können in denselben Symbolen auf dem Papier Verschiedenes sehen. Ein Mathematiker kann den Beweis einer Behauptung finden und damit zufrieden sein. Ein anderer Mathematiker kann den Beweis lesen und darin mehr sehen, nämlich eine Methode, die auf weitere Probleme anwendbar ist; von Polya (1973: 208) stammt die Formulierung „A method is a device which you use twice." So hat Pascal 1659 das unendlichkleine Dreieck verwendet, ohne zu sehen, dass es eine Methode für viele Fälle impliziert; diese Entdeckung blieb Barrow und Leibniz vorbehalten (Barrow 1973: 246-247; Mahnke 1925: 28-41).

Mit solchen Dingen ist offenbar schwierig umzugehen, denn in der Regel findet sich das hier Relevante eher „zwischen den Zeilen" als explizit im Text. Und wenn eine Abstraktion einmal erfolgt ist, ist es schwer, sie zu ignorieren. Die höhere Abstraktionsebene ist für den Zeitgenossen eine Barriere für das Verständnis, aber für den Späteren ist das höhere Abstraktionsniveau selbstverständlich, daher schwer erkennbar und manchmal geradezu unsichtbar. Genau dies geschah Bernoulli, als er Barrows Buch und Leibniz' Differentialrechnung eng aneinander rückte. Seine Ansicht zu der Frage, wie leicht oder wie schwer der Differentialkalkül aus den Methoden von Barrow herzuleiten ist, hat Leibniz übrigens 1694 gegenüber Huygens kurz und knapp mit den Worten formuliert „Quand les choses sont faites, il est aisé de dire: *et nos hoc poteramus*" (A III, 6, 173).

Kehren wir zu Barrow zurück. Bei seinem Theorem über die Reziprozität zwischen der Bestimmung einer Fläche und der Bestimmung einer Tangente ist die Allgemeinheit dieses Theorems festzuhalten: Barrow behandelt nicht eine bestimmte Kurve mit dieser oder jener geometrischen Individualität, sondern eine beliebige (im Sinne der zweiten Hälfte des 17. Jahrhunderts) Kurve. Zeuthen (1903: 354) hat dies als eine wichtige Leistung von Barrow hervorgehoben, wenngleich schon Pascal und Gregory einige Schritte in diese Richtung gegangen waren. Andererseits ist Barrows Argumentationsebene nicht die Ebene aller Kurven (im Sinne des 17. Jahrhunderts), sondern die Ebene einer beliebigen gegebenen Kurve. Dies scheint ein winziger Unterschied zu sein; ein Kalkül für Kurven müsste aber jedenfalls auf der Ebene aller Kurven (im Sinne des 17. Jahrhunderts) angesiedelt sein. Mit Ausnahme der Exponenten verwendet Barrow übrigens nur Großbuchstaben, die Punkte bezeichnen. Seine Argumentation (wie auch das Fehlen weiterer Kommentare) scheint zu zeigen, dass Strecken, die von Kurven erzeugt wurden, das Objekt seiner Untersuchungen waren. Das Theorem über die Reziprozität der Bestimmungen von Fläche und Tangente scheint daher eher eine interessante Aussage über die Eigenschaft einer beliebigen Kurve als eine Aussage über Beziehungen auf der Ebene aller Kurven zu sein. Whiteside hat mit Recht festgestellt,

> it remains bluntly factual that no one in the mid-17th century seems to have seen in even the very general Barrow theorem more than a subtle theorem on the relation of properties of two curves (Whiteside 1960–1962: 368).

Um Missverständnisse zu vermeiden, muss festgestellt werden, dass selbstverständlich Leibniz' Infinitesimalkalkül auf einer beträchtlich niedrigeren Abstraktionsebene arbeitet als eine heutige Theorie der Differential- und Integralrechnung in der reellen Ebene. Aber die Einsicht in die Reziprozität von Flächen- und Tangentenbestimmung auf der Ebene aller Kurven (im Sinne des 17. Jahrhunderts) ist eine wesentliche Grundlage des Kalküls von Leibniz. Es gibt also keineswegs nur zwei oder drei klar abgegrenzte, verschiedene Abstraktionsebenen; der Begriff der Abstraktionsebene ist eher ein relativ grobes Werkzeuge, um vielfältig angestufte Unterschiede im „stummen Wissen“ der Mathematiker zu umreißen.

14.3 Regeln eines Kalküls

Ein weiterer Test für die Entscheidung, auf welcher Abstraktionsebene Barrow dachte, ist die Existenz oder Nicht-Existenz von Rechenregeln eines Kalküls. Wenn Barrow einen Kalkül auf der Ebene aller Kurven hätte entwickeln wollen, dann wäre er sicher besonders daran interessiert gewesen, wie die verschiedenen Beziehungen zwischen Kurven die Flächen- und Tangentenbestimmungen beeinflussen. Nach Margaret Baron (1969: 252) hat Barrow keine Kalkülregeln entwickelt; nach Child (1930-1931: 297-300) hat er Regeln für Produkte, Quotienten und Potenzen von Funktionen angegeben. Der Kürze halber will ich diese Regeln in moderner Notation zitieren; falls dies den Gegenstand der Kontroverse verändert, so jedenfalls zu Gunsten von Child. Wenn eine Funktion u und ihre Ableitung gegeben sind, dann zeigt Barrow einen Satz, um die Ableitung von 1 dividiert durch u zu finden. Dies kann als Quotientenregel akzeptiert werden. Ähnlich gibt es Theoreme, die als Regeln für höhere Produkte und als Regel für die Quadratwurzel aus einem Produkt betrachtet werden können, aber es gibt kein Theorem, das als Regel für ein einfaches Produkt uv zweier Funktionen u und v interpretiert werden kann. Dies ist ein Schwachpunkt in Childs Anspruch, aber vielleicht kein entscheidender Schwachpunkt. Entscheidend scheint mir aber zu sein, dass es bei Barrow kein Theorem gibt, das sich als Regel für die Summe zweier Funktionen interpretieren lässt. Child (1916: 31) hatte unter Berufung auf Barrow (1973: 229) die Existenz einer Summenregel behauptet, aber diese kühne Behauptung war in Child (1930-1931) nicht aufrecht erhalten worden.

Die Summenregel ist natürlich trivial: Jeder hätte sie zu dieser Zeit aufstellen können, aber niemand (soweit mir bekannt ist) vor Newton und Leibniz scheint irgendeinen Sinn darin gesehen zu haben, eine solche Regel aufzustellen. Für den, der auf der höheren Abstraktionsstufe denkt, ist es aber durchaus sinnvoll und sogar wichtig, formell zu konstatieren, wie sich die Operation der Tangentenbestimmung gegenüber der Addition von

Kurven verhält. Der Übergang zu einer höheren Abstraktionsstufe bringt einen Neubau des Theoriegebäudes mit sich. Die explizite Feststellung eines Satzes, der auf der niedrigeren Abstraktionsstufe trivial gewesen wäre, ist daher ein klares und unzweideutiges Zeichen der Ebene, auf der der Autor denkt. Wie schon erwähnt, fand Leibniz seine Summenregel besonders bemerkenswert. Seiner Ansicht nach war es diese Regel, die seinen Ideen eine besondere Überlegenheit gegenüber den Tangentenregeln anderer Autoren gab: die Tangenten komplizierter algebraischer Kurven konnten leicht bestimmt werden, wenn die Regel für die Summe bekannt ist. Leibniz versuchte Huygens 1680 mit diesem Argument zu überzeugen (A III, 3, XXXIV, 71, 78), und er wiederholte diesen Vorteil in der Überschrift seiner ersten Veröffentlichung zur Differentialrechnung. Auch sonst hat Leibniz immer wieder den Vorteil seines Infinitesimalkalküls darin gesehen, dass ein relativ formales Verfahren die Anwendung von mathematischem Genie und Intuition erspart; so schreibt er zum Beispiel in einem Brief von 1691 an Huygens: „ita enim efficio, ut multa primo obtutu appareant, et ipso calculi lusu nascantur, quae alias vi ingenii aut labore imaginationis assequi necesse est“ (A III, 5, 183).

Ergänzend ließen sich weitere Argumente anführen. Mahoney (1990: 236) hat sich auf „order and style“ von Barrows Buch bezogen, um zu begründen, dass Barrow nicht die Absicht hatte, ein zentrales, organisierendes Konzept wie den Differentialkalkül zu entwickeln. Zeuthen (1903: 354) hat darauf hingewiesen, dass es bei Barrow keinen allgemeinen Begriff wie den des Differentialquotienten gibt, denn er formuliert und beweist Sätze in Polarkoordinaten, die in cartesischen Koordinaten bereits eine Folgerung aus dem Reziprozitätstheorem darstellen. Auch Barrows traditioneller Begriff der Tangente könnte angeführt werden, aber ich brauche nicht Argumente zu wiederholen, die bereits in der Sekundärliteratur vorgetragen wurden (zum Beispiel Baron 1969: 244).

Child zufolge hat Barrow nicht nur den Differentialkalkül erfunden, sondern er hat auch gewusst, dass er ihn erfunden hat. Um diesen Anspruch zu begründen, bezieht sich Child (1930-1931: 301; vgl. auch Overton 1908: 1221; Baron 1969: 252) auf eine Äußerung von Barrow, in der er Enttäuschung über die Reaktionen nach der Veröffentlichung seines Buches erkennen lässt. In der Tat hilft diese Enttäuschung, Barrows *Lectiones geometricae* zu verstehen. Das Buch war vollkommen, - vollkommen nach den Kriterien, nach denen es aufgebaut war. Das Buch präsentierte und verallgemeinerte eine große Anzahl der Ergebnisse des 17. Jahrhunderts; dabei wurde alles im klassischen geometrischen und synthetischen Stil dargeboten. Barrow setzte sozusagen Apollonius für das 17. Jahrhundert fort. Aber die zeitgenössischen Mathematiker waren an diesem konservativen Ideal nicht mehr wirklich interessiert; sie wollten unendliche Reihen untersuchen; sie betrachteten Gleichungen als eine bequeme Art, eine Kurve zu charakterisieren, und schließlich strebten sie nach einer höheren Abstraktionsstufe, für die die Begriffe der Funktion und die Reziprozität von Tangenten- und Flächenbestimmung sich als leitende Ideen erweisen sollten. Auf einen weiteren Unterschied zwischen Barrow und dem Trend der Mathematik seiner Zeitgenossen hat Leibniz in den eingangs referierten Briefen an Pfautz und Mencke hingewiesen; auch wenn die Verwendung des Wortes „Analysis“ bei Leibniz meist übersehen oder missverstanden wird, bleibt der Unterschied zwischen der Analysis von Newton und Leibniz auf der einen Seite und der Synthesis von Barrow relevant. Die Entwicklung der mathematischen Ideen entfernte sich von Barrows Konzeption der Vollkommenheit im Aufbau der Mathematik.

Zum Abschluss noch einmal der Vergleich mit Leibniz. In einer Aufzeichnung aus dem Jahre 1673 befasste sich Leibniz (A VII, 4, 656–710) noch etwas unbeholfen mit der Reziprozität von Tangenten- und Flächenbestimmung. Offensichtlich kannte er Barrows Theorem noch nicht, aber er zielte bereits enthusiastisch auf ein höheres Niveau der Abstraktion. Dieses höhere Niveau wäre eine „Analyseos Analysis“ und der „Apex scientiae humanae“, jedenfalls insofern es um Tangenten, Kurven, Flächen und das Problem der inversen Tangentenbestimmung ging. In einer Aufzeichnung aus dem November 1675 stellt Leibniz (A VII, 5, 328) die Frage, ob $dxdy = d(xy)$ und ob $d(x/y) = dx/dy$ ist. Hätte er aus Barrows bewundernswürdigem Buch gelernt, hätte er sich mindestens die zweite Frage nicht gestellt. Aber gerade in diesen Tagen (November 1675) entwickelte er die Differentialrechnung. Für seinen Erfolg war entscheidend, dass er von Anfang an nach einer allgemeinen Rechnungsart auf einer höheren Abstraktionsstufe suchte. Der Unterschied zu Barrow könnte kaum größer sein.

Anmerkungen

[1] Erstdruck: Ebenen der Abstraktion: Bernoulli, Leibniz und Barrows Theorem, in: R. Seising, M. Folkerts, U. Hashagen (Hrsg.): *Form, Zahl, Ordnung. Studien zur Wissenschafts- und Technikgeschichte. Festschrift für Ivo Schneider zum 65. Geburtstag* (= *Boethius: Texte und Abhandlungen zur Geschichte der Mathematik und der Naturwissenschaften*, Bd. 48) Stuttgart, Franz Steiner 2004, 193–202. Der Aufsatz ist aus einem Vortrag in Paris auf einer Tagung des CNRS Le travail scientifique dans les correspondances entre savants au tournant des 17e et 18e siècles (1992) entstanden.

Literaturverzeichnis

Baron, M. E.: *The Origins of the Infinitesimal Calculus*. Oxford, London etc., Pergamon Press 1969

Barrow, I.: *The Mathematical Works*, Bd. 2. Hildesheim, New York, Olms 1973 (Reprint der Ausgabe von 1860)

Bernoulli, J.: Specimen calculi differentialis in dimensione Parabolae helicoidis, *Acta Eruditorum* 1691a, 13-23

Bernoulli, J.: Specimen alterum calculi differentialis in dimetienda Spirali Logaritmica, Loxodromiis Nautarum, et Areis Triangulorum Spaericorum, *Acta Eruditorum* 1691b, 282-290

Boyer, C. B.: *The History of the Calculus and its Conceptual Development*, New York, Dover 1949

Breger, H.: Tacit knowledge and mathematical progress, in: *The Growth of Mathematical Knowledge*, Hrsg.: E. Grosholz/H. Breger, Dordrecht, Boston, London, Kluwer 2000, 221–230

Cantor, M.: *Vorlesungen über Geschichte der Mathematik*, Bd. 2. Unveränderter Neudruck der 2. Auflage. Leipzig, Teubner 1913

Child, J. M.: *The Geometrical Lectures of Isaac Barrow*, Chicago, London, Open Court 1916

Child, J. M.: Barrow, Newton, and Leibniz, in their relation to the discovery of the calculus, *Science Progress in the Twentieth Century* 25, 1930/31, 295-307

Feingold, M.: Newton, Leibniz, and Barrow Too, *Isis* 84, 1993, 310-338

Fermat, P. de: *Œuvres*, Bd. 1, Hrsg.: P. Tannery/Ch. Henry, Paris, Gauthier-Villars 1891

Gerhardt, C. I.: *Die Entdeckung der höheren Analysis*. Halle, H. W. Schmidt 1855

Klein, J.: *Greek Mathematical Thought and the Origin of Algebra*, New York, Dover 1992

Leibniz: Nova methodus pro maximis et minimis, itemque tangentibus, quae nec fractas nec irrationales quantitates moratur, et singulare pro illis calculi genus, *Acta Eruditorum* 1684, 467-473

Mahnke, D.: Neue Einblicke in die Entdeckungsgeschichte der höheren Analysis, *Abhandlung der Preußischen Akademie der Wissenschaften*, 1925, phys.-math. Klasse, Nr. 1, 28-41

Mahoney, M. S.: Barrow's Mathematics: Between Ancients and Moderns, in: *Before Newton. The Life and Times of Isaac Barrow*, Hrsg.: M. Feingold, Cambridge, New York, Cambridge University Press 1990

Overton, J. H.: Isaac Barrow, in: *Dictionary of National Biography*, 1908, Bd. 1, Hrsg.: L. Stephen/S. Lee, London, Smith, Elder & Co., 1219–1225

Polya, G.: *How to Solve it*, 2. Auflage, Princeton, Princeton University Press 1973

Scott, J. F.: *A History of Mathematics*, London, Taylor & Francis 1960

Whiteside, D. T.: Patterns of Mathematical Thought in the later 17th Century, *Archive for History of Exact Sciences* 1, 1960/62, 179-388

Zeuthen, H. G.: *Geschichte der Mathematik im 16. und 17. Jahrhundert*. Leipzig, Teubner 1903

15 The Art of Mathematical Rationality

15.1 Preliminary Remarks

"Ma[1] metaphysique est toute mathematique pour dire ainsi, ou la pourroit devenir" (A III, 6, 253), Leibniz writes to L'Hôpital in 1694. And in a letter to Bouvet, Leibniz states that with the help of others, he could derive his whole philosophy from several axioms (A I, 19, 411). Moreover, Leibniz's various proofs of the existence of God, his conception of God's reason as the region of eternal truths, the characteristica universalis, which included his conviction of the existence of fundamental notions which cannot be reduced to other notions, the analytical theory of truth and finally his programme to prove all axioms are indicative of a strong concept of rationalism in the centre of Leibniz's philosophy. But in addition to this emphatic role played by reason, it also had an everyday role; in addition to triumphant, successful reason, there is also a doubting reason, one that is questioning and searching. Leibniz did not reject Descartes's classical definition "la raison est un instrument universel, qui peut servir en toutes sortes de rencontres" (Descartes 1637, 5. partie, § 10). Different opportunities, different problems, different levels require reason to adopt different procedures. 17th century reason of course always tries to proceed methodically, but, as I would like to show, method is also a notion which comprises quite a range of different procedures. There is a continuum of various procedures, ranging from a clever artifice, which may sometimes be applied and not at other times, to a rather formalized method. Different contexts require different ways of applying reason.

Is Leibniz's rationalism logic-oriented? I would like to make three preliminary comments on this question. Firstly, under the influence of Couturat, Russell and analytical philosophy, we are inclined today to overemphasise the role of logic in Leibniz's thought. Jaenecke (2002) has at least shown that it is a one-sided approach to interpret the characteristica universalis entirely in logical terms, and Fichant (2004) has pointed out that after the 1680s Leibniz appears to have renounced the idea of substance as an individual concept – an idea that plays such a dominant role in Leibnizian research; in so far as we can judge it on the basis of the philosophical works left in Leibniz's literary estate, as yet only partially published, logic played a much more minor role in the metaphysics of the more mature Leibniz than is often apparent in modern research. I shall not dwell any further on this topic.

Secondly, even where Leibniz does focus on calculating, demonstrating reason, he does not understand it in such a narrow sense as the present-day logicians sometimes think. For logicians, understanding takes place on a meta-level outside of logical calculation; for mathematicians, understanding and insight are important components of mathematics. Leibniz spoke out on various occasions against a purely deductive view of mathematics: Euclid's style coerces the mind rather than enlightening it; the reader is forced into concurring and he does not learn how one arrives at the proof (A VI, 4, 341). This is not to be understood as a call for didactics, for a mathematics without tears, as one would now express it, it is a result of Leibniz's appreciation of the power of insight, understanding and the active capacity to solve new problems instead of passively being able to follow existing proofs logically and step by step. The inventionis lux needs to be combined with the stringency of proof (A VI, 4, 342).

Thirdly, we need to ask what we should understand by logic. If logic is defined as a deductive theory, as we know it today, and nothing else, then Leibniz's rationalism is not or at least not exclusively logic-oriented. But in the famous letter to Gabriel Wagner, Leibniz defines logic as the art of using one's reason; this implies the art of finding things which are concealed (GP VII, 516). Therefore art, and in particular the art of finding something new, is intimately connected with reason. In recent decades, the claim has been made (Dreyfus and Dreyfus 1986, chap. 1) that experts act neither rationally nor irrationally, but arationally. This claim evidently presupposes that rationality is something which can be made completely explicit, that is, rationality is considered to be capable of being formalized in rules, or in other words: this meaning of rationality does not include any tacit knowledge in the sense of Polanyi, according to whom our entire faculty of knowing is rooted in tacit knowledge (Polanyi 1958). Leibniz's conception of rationality may well be worthy of further investigation; at least in the aforementioned passage in the letter to Gabriel Wagner, the domain of reason is not just scientia, but also ars, even if ars strives to establish and to enlarge scientia. For an art, no set of fixed rules exists. An art can be learnt, but it is one thing to learn a formalized theory and something very different to learn an art. In the following text, three types of the art of using one's reason are discussed, namely analysis, levels of abstraction and pragmatic decisions.

15.2 Analysis

The difference between analysis and synthesis was well established in 17th century mathematics, and is an important element of its particular "atmosphere". Admittedly, Euclid's deductive structure was not only admired, it was also considered to be an example of philosophy as well as of mathematics. Nevertheless, the ardent desire of the best mathematicians of this period was not to write a deductive textbook, but rather to find new solutions, new theorems and, in particular: new methods. Analysis was exciting, whereas synthesis was considered to be a little boring and somewhat trivial. One can see this for example in Descartes's *Géométrie*: he exposes an analysis, he solves problems, but he does not bother to give demonstrations, because they would be more or less trivial. Leibniz explicitly states that he loves mathematics, because in mathematics he finds "les traces de l'art d'I n v e n t e r e n g e n e r a l", and, as he continues, true metaphysics is hardly different from this art of making new inventions (A II, 1, 1st edition: 434, 2nd edition: 662; cf. also A I, 13, 554). True metaphysics in this sense would clearly have no deductive structure, it would be a method, to be sure perhaps a partially formalized method. Leibniz regretted that the mathematics of antiquity was constructed on exclusively deductive principles: ancient mathematicians appear to have withheld their arts; we do not know how they arrived at their results (A III, 5, 366). Viète and Descartes had put forward essentially new ways of conducting mathematical analysis, and Leibniz (as well as Newton) made another big step, namely the introduction of an analysis infinitesimalis. As yet I have found no passage where Leibniz uses an expression such as "synthesis infinitesimalis". So analysis infinitesimalis is the art of solving problems by the use of infinitesimals. Leibniz does not claim that infinitesimal analysis is a formal theory with a deductive structure like Euclid's *Elements* (for details cf. page 137 in this volume).

The following quotations serve to confirm this role of infinitesimal analysis. Leibniz calls his solution of the isochrone problem (finding the curve of a body falling without acceleration) an analysis. Having solved the problem by the use of infinitesimals, he adds a formal demonstration without using infinitesimals (GM V, 241-243). As for the catenary, he provides the analysis using infinitesimals and then adds that a formal demonstration would be long-winded and not really necessary for experts (GM V, 247). In a commentary on the problem of the catenary Leibniz remarks that the problem will be difficult to understand for those unfamiliar with infinitesimal analysis, but on the other hand, Leibniz continues, once the solution is found and published, it is easy to prove without infinitesimal analysis that this particular curve is the solution (A III, 5, 118). Furthermore Leibniz was told that de la Hire had used the methods of ancient mathematicians to prove certain results which Leibniz had discovered by infinitesimal analysis. Leibniz comments that de la Hire did a laborious job without producing really new results (A III, 6, 317, 517; GM VII, 391). And in a letter to Varignon in 1702 Leibniz argues: It is not a useless task justifying infinitesimal calculus, but it would be a pity if Varignon spent too much time on it, because Varignon would otherwise be capable of making new discoveries (GM IV, 95). In connection with the dispute about scepticism Leibniz remarks in a letter to Foucher (GP I, 402) that mathematicians had sought for the solutions of problems and the proof of theorems, although the deductive structure of geometry could have been improved if one had first demonstrated some of the axioms and postulates. It would have been unfortunate if the mathematicians had proceeded differently; but it is certainly of much benefit that several scholars later finished off what had previously been skipped over for the sake of making rapid progress.

The meaning of the word "analysis" in mathematics has changed significantly since the 17th century, while during the same period the difference between analysis and synthesis has fallen into oblivion. So sometimes the claim has been made that Leibniz's calculus lacks a rigorous foundation. But this is a misunderstanding. The art of analysis does not require a deductive structure. Of course, a mathematical achievement is only an achievement if deductive proof can be given. But once the solution of a problem is known, the deductive proof is a matter of routine. Leibniz provides a general strategy for this: if someone claims that there is an error equal to any positive number, then it can be shown that the error must be smaller than that number, therefore the error equals zero (GM IV, 92). Thus it would not be difficult to convert infinitesimal calculations into rigorous demonstrations (GM VII, 391). Such argumentation had been more or less familiar even before Leibniz to those mathematicians who used infinitely small or indefinitely small quantities. In the 19th century Cauchy introduced the Greek letter epsilon as an abbreviation of the French word erreur. By the way, Cauchy also preferred to use infinitesimals because they are more convenient, the difference to Leibniz being that Cauchy had no problem with using infinitesimals in his formal proofs.

With the strategy just mentioned, Leibniz transforms Archimedes's pattern of apagogical proof into a strategy of controversy between two opponents. The application of this general strategy to a particular problem requires some expertise; to use one's power of reasoning is still an art. On the general level – is the use of infinitesimals legitimate or not? – Leibniz does not need to give proof; it is sufficient to convince the experts. On the lower level of abstraction, i.e. when looking at a particular problem, synthesis can always be given. And it is exactly this fact – the possibility of a formal synthesis in each particular case – that convinces the experts. Mathematicians, historians of mathematics and philosophers of mathematics from the period after Leibniz until the present day have tended to question the legitimacy of infinitesimal calculus on the higher level of abstraction. Both the shift in meaning of "analysis" as well as the gradual but clear increase in the 18th and 19th centuries (and certainly in the 20th century) in the degree of abstraction in mathematics have contributed to this reassessment (both factors being of course mutually dependent). It was then decided that Leibniz had no answer on the higher level of abstraction and it was deduced from this that infinitesimal calculus provided an unreliable foundation. But Leibniz had not intended to give an answer on the higher level of abstraction nor had he any reason to give one on the higher level. He used infinitesimals as part of the art of finding something, but his problems and results were expressed on the lower level of abstraction. At this level however, it is no longer a question of infinitesimals, it is simply one of whether a certain result expressed without infinitesimals is the correct solution for a certain problem expressed without infinitesimals. Using Archimedes's apagogical method, or rather what is today called epsilontics, that is easy to demonstrate in every individual case (and on the lower level of abstraction one is only dealing with such cases). For modern day mathematicians the question may present itself why Leibniz used infinitesimals at all, if he refrained from using it in the proofs. The answer is that the infinitesimals are more appropriate for grasping a problem and solving it intuitively – at least in a continuum as Leibniz and his successors used it, i.e. in a continuum that did not consist of points (for details cf. page 127 in this volume).

So analysis and synthesis are different ways of using one's reason; they are complementary to each other, but neither of them is irrational or less rational than the other. If you want to find a difference in rationality between analysis and synthesis, then you might say: It is not rational, at least for an expert, to prove lots of trivial statements, it is more rational to find interesting results (which could be proven, if someone considers this necessary). That providing mathematical proof as just discussed was of lesser importance for Leibniz can be concluded from a remark from 1678 on Spinoza's *Ethices*: in mathematics one can easily guard against errors and therefore it is sometimes useful to deviate from mathematical stringency, but in philosophy one must definitely adhere to the stringency of proof (A III, 2, 451; cf. also A II, 1, 1st edition: 478, 2nd edition: 725). The further development of mathematics abolished the difference between analysis and synthesis and led to higher levels of abstraction. Today's non-standard analysis differs from Leibniz's use of infinitesimals in several ways; one of the differences is that non-standard analysis is a formal theory on a higher level of abstraction, whereas Leibniz argued on the level of the particular problem.

Another example of a procedure designed to solve problems is analysis situs. Leibniz wanted to amend some imperfections of Cartesian analysis. In *La Géométrie*, Descartes presents an algebraic procedure more or less systematically, in order to find constructions for geometrical problems. Leibniz criticises that Cartesian analysis does not always lead to the best or the most elegant solution. Sometimes the solution is awkward, although a simple and beautiful construction exists, in particular this is true of the problem of finding the tangent to the conchoid (A III, 2, 237–238; GM V, 178). To find an aesthetically pleasing construction, ingenium and felicitas are required (A VI, 3, 420), and this clearly demonstrates that up till then a method had been lacking. The method aimed at was not only to be used in pure geometry, it should also be useful in its application: for example it should assist in inventing machines (GM V, 143, 183). The analysis situs is concerned in particular with transforming geometrical intuition and a sense of beauty into a method of invention, and with using it to solve problems. In the long term such a method, once it had been developed, would presumably also be able to serve to construct a deductive theory for these questions, but as far as I know Leibniz does not mention such an aim. The importance of the analysis situs may be seen from a remark in 1678 : "Je ne cherche presque plus rien en Geometrie, que l'art de trouver d'abord les belles constructions" (A III, 2, 566). Leibniz was not successful, but his analysis situs is one facet of his rationality.

One last example is that of the problems of integral calculus. For differential calculus there are a number of rules which help to find the differential quotient. But for integral calculus there are only a number of artifices (including integration by parts, clever substitution of variables, reducing to fractions, expansion of series) which sometimes work and sometimes do not work. Leibniz comments that these are things requiring ars; for these things no perfect method yet exists (A III, 5, 672: "daß sind dinge, so kunst erfordern, und noch nicht ad perfectam methodum gebracht."). In fact, in today's mathematics these things still require art; even today there is no formalized method, no theory for them on a higher level of abstraction.

15.3 Levels of abstraction

Leibniz mentions a simple example of different levels of abstraction – or of different levels of rationality – when he compares an empiricist and a judicious man. Whereas the empiricist bases his action only on experience, the judicious man tries to understand the reasons for the empirical facts in order to be able to foresee when an exception from the rule of experience might occur (A VI, 6, 51). In other words, the judicious man strives for a higher level of rationality.

According to Leibniz, a way of thinking is more perfect the more objects there are that can be referred to by this act of thinking (A VI, 4, 1360: "Hinc jam perfectior ille est cogitandi modus, per quem fit ut unus cogitandi actus ad plura simul objecta porrigatur"). So abstract thought – provided that the abstraction has not been made arbitrarily – is more perfect. But this does not imply that an argumentation on a lower level of abstraction is irrational. As Leibniz points out, people may be rational, even if they are not explicitly aware of the principle of contradiction, the principle of sufficient reason or the axiom that the whole is greater than the part (GP VII, 523; A VI, 6, 428, 449). On the other hand, people will achieve more, if they have explicit knowledge of logical principles, that is, if they have knowledge on a higher level of abstraction. Another example is a remark Leibniz made about the Italian mathematician Viviani (A III, 5, 365–366). Leibniz says that Viviani knows more than he knows. That means he does not understand how to put his knowledge into a methodical form. People like Viviani lack the art of creating arts; they have a certain routine of inventing something in their own particular manner, but they are often not aware of this and therefore make little progress therein. They have, Leibniz continues, a natural analysis just as a farmer has a natural arithmetic.

What Leibniz is demanding of Viviani here, is what he had done himself, when he realized that the infinitely small triangle used by Pascal could be applied in many more examples, thus constituting a method; Leibniz tells us that a truth dawned upon him that Pascal had failed to see. Pascal had had veiled eyes so to speak and had failed to recognise the general benefit of the infinitely small triangle. Leibniz reports further that he communicated his discovery to Huygens, who had also employed the infinitely small triangle as a special trick, but who had not made it the basis of a new method for determining the tangents and surface area (GM V, 399, 232; GM III, 72–73).

It is one thing to own a certain skill and it is another to understand the theory of this skill. Many people can sing, even though they lack knowledge of music (GP VII, 523). On the other hand, it may happen that someone cannot sing or play an instrument, though he can read all the important books on the theory of music (GP VII, 522). Naturally, for Leibniz theoretical knowledge is of a particular perfection, but this theoretical knowledge must have a solid foundation. Therefore, just as fencing cannot be taught with words alone, logic should not be taught without examples and exercises (GP VII, 526). The same is true of mathematics; you would not understand mathematics without examples and exercises. So the higher level of rationality sometimes only develops its potential if know-how or artful knowledge exists on the lower level. In the current discussion on tacit knowledge one occasionally hears the opinion voiced that tacit knowledge or know-how are only to be found combined with skill, not with knowledge. In reality the difference between knowledge and skill is anything but sharply defined; one aspect of being able to grasp entirely a mathematical theory is that one can solve the problems and exercises related to this theory, just as vice versa the ability to solve all rather than just a few tasks is only reached when the mathematical theory has been thoroughly understood.

If the understanding of a mathematical theory can only be developed on a higher level, it can likewise be said for the concept of beauty already mentioned a number of times and for the concept of simplicity. The mathematicians know very well what is meant by beauty or simplicity in one case or another, but neither Leibniz nor any other mathematician has succeeded in formalizing the sense of mathematical beauty and simplicity. Nevertheless this aesthetic sense exists, but above all: mathematicians as a rule agree about this sense. Beauty and simplicity are guiding stars of mathematical development; they show that in mathematics not only a deductive reason is at work. Leibniz expressed his interest in mathematical beauty and simplicity outside of the analysis situs again and again (page 105 seqq. in this volume); I simply mention several examples selected at random. Talking about the formula for a quarter of π, nowadays called the Leibniz series, Leibniz said that there is no more aesthetically pleasing and simpler expression for the area of a circle in rational numbers (A III, 3, 37, 243). Viète had developed a very beautiful method to solve equations in rational numbers (GM VII, 143). And Leibniz's study of a theory of determinants is crowned by a theorema pulcherrimum (Leibniz 1980: 10).

The concept of different levels of abstraction is not the same as the logician's concept of logical calculus and of meta-level or of the difference between procedural and declarative knowledge. In mathematics it is typical to find an interplay of different levels of abstraction. To be more precise, an art or a method may typically develop later into formal knowledge on a higher level, and the formal knowledge may later become the starting point for a new art of solving problems. In fact, different levels of abstraction play an important role in the development of mathematics. We all presumably learnt at school how to solve a system of linear equations with several unknowns. The procedure we learnt is not difficult, but it is not completely formalized. It may happen that a wrong decision is made, then the calculation leads to something like $0 = 0$ and has to be started anew. By inventing the theory of determinants (cf. Leibniz 1980), Leibniz established a formalized procedure on a higher level of abstraction. By using more abstract notions, you can at once recognize whether a solution exists and you can find the solution by following the formalized procedure. It is by no means irrational if you use the procedure you learnt in school, but from an intellectual point of view, the higher level is more satisfying. The mathematical progress achieved by the introduction of determinants is twofold: problem solving is facilitated, and in addition it produces a new mathematical theory on the higher level, namely a theory of determinants. This new theory could also be made a deductive one, but it is remarkable to see that Leibniz is not really interested in that.

A further example is that of transformations. It is precisely the fact that Leibniz on the one hand does not know the term of mathematical transformation, but on the other uses transformations again and again in specific contexts of physics and mathematics (cf. page 13 seqq. in this volume; Breger 1990: 226–229) that is of interest. One could say that he possesses an intuitive feeling for the modern term of transformation. To recognise the existence of a transformation means to see similarities and connections between specific problems and objects from a higher level of abstraction. On the higher level of abstraction a formal theory of transformations can then be erected; one can then talk for example of symmetries in the sense of group theory, of Euclidian transformations in geometry or of permutations in combinatorics. Leibniz either fails to reach the higher level of abstraction or only partially arrives there, but in many individual instances he recognises the superiority of argumentation based on transformations. This is of course most obviously the case when dealing with combinatory contexts, i. e. where the unknown behaves in the same ("se eodem habent modo") or in a similar manner ("se similiter habentium") (A III, 2, 442).

Such combinatory relations are according to Leibniz one of the greatest secrets of algebra; such relations are also the way of finding beautiful and elegant constructions in geometry (A III, 2, 443); Leibniz indeed tried to construct the analysis situs as a method of finding beautiful constructions on the basis of the terms of congruency and similarity (and thus on the basis of the corresponding transformations).

It is the aspect of transformations that causes Leibniz to subordinate algebra as the science of magnitude to combinatorics as the science of forms and similarities (A VI, 4, 545). Leibniz occasionally speaks of an ars formularia too (A VI, 4, 346), which is concerned with the same and the different, with the similar and the dissimilar, thus with the forms of things, independent of size, position and action. With the help of this ars formularia it was obviously intended to try and develop a method and theory of transformations and their applicability. The similarity of geometric positions and geometric figures important for the analysis situs is for Leibniz a special case of regarding forms or qualities in metaphysics (GM V, 179). In making the geometric term of similarity to a more general notion (Breger 1990) – Leibniz claims to be the first to have found the true definition of similarity (A VI, 6, 157; GM V, 179–180) – he attempts to create the foundation of a theory of qualities on a higher level; this would at the same time be the basis for applying transformations, by which means similar circumstances and problems might be converted into each other. Firstly, Leibniz underlines the fact that his definition of similarity was more natural and simple in mathematics (A III, 2, 228; GP II, 62); secondly, this simplicity can be arrived at by emphasising more strongly the factor of intuition: something that Euclid had proved in a roundabout manner was immediately obvious, "primo statim intuitu", when using the new definition of similarity (GM VII, 275). From the point of view of a cogitatio caeca (A VI, 6, 185) Leibniz's definition of similarity is a step backwards compared with Euclid's at least. Again, this demonstrates that Leibniz's rationality is sooner that of a mathematician, who thinks highly of understanding and insight, than of a logician.

15.4 Pragmatic decisions

There is also a pragmatic aspect to Leibniz's mathematical rationality. Decisions about the legitimacy of objects and methods of proof permissible in mathematics can clearly not themselves be derived deductively, they are rather decisions made by the mathematical community. That does not in any way imply that these decisions are irrational; they are based on the mathematical community's expertise, whereby tacit knowledge as defined by Polanyi may also be part of this expertise, that is a type of knowledge not explicated by the experts and one that they would perhaps only be capable of explicating at a much later date. These decisions were made by means of pragmatic rationality. It may well be that the decisions were reached tacitly in many cases, rather than being consciously and expressly voiced by the community. Most of the mathematicians certainly proceed as if the decision has been made, and if someone one day explicitly voices the decision, it generally meets with no protest. The transition from the view that either the Euclidian or one of the non-Euclidean geometries must be true to the opinion that there are a number of theories of equal standing is a well known example of this; the acceptance of negative numbers would be another one.

A similar, albeit less spectacular shift took place in the second half of the 17th century, whereby Leibniz was the one who expressed the decision taken by the mathematical community. It concerned the question of which mathematical objects and which geometric means of construction were legitimate. Magnitudes which could be constructed with a ruler and compass were legitimate in Euclid's *Elements*; Descartes made the decision that all algebraic magnitudes were legitimate in geometry. He considered transcendental magnitudes and curves not to be constructible in an exact manner and therefore to be part of mechanics. Leibniz extended the border of mathematics once again by introducing transcendental magnitudes and curves (for details cf. Breger 1986). In order to do so he had to change the criteria hitherto accepted for mathematical legitimation and for mathematical exactitude and above all he had to convince his fellow mathematicians. Leibniz referred to three arguments for his decision.

The first argument was the applicability of mathematics. Most problems in physics were transcendental; therefore mathematics should include calculations with transcendental magnitudes. This argument was not very convincing, because the application to physics would not be impeded if part of the calculation were to be done outside of a strictly defined geometry. The second argument was the claim that it was possible to find new means of construction. Leibniz toyed with the idea of establishing new methods of construction with the help of evolutes, the catenary, even by means of the relation between logarithms and friction, so that the transcendental curves could then also be constructed (GM V, 243–244, 265, 295). Since these curves could be described with a precise and continual movement, they must also be considered mathematically legitimate objects (GM V, 229). Descartes had admittedly argued against the precision of such a movement: in constructing cycloids the two generating movements stand in a transcendental and thus for Descartes not exactly definable ratio (Descartes 1902, VI, 390). Leibniz presupposes the exactitude and mathematical legitimacy of this ratio; his reasoning ignores Descartes's objection completely. I know of no contemporary mathematician who reproached Leibniz for the circularity of his argument. Nevertheless Leibniz does appear to have dropped this second argument a while later; presumably because it proved to be difficult to show that all transcendental curves really could be arrived at from a few simple means of construction. It may in addition have been the case that the mathematical community – perhaps contrary to Leibniz's original expectation – did not express any interest in further construction methods. So Leibniz – and with him the mathematical community – were finally content simply to use an equation as the basis for the legitimation of a curve. This is all the more remarkable in that at the same time the actual way of writing formulae was also being revised: not only were variables permitted in exponents, ways of writing formulae for individual transcendental functions such as l or log for the logarithm (A III, 6, 121, 166) now came to be regarded as legitimate.

The third argument derived from the new calculus which Leibniz sometimes called "l'Analyse des Transcendants" (GM V, 278): the derivative of an algebraic curve is again algebraic, but the integral of an algebraic curve is in many cases a transcendental curve. In order to have a closed domain for the reciprocal operations of differentiation and integration, it would be useful to include transcendental curves in the realm of mathematics.

This third argument can be extended in a natural way: if sequences, convergent series and limits become important parts of mathematics, the strict difference between algebraic or constructible magnitudes and transcendental or non-constructible magnitudes loses its powers of persuasion. The mechanistic ideas of 17th century mathematics, exemplified in points moving along lines and things like that, tend to make the inclusion of the continuum as a whole plausible (and not just those points which can be constructed with ruler and compass or by the Cartesian means of construction). By using expansions of series, Gregory and Newton had already gone in the same direction, although they did not explicitly argue for a change in the criteria for mathematical admissibility. In any case, Leibniz's arguments were not cogent, but they were plausible and they were accepted without any real debate.

Another example of a pragmatic decision is Leibniz's use of imaginary quantities. Like infinitesimals, they are fictions and they should not occur in the final result. But like infinitesimals, they are useful fictions. With their help, Cardano's formula for an equation of the third degree makes sense even in the casus irreducibilis: the sum of two complex numbers may be a real number (A VII, 2, 683; A III, 1, 282, 284; GM IV, 92, 93). So although Leibniz considered these quantities to be impossible, he decided to allow for a restricted use of them in order to have an efficient algebraic calculus. Leibniz does not aim at a deductive calculus for imaginary or complex numbers, these numbers are only the means of solving equations. Seen from this angle, permitting imaginary numbers is also an example of analysis as the skill of finding, one that genuinely benefits from imaginary expressions too. There are, Leibniz continues (GP I, 405–406), certain falsehoods from which one can benefit when in search of truths. At the place quoted, Leibniz states the sentence that extremes coincide as a further example; one should not of course take the theorem literally, but it could be a useful heuristic principle.

15.5 Postscript

My examples have been taken from mathematics and to a lesser degree from philosophy. But there are more facets to the art of using one's reason. I just wish to mention two examples selected arbitrarily from history and philology, both taken from the volume that has appeared recently (A I, 19); it may be useful to compare these examples to mathematics.

The historian cannot state in every case what he is looking for. Even if someone else tells him that the house of Brunswick or the house of Este are not mentioned in a particular bundle of medieval documents, he has to read the documents if at all possible.

> Car une circomstance, un mot, decouvre quelques fois beaucoup à un homme qui possede son sujet ; ce qu'un autre ne sçauroit voir ny remarquer. Et même quelques fois le simple silence de tels auteurs est de poids (A I, 19, 80).

It is rational for the historian to acquire through arduous study a feeling for the atmosphere of his topic and of the documents pertaining to his topic, and the rationality of the historian is to a certain extent based upon such tacit knowledge. Something immediately comparable would no doubt be regarded as invalid in mathematics, but a loose analogy is perhaps permitted. To be able to solve a given mathematical problem, it might well be rational to start by making various attempts. The mathematician is well aware of the fact that these attempts will later prove to be naïve, and he certainly does not entertain the hope that one of these first attempts will chance upon the solution. With these attempts he is trying to gain a feeling for the particular problem. Only on the basis of the tacit knowledge that plausible attempts at a solution arise from thorough knowledge of the problem's difficulties and of the reasons why it went wrong will he finally find the right solution.

The second example is taken from the controversy between Bentley and Boyle on the so-called epistles of Phalaris. Bentley had given a number of plausible, though not cogent arguments in order to show that the epistles were not authentic. Boyle tries to refute each of these arguments separately. Leibniz comments : "Mais leur force consiste dans l'assemblage" (A I, 19, 448). In other words: for a set of arguments it can be true that the whole is more than the sum of its parts. For the rationality of a logician, it is inconceivable that one argues in this manner. But it is entirely conceivable when arguing pragmatically in a meta-mathematical dispute: we have noted Leibniz's three arguments for introducing transcendental magnitudes.

No doubt, in philosophy and mathematics (though not in history and philology) a deductive theory (as well as the intuitive understanding of this theory and the capacity to solve problems within this theory) would be Leibniz's final aim. To be more precise: a deductive theory is desirable for those parts of human knowledge where according to Leibniz a deductive theory would be possible. Everywhere where something individual is involved, in history for example (incidentally every material object and every living being is individual, cf. A VI, 6, 744), a deductive theory is impossible, for the individual implies an infinity of determining elements (A VI, 6, 289) and even God can definitely not apply infinite analysis and even less so produce infinite proof (A VI, 4, 1656, 1658). The characteristica universalis cannot therefore relate to individuals. Nor can it extend to encompass empirical natural sciences as a whole, for in the individual and in the best world, infinity is implied in many ways (laws of nature too are, as we know, contingent according to Leibniz). But even in those areas in which a deductive theory might be possible, such a theory has not be attained or at the most only partially. And as long as there is still much to discover, invention is an important and interesting task for reason. Leibniz expresses his wish that a capable mathematician would write an extensive book on the theory of games; this would be very useful for the art of invention, "l'esprit humain paroissant mieux dans les jeux que dans les matieres les plus serieuses" (A VI, 6, 466; cf. also GP IV, 570; GP III, 639).

Notes

[1] First print: The Art of Mathematical Rationality, in: M. Dascal (ed.): *Leibniz: What Kind of Rationalist ?*, Springer 2008, 141–152.

References

Breger, H.: Leibniz' Einführung des Transzendenten, in: *300 Jahre Nova Methodus von G. W. Leibniz (1684-1984)* (= Sonderheft 14, *Studia Leibnitiana*), ed.: A. Heinekamp, Stuttgart, Franz Steiner, 1986, 119–132

Breger, H.: 1990: Der Ähnlichkeitsbegriff bei Leibniz, in: *Mathesis rationis. Festschrift für Heinrich Schepers*, eds.: A. Heinekamp/W. Lenzen/M. Schneider, Münster, Nodus, 223–232

Descartes, R.: *Discours de la methode*, Leiden, Maire 1637

Descartes, R.: *Œuvres*, eds.: Ch. Adam/P. Tannery, vol. VI, Paris, Léopold Cerf 1902

Dreyfus, H. L./S. E. Dreyfus: *Mind over Machine*, New York, The Free Press, 1986

Fichant, M.: Introduction. L'invention métaphysique, in: Leibniz: *Discours de métaphysique suivi de Monadologie et autres textes*, ed.: Fichant, Paris, Gallimard, 2004, 7–140

Jaenecke, P.: Wissensdarstellung bei Leibniz, in: *Leibniz und die Gegenwart*, eds.: F Hermanni/H. Breger, München, Fink, 2002, 89–118

Leibniz: *Beginn der Determinantentheorie*, ed.: E. Knobloch, Hildesheim, Gerstenberg 1980

Polanyi, M.: *Personal Knowledge*, London, Routledge and Kegan Paul 1958

16 Natural numbers and infinite cardinal numbers: Paradigm change in mathematics

Allow[1] me to make a personal preliminary remark on how this article arose. Some time ago I got caught up in a dispute with a colleague, of whom I think very highly, that was conducted via e-mail and lasted two to three months. I believed that I was only stating something rather obvious and not at all original, but I was unable to convince my discussion partner. Although it was a question of a straightforward mathematical – or rather a mathematico-historical – issue, the opinions were in very sharp contrast to one another; what the one considered correct was declared by the other without hesitation to be wrong. Clearly on both sides far-reaching assumptions were at work here that were not being explicitly expressed. After I had recovered from my state of amazement, I discovered the matter to be worth investigating in greater depth.

16.1 Leibniz and Galilei's paradox

As is well known, in his *Discorsi* Galilei dealt with the paradox that every natural number is found to correspond on a one-to-one basis to its square number, but that there are evidently "fewer" square numbers than there are natural numbers (Galilei 1638: 32–34; Galilei 1898: 78–80). Galilei solves the paradox by pointing out that the terms larger and smaller than and equal to cannot be applied to the infinite. Descartes came to the conclusion that it is not worth wearing oneself out by arguing about the infinite (Descartes 1644: pars prima, § 26). Leibniz was of the opinion that an infinite multitude should not be seen as something finished and thus not as a whole (totum) (A VI, 4, 2595, footnote; A VI, 6, 159; A III, 8, 66; GP II, 304; GP VI, 592). As a result, this is almost the same as that of Galilei, but it also supplies an explanation for the paradox – one that follows from the concept of the infinite. It follows that there can be neither an infinite number nor an infinite line nor any other infinite magnitude[2]. In the case of every natural number and every line, however long, there is always the possibility of progressing (A VI, 6, 158; GP II, 304–305). Referring to the terminology of the scholastics, Leibniz explains that there is a syncategorematic infinite, but no categorematic infinite (A VI, 6, 157; GM IV, 93), i.e.: the infinite is nothing that exists on its own, it is only something that can be conveyed together with something else. It is not an actual infinite in the sense of modern mathematics; it determines a number or magnitude as one that can be increased without end.

Admittedly as a young man Leibniz had also among other things considered permitting infinite numbers (A VI, 3, 495–504). In earlier writings he also at times considered equating the infinite number with zero. But one must be aware of the meaning of the Latin word nullum (nothing) for zero: if the young Leibniz equates the infinite number with zero, then this expressly means that there is no infinite number, that it is impossible (A II, 1 (2nd ed.), 349, 352 = A II, 1 (1st ed.), 226 = A III, 1, 10–11, 15). We can at least ascertain that Leibniz knew the Galilean argument (the existence of a one-to-one correspondence between natural numbers and square numbers) from 1672 onwards; after 1676 I know of no further writing in which Leibniz deviates from, or expresses doubts about, his interpretation that an infinite multitude is not a whole.

Leibniz was explicitly concerned with Galilei's paradox at an early date. His excerpt from the *Discorsi* already relates to it (A VI, 3, 168). In the notes written at about the same time, De minimo et maximo, in the autumn and winter of 1672/1673, Leibniz argues that an infinite number of natural numbers can be no unum totum (A VI, 3, 98). He even supplies proof for this hypothesis (and this proof is going to be at the centre of this article): if an infinite number were a totum, then this totum would equal one of its proper parts. "Quod est absurdum." The absurdity is evident for Leibniz and needs no further explanation. But he certainly does explain why following the assumption already named the whole would be equal to a proper part. The number of the square numbers is truly smaller than the number of all natural numbers. But there is a one-to-one correspondence between natural numbers and square numbers; so there are as many natural numbers as there are square numbers. Hence a proper part is the same as the whole, and this is absurd.

Also written at about the same time is a letter from Leibniz to Jean Gallois (A II, 1, 1st ed., 226–227, 2nd ed., 348–349, 352; A III, 1, 10–13). Leibniz discusses Galilei's argument and declares it impossible that there be as many natural numbers as square numbers. In an abbreviated form Leibniz repeats the proof in a piece of writing from 1675 (A VI, 3, 463).

In 1676 Leibniz returns to the matter, expressly referring to Galilei (A VI, 3, 550–553). Again the one-to-one correspondence between natural numbers and square numbers is used and then he concludes that the whole equals a proper part, and here too Leibniz closes: "Quod est absurdum." Likewise, Leibniz continues, there is no number of all algebraic curves. But what is the position with regard to the number of points on a given geometric line? Is their multitude not determined right from the start and fixed? Leibniz's answer here too is to point to an infinity that is only potential: there are no points on the line before the mathematician explicitly determines the points on the line and undertakes to divide it up. Leibniz's theory of the continuum is in this respect in complete agreement with the Aristotelian theory of the continuum (cf. page 127 seqq. in this volume).

In 1679 Leibniz supplies the same proof (but with even numbers rather than square numbers) in a letter to Malebranche (A II, 1, 1st ed., 476, 2nd ed., 723). And Leibniz is clearly referring to the frequently repeated proof, when he remarks in 1698 in a letter to Johann Bernoulli (A III, 7, 884) that he had proven a long time ago that an infinite multitude cannot form a whole.

Leibniz's arguing with infinitely small magnitudes (and at times with reciprocals of infinitely small magnitudes) has occasionally given the impression that Leibniz accepts infinitely large numbers or infinite totalities. But this is a misunderstanding. Leibniz sees the infinitely small magnitudes (and thus also their reciprocals) as a fiction and by no means as something real or something extant in a metaphysically rigorous sense; in addition the infinitely small magnitudes and their reciprocals are something processual or potential: there is no end to them; there is simply always more than one can state (GM IV, 92, 218; A VI, 6, 158, lines 25–27; GP VI, 592–593).

In his metaphysics Leibniz certainly accepts an actual infinite, but here too one must take a closer look. If Leibniz talks of the actual infinite, then he means that there are more objects than can be expressed by a number. He thus means a potential infinity so-to-speak of extant objects, not the existence of a term that would denote an actual infinite multitude as a whole (GP II, 304; GP I, 416; A VI, 6, 157).

16.2 Criticism

The first person to criticise Leibniz's proof was Georg Cantor, who in a treatise in 1883 attempted to grapple with the philosophical reasons for not introducing infinite numbers[3]. In this connection Cantor quoted a number of opinions expressed by Leibniz[4]. Cantor's objection to Locke, Descartes, Spinoza and Leibniz is by and large the idea that infinite numbers simply have different characteristics to those of common numbers. However, the reasoning or proofs used by these authors to refute the existence of infinite numbers tacitly assume that infinite numbers were numbers in the same sense as finite numbers were (Cantor 1932: 178, 371–372). In support of his opinion Cantor refers to the introduction of complex numbers: as distinct from the common real numbers, complex numbers are not either positive or negative (or zero). That complex numbers have different characteristics than the real numbers has not hindered complex numbers from being introduced.

Cantor is certainly correct. What he admittedly does not point out is the fact that here a quasi-philosophical decision is required, namely the decision to denote objects that have other characteristics than the hitherto accepted numbers also as numbers. Evidently this is a question of definitions, and whether one regards such a definition as plausible and unconstrained or as contrived and inappropriate depends (inter alia) on general philosophical views on mathematics and the nature of mathematical objects. Locke, Descartes, Spinoza and Leibniz would have undoubtedly considered extending the concept of numbers bizarre, both in the case of complex numbers and of infinite numbers. One can certainly accuse these philosophers, of which only Leibniz interests me here, of holding views on the ontology of mathematical objects that would no longer be acceptable today, but one cannot call their rejection of infinite and complex numbers a mathematical mistake in the same sense that the statement "two times two is five" is a mathematical mistake in the field of real numbers with the normal definition of multiplication.

Cantor was not however content with ascertaining that there were different philosophical views on the ontology of numbers (although the example of complex numbers he himself quoted might well have suggested this); he declared the view he is criticising, held by the four philosophers, to be contradictory and "mistaken" (Cantor 1932: 178, 371 ("fehlerhaft")). This is understandable; he was fighting for the recognition of his own theory; one can hardly expect of him the impartiality one can demand of a historian of mathematics. Cantor believed that it was a question of right or wrong – just as one initially believed that either only the Euclidean or the non-Euclidean geometry was right.

Concerning his explanation of Leibniz's teachings in particular, Cantor – if I understand him rightly – somewhat modified his view a little later. In 1880 he explains that Leibniz had declared his rejection of infinite numbers, but in several places, "contradicting himself so-to-speak", he had pleaded for an actual infinite (Cantor 1932: 179 ("gewissermaßen im Widerspruch mit sich selbst")). But in 1885 Cantor did then understand that Leibniz rejected a mathematical actual infinite and infinite numbers, but that he accepted the existence of infinitely many objects (i.e. more objects than can be stated) in nature and in the doctrine of the monads (Cantor 1932: 373). He therefore no longer accuses Leibniz of being contradictory in 1885. – Incidentally, as far as infinitely small magnitudes are concerned, Cantor certainly did understand that Leibniz had not conceived of them as fixed actual infinite magnitudes (Cantor 1932: 156, 165, 172, 180, 373).

Bertrand Russell also discusses Leibniz's proof for refuting infinite numbers: "Leibniz denied infinite *number*, and supported his denial by very solid arguments" (Russell 1992: 109). Among the places quoted by Russell (GP VI, 629; GP I, 338 (= A II, 1, 1st ed., 476, 2nd ed., 723); GP II, 304–305; GP V, 144 (= A VI, 6, 157)) there is one in which Leibniz argues for the existence of a one-to-one correspondence between the natural numbers and the even numbers.

José Bernardete has declared Leibniz's refutation of the existence of infinite numbers to be false (Benardete 1964: 47). According to Benardete in our native language there are at least three different criteria for comparing multitudes. First criterion: if A is a proper subset of B, then one says that B has more elements than A. Second criterion: if there is bijective mapping between A and B, then one says that A and B have an equal number of elements. Third criterion: if all elements of A can be shown to correspond bijectively to a proper subset of B, then one says that B has more elements than A. Leibniz omitted distinguishing between these three meanings (and possibly further ones), thus rendering his refutation of the existence of infinite numbers invalid. One does not really understand why the terminology of set theory on the one hand and that of colloquial speech on the other should be relevant for determining the correctness of a 17th century mathematical proof. But it is not worth looking at this more closely since Benardete's objection has recently been distinctly improved.

The objection's improved version reads: in his proof Leibniz uses two different notions of "being of the same number", thus making his refutation false. In the first place Leibniz uses a notion with the definition "two multitudes A and B, of which A is part of B, are then, and only then, of the same number, if A is no proper part of B". Secondly, Leibniz also uses a notion specified as follows: "two multitudes A and B, of which A is part of B, are then and only then of the same number, if bijective mapping exists between them". Now a mere difference in phrasing is of course irrelevant; it is a question of whether the two notions are equivalent. They are not equivalent, the objection continues, as one immediately recognises, if one lets A be the square numbers of natural numbers and B be the natural numbers. Leibniz is thus using in his refutation, the objection concludes, two notions that are not equivalent, but reasons as if they were equivalent; therefore Leibniz's refutation is wrong.

That is a nice argument to be sure. But is it also correct? It is striking that one already needs the existence (free of contradictions) of an infinite totality, which is precisely what is supposed to be proved or refuted, to show the non-equivalence of the two notions of "having the same number". To discuss whether this is permissible or not, we need first to consider something else.

16.3 Different paradigms

If one wants to talk of "right" and "wrong", one must first clearly decide which theory is under discussion, i.e., which assumptions should apply. Naturally Leibniz's refutation in Cantorean mathematics, or rather in the Zermelo-Fraenkel mathematics, is plainly wrong. One only begins to encounter interesting problems worthy of discussion if one poses the question within Leibnizean mathematics, i.e. under the preconditions of mathematics around 1680. Admittedly this presents us with the problem that the conditions of mathematics around 1680 were not determined axiomatically; not only the natural numbers, even for example the continuum is given intuitively; the tacit assumptions made in mathematics around 1680 must therefore be reconstructed interpretatively by a historian of mathematics. But this difficulty is not insuperable. However one does it, one must renounce the assumption, often still made today in an intuitive and sometimes quite unreflected manner, that there is o n e mathematics – an assumption that should in fact have gone out of date with the acceptance of non-Euclidean geometries. As long as one understands mathematics around 1680 o n l y as an imperfect early form of the mathematics of 1900 (it is this a l s o without doubt), one will intuitively incline to the observation: "but there are infinite cardinal numbers!" and forget to add that one finds them in a certain historical theory (namely in present-day mathematics). Incidentally, modern mathematics is a collection of a whole variety of theories, which are partly interconnected, but in which on occasion contradictory assumptions are also made. So here too we are led into the area of philosophical thinking about mathematical progress.

Let us by way of illustration take a look at the theory of real numbers – still in the sense of a preliminary consideration. Within this theory and under the assumptions of this theory alone it is easy to prove that the square of a number can never be negative. One can prove this for example with the help of case distinction: every number in this theory is positive, negative or zero; in all three cases the square is positive or zero. Now one could with reference to the existence of complex numbers arrive at the idea of declaring the proof to be false. One could explain that case distinction is impermissible, because the complex numbers are not necessarily positive, negative or zero. But that would be a fallacy: within the theory there are no complex numbers; the proof of their impossibility within the theory may not produce anything unexpected, but it is at least correct.

Now let us return to the two notions of "being of the same number". Evidently both notions are equivalent for finite multitudes. That can be shown in a trivial manner using complete induction. To be more precise: the two expressions are equivalent if and only if they are applied to finite multitudes. In other words: one can demonstrate the non-equivalence of the two notions if and only if one assumes the existence of infinite multitudes that as objects free of contradiction constitute a whole and are thus sets (as happens in the Zermelo-Fraenkel theory) or if one has already demonstrated this in some other way. As long as this has not happened, the objection that Leibniz is using two non-equivalent notions is false[5]. The fact that one finds objects outside the theory examined here for which both notions are not equivalent is of no importance within the theory.

Logicians tend to demand demonstrations without gaps. Even mathematicians demand proofs without gaps, but by this they mean something else; they know that mathematics is only possible, if things that are manifest and trivial are omitted in the proofs. Leibniz did not comment on the two different phrases for the same notion, because in his mathematics the matter was trivial. It was not until mathematical progress had under the changed conditions (and thus in another theory) made something previously regarded as trivial into something important.

The equivalence of the two notions has become part of the self-evident basic stocks of mathematics, not only for Leibniz, but also right up to the second half of the 19th century. It did not belong to the basic stocks because by chance no-one had thought of doubting it, but because every doubt about it was condemned to failure, as long as the mathematicians stuck to the basic ontological suppositions that were tied up with mathematics. From the perspective of these basic suppositions it would have been absurd, absolutely unthinkable, to reject the equivalence, because it simply expressed something that was perfectly evident. It was only in connection with the change in the basic ontological suppositions of mathematics in the second half of the 19th century that it became possible to think a difference between the intuitive equality of two totalities and the existence of a one-to-one correspondence.

The example mentioned above of the existence or non-existence of complex numbers has already shown that there have quite often been such situations in the history of mathematics. By means of a thought experiment we can produce an even more distinctive analogy. Let us imagine a mathematician RA who is engaged in real analysis and who has not defined his theory in axiomatic form; the mathematician RA might thus be comparable with Karl Weierstrass or one of his contemporaries. Let us further imagine a mathematician NSA who is engaged in non-standard analysis (Laugwitz 1986; Robinson 1966). For the sake of illustration let us assume that NSA does not know real analysis or only considers it an inadequate precursor theory. This assumption cannot at least be excluded logically; some of the supporters of non-standard analysis did in fact hope non-standard analysis would supersede standard analysis in the course of time. Let us also imagine that mathematician NSA hears of a line of reasoning used by the mathematician RA in which RA ascertains that the absolute value of the difference of two given quantities is smaller than every positive real number and in the further course of which he makes use of the fact, without commentary, that these two quantities are equal. NSA would of course immediately discover that RA had made a mistake. RA is using, NSA would explain to us, two different notions of equality. If the absolute value of the difference between two quantities is smaller than every positive real number, then that means only that the difference between the two quantities is infinitely small and not that it is necessarily zero. RA's answer (or that of a historian of mathematics defending RA) would clearly be that (in the theory upheld by RA) there are no infinitely small quantities and that the two supposedly different notions of equality are equivalent in this theory. RA could even produce a proof of the non-existence of infinitely small quantities, which would cause NSA to criticise the use of two different notions of equality. The dispute could be kept up for quite a while (because among others things the theory supported by RA is not backed up by axioms, it is presented so-to-speak "intuitively"), until the opponents (hopefully) come to the conclusion that two different theories are involved[6].

If we relinquish the (vague) idea that the whole field of mathematics is one single theory, then there are two kinds of mathematical progress, namely first of all the solution of problems or continuing development within a given theoretical framework and secondly creating new theories or changing the terminology of an existing theory. In the second case mathematical progress can embrace a certain amount of discontinuity (Gillies 1992). It might mean a slow shift in the understanding of mathematical objects, the outcome of which eventually produces new theories; such a shift in the 19th century can be roughly expressed by the catch-words Riemannian manifolds, non-Euclidean geometries and infinite cardinal numbers. For centuries mathematicians such as Cardano, Napier, Girard, Descartes, Huygens and Euler referred to imaginary numbers with terms such as "sophistic", "nonsense", "inexplicable", "imaginary", "incomprehensible", "impossible" (Crowe 1988: 270), until finally, in the 19th century, they came to be fully accepted as numbers. In the Greek mathematics of Antiquity the 1 was not regarded as a number (Klein 1992: 49). Euclid accepted horn angles as angles; in the mid-17th century they were rejected on the grounds that they contradicted the principle of continuity or the intermediate value theorem[7]. Descartes's rejection of transcendent magnitudes and transcendent curves is a further example (Breger 1986). Descartes had declared Debeaune's second problem to be unsolvable; Leibniz produces a solution to the problem in 1684. It is not that Descartes had been mistaken, it was simply that Leibniz had changed the paradigm: the logarithmic curve is for him a permissible curve and hence suitable as a solution curve.

In the case of the parallel postulate it took a long time for mathematicians to become reconciled with the division into three theories (a Euclidean and two non-Euclidean). The dispute on the foundation of mathematics was conducted in the first three decades of the 20th century with great intensity as a dispute about truth. Today much less philosophical ponderousness is attached to the dispute; constructivism is a thriving theory, in which admittedly comparatively few mathematicians are engaged (as in the case of other specialist fields of mathematics too). One can imagine that further development leads to the coexistence of formalist and constructive mathematics, comparable perhaps with the coexistence of Euclidean and non-Euclidean geometry (cf. Bishop 1975).

The question now seems to present itself whether there are revolutions in mathematics in the sense given by Thomas Kuhn (cf. on this Gillies 1992). The foundational dispute at the beginning of the 20th century shows that mathematicians who adhere to the idea of the o n e mathematics that embraces everything can become entangled in circular debates very similar to the paradigm debates described by Kuhn. But in other cases it is often not clear whether there has been a far-reaching dispute; as far as I am aware, it has not really been investigated whether for example the opposition to Cantor's theory was a paradigm dispute that involved the entire mathematical community. However I do not wish to pursue this question any further here, because the answer clearly depends very much on how one decides to understand in mathematics such terms as "paradigm", "paradigm dispute", "scientific revolution" and others of this kind – Kuhn had expressly intended not to apply these terms to mathematics.

In the term paradigm in mathematics one should in my opinion find assembled the important aspects of what one understands as mathematics. Among these are the preliminary ontological decisions about the permissibility of objects and decisions about the permissibility of how to arrive at conclusions. If for example the Greeks do not regard the 1 as a number, then this belongs to the paradigm of Greek mathematics.

Paradigms can gradually change (as was the case for example with imaginary numbers); it will often be more appropriate to talk of a shift in the mathematical style of thought. One only needs to talk of a sharp change in the paradigm, if not only the paradigms themselves contradict one another (this is indeed the case in every paradigm change to a greater or lesser extent), but also if there are contradictions on the level of the results. Such revolutions are seldom. The dispute about Cauchy's errors (cf. for example Laugwitz 1990) might be taken as an indication of the fact that in the period between Cauchy and Weierstraß a change of paradigm took place in a comparatively short space of time.

Michael Crowe has pointed out that Duhem's well-known objection to an experimentum crucis is also valid in mathematics in a somewhat modified manner. In mathematics too statements are often not checked in isolation, they are examined in connection with other elements of the paradigm; one can avoid a refutation that appears to have been made by modifying another aspect of the system.

> Of course, mathematicians do at times choose to declare apparent logical contradictions to be actual refutations; nonetheless, an element of choice seems present in many such cases (Crowe 1988: 274).

Cantor's modification of the concept of numbers is a further example of the mathematicians' practice. I do not wish to discuss here the fruitfulness of Cantor's decision and its disadvantages (about which there was a debate in the foundational crisis of the 20th century); I only wish to show that a decision was made and that it was not for example the dictate of logical necessity.

In current mathematics Gregory Chaitin is attempting (not without a certain amount of rhetoric) to destroy the concept of the o n e mathematics and to propose a changed paradigm for mathematics (Chaitin 2005). And the German mathematician Volker Strassen suggests that to recognise a mathematical statement as correct we do without the submission of proof. The statement "$10^{1000}+453$ is the smallest prime number that is larger than 10^{1000}" is according to Strassen a mathematical theorem. To be sure there would be no proof for the theorem, but there could be no reasonable doubt about its correctness (on the basis of probability theory) (Strassen 1997: 199–200). It appears that mathematics has not only been engaged in real development in the past, it still is and will remain so.

Notes

[1] First print: Natural numbers and infinite cardinal numbers. Paradigm change in mathematics, in: *Kosmos und Zahl. Beiträge zur Mathematik- und Astronomiegeschichte, zu Alexander von Humboldt und Leibniz.* Hrsg.: Hecht, Mikosch, Schwarz, Siebert, Werther, Stuttgart, Franz Steiner 2008, 309–318.

[2] A VI, 6, 157. Leibniz continues there: The true infinite in a strict sense exists only in the absolute; it can only be attributed to God; cf. also GP II, 305.

[3] Cantor 1932: 175, 370–371. For the sake of historical clarity I am adopting Cantor's terminology here, who also speaks of numbers where we would talk of cardinal numbers.

[4] In today's standard editions they are at: A VI, 6, 7, 157, GP II, 305, GP III, 592; Leibniz 1857: 327–328; GM IV, 218; GM V, 307, 322, 389; GM VII, 273.

[5] Much the same is valid for Bernardete's objection. Leibniz had no reason to distinguish between three criteria, the equivalence of which in his mathematics (using complete induction) was easy to recognise.

[6] Cf. the Wattenberg telephone call: Laugwitz 1986: 246–247.

[7] Cf. page 75 in this volume.

References

Benardete, J. A.: *Infinity. An Essay in Metaphysics*, Oxford, Clarendon Press 1964

Bishop, E.: The Crisis in Contemporary Mathematics, *Historia Mathematica* 2, 1975, 507–517

Breger, H.: Leibniz' Einführung des Transzendenten, in: *300 Jahre Nova Methodus von G. W. Leibniz (1684–1984)*, ed.: A. Heinekamp, Stuttgart, Franz Steiner 1986, 119–132

Cantor, G.: *Gesammelte Abhandlungen*, ed.: E. Zermelo, Berlin 1932, reprint Berlin, Heidelberg, New York, Springer 1980

Chaitin; G.: *Meta Math!: the quest for omega*, New York,Vintage Books 2005

Crowe, M. J.: Ten Misconceptions about Mathematics and Its History, in: *History and Philosophy of Modern Mathematics*, eds: W. Aspray/Ph. Kitcher, Minneapolis, University of Minnesota Press 1988

Descartes, R.: *Principia philosophiae*, Amsterdam, Elzevir 1644

Galilei, G.: *Discorsi*, Leiden, Elsevir 1638 (reprint Brussels, Culture et Civilisation 1966)

Galilei, G.: *Opere*, Edizione Nazionale, vol. 8, Firenze, Barbèra 1898

Gillies, D. (ed.): *Revolutions in Revolutions in Mathematics*, Oxford, Clarendon Press 1992

Klein, J.: *Greek Mathematical Thought and the Origin of Algebra*, New York, Dover 1992 (first ed. 1968)

Laugwitz, D.: *Zahlen und Kontinuum. Eine Einführung in die Infinitesimalmathematik*, Darmstadt, Wissenschaftliche Buchgesellschaft 1986

Laugwitz, D.: Das mathematisch Unendliche bei Euler und Cauchy, in: *Konzepte des mathematisch Unendlichen im 19. Jahrhundert*, ed.: G. König, Göttingen, Vandenhoeck & Ruprecht 1990, 17–26

Leibniz: *Nouvelles Lettres et Opuscules*, ed.: Foucher de Careil, Paris, Durand 1857 (reprint Hildesheim, New York, Olms 1971)

Robinson, A.: *Nonstandard Analysis*, Amsterdam, North Holland 1966

Russell, B.: *The Philosophy of Leibniz*, London, Routledge 1992 (first ed. 1900)

Strassen, V.: Wahrscheinlichkeit, Algebra, Komplexität, in: *Jahrbuch der Akademie der Wissenschaften zu Göttingen*, Göttingen, Vandenhoeck & Ruprecht 1997, 195–200